DEIN COACH ZUM ERFOLG!

Dein ActiveBook auf My**STARK**:

Du kannst auf alle digitalen Inhalte zu diesem Band online zugreifen. Registriere dich dazu unter **www.stark-verlag.de/mystark** mit deinem **persönlichen Zugangscode:**

C03309-000853

Die Inhalte dieser Auflage stehen bis Schuljahresende zur Verfügung.

MySTARK

Das Active**Book** *bietet dir:*

- Viele zusätzliche interaktive Übungsaufgaben zu allen prüfungsrelevanten Kompetenzbereichen
- Sofortiges Feedback und Auswertung der Ergebnisse
- Interaktive Lösungen: in kleinen Schritten zum Ergebnis
- Vorgerechnete Beispiele als weitere Hilfe

DEIN COACH ZUM ERFOLG!

So kannst du interaktiv lernen:

Interaktive Aufgaben

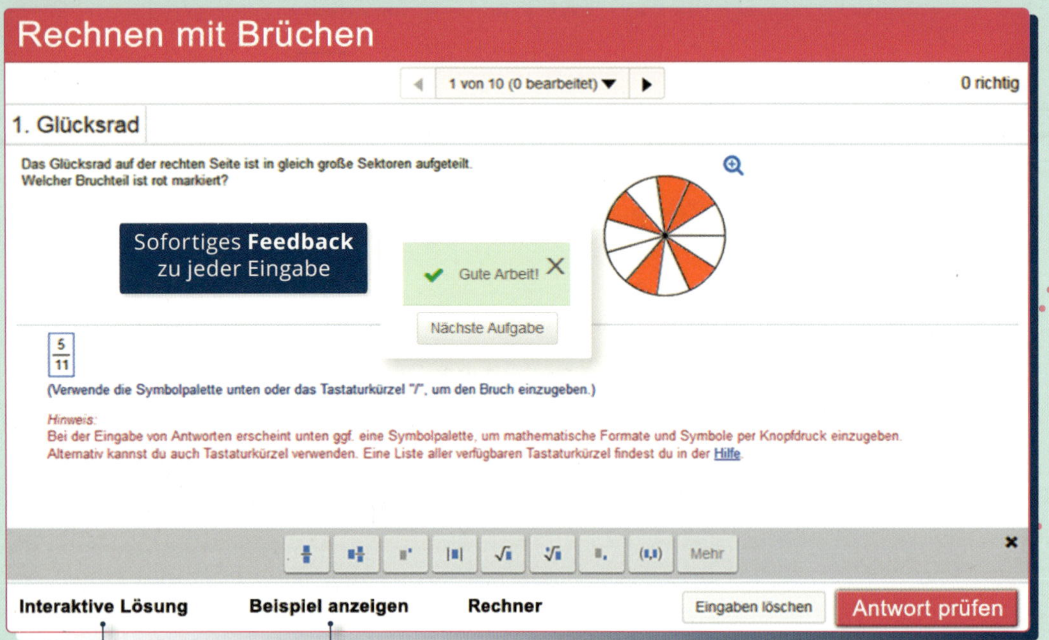

Sofortiges **Feedback** zu jeder Eingabe

Interaktive Lösung mit kleinschrittiger Anleitung zu jeder Aufgabe

Vorgerechnetes **Beispiel** zu jeder Aufgabe

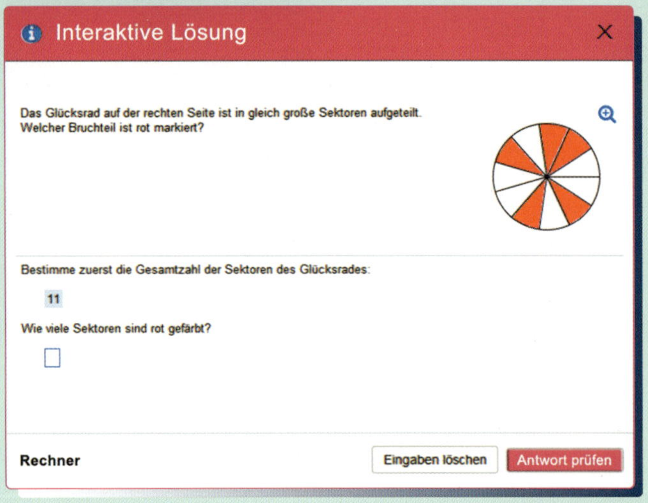

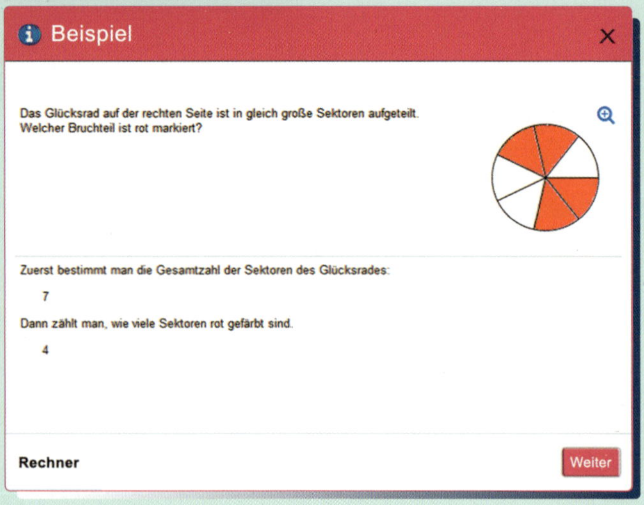

Systemvoraussetzungen:
- Mindestens 1024×768 Pixel Bildschirmauflösung
- Chrome, Firefox oder ähnlicher Webbrowser
- Internetzugang

2023

Training

mit Original-Prüfungen

Hauptschule Niedersachsen

Mathematik 9. Klasse

STARK

Bildnachweis
S. 1: © Granitepeaker/Dreamstime.com
S. 16: © Ensuper/Shutterstock
S. 26: © Pedro Tavares/Dreamstime.com
S. 28: Landkarte: © sirtravelalot/Shutterstock; Mikroskop: © Rocky Mountain Laboratories, NIAID, NIH
S. 29: Eiffelturm: © PhotoCase.com; Dinosaurier: © FreeImages.com/vierdrie
S. 39: © Rido/fotolia.de
S. 41: Bagger: © Mike Ludkowski/Dreamstime.com; Kabel: © foto.fritz/fotolia.de
S. 42: © FreeImages.com/mzacha
S. 45: © Stanislav Ponomarenko.123rf.com
S. 50: © Lapierrebikes/Wikipedia, CC BY-SA 4.0
S. 51: Laptop: © FreeImages.com/dreamjay; Sessel: © FreeImages.com/MrPumperni
S. 67: © FreeImages.com/matthains
S. 71: © Michael Heinrichs
S. 74: © Evgenii Mitroshin/iStockphoto
S. 107, 108, 109: © Michael Heinrichs
S. 110: Spaghetti, Kisten: © Michael Heinrichs; Fußballfeld: © C.Egli, Brugg, Schweiz
S. 112: © Marc Dietrich/Dreamstime.com
S. 113: © MistikaS/iStockphoto.com

19. neu bearbeitete und ergänzte Auflage
www.stark-verlag.de

Inhalt

Fortsetzung nächste Seite

⊕ *coronabedingt nicht relevant für die Prüfung*

Sobald die Original-Prüfungsaufgaben 2022 freigegeben sind, können sie als PDF auf der Plattform MyStark heruntergeladen werden (Zugangscode vgl. Farbseiten vorne im Buch).

Autorin und Autoren:
Kerstin Oppermann, Michael Heinrichs,
Walter Modschiedler und Walter Modschiedler jun.

Dieses Buch enthält ein **ActiveBook**. Du kannst damit online mit vielen zusätzlichen **interaktiven Aufgaben** zu allen prüfungsrelevanten Kompetenzbereichen trainieren.

Die **interaktiven Aufgaben** sind im Buch mit diesem Button gekennzeichnet. Am besten gleich ausprobieren!

Ausführliche Infos inkl. Zugangscode findest du auf den **Farbseiten** vorne in diesem Buch.

Zu einigen Themen gibt es zusätzlich **Lernvideos** und **GeoGebra-Dateien**. An den entsprechenden Stellen im Buch befindet sich ein QR-Code, der mit einem Smartphone oder Tablet gescannt werden kann.
Eine Zusammenstellung aller Videos ist über den nebenstehenden QR-Code abrufbar.
Außerdem kannst du die Videos von der Plattform **MyStark** herunterladen oder über die folgende Seite aufrufen:
www.stark-verlag.de/qrcode/lernvideos_03309

Vorwort

Liebe Schülerin, lieber Schüler,

mit dem vorliegenden Buch kannst du dich besonders nachhaltig **bereits ab Klasse 8** auf die zentral gestellte Prüfung zum Erwerb des **Hauptschulabschlusses** am Ende der **9. Jahrgangsstufe** vorbereiten.
Gerade bei einer zentral gestellten Prüfung ist das **Grundlagenwissen** besonders wichtig. Die Aufgaben in der Prüfung bauen auf einem möglichst breiten Wissen auch aus früheren Jahrgangsstufen auf. Die Prüfungsvorbereitung sollte deshalb eine **Gesamtwiederholung** darstellen.

- Wir beginnen daher in diesem Buch mit einem ausführlichen **Trainingsteil**, in dem du sowohl den grundlegenden Stoff der 5. bis 8. Klasse wiederholen als auch die Inhalte der 9. Jahrgangsstufe festigen kannst.
  Die einzelnen Kapitel bieten dir die Möglichkeit, dich auf sämtliche prüfungsrelevanten Bereiche intensiv vorzubereiten.
  Die wichtigsten Begriffe, Formeln und Lösungswege werden übersichtlich zusammengefasst und anhand anschaulicher **Beispiele** verdeutlicht. **Über 320 Aufgaben** bieten dir die Möglichkeit, den Stoff zu vertiefen.
  Übe am besten parallel zu dem Thema, das ihr gerade im Unterricht behandelt mit den Aufgaben aus diesem Buch, und bereite dich so **frühzeitig** auf die Anforderungen in der Prüfung vor.

  Die Aufgaben mit der Glühbirne sind Anwendungsaufgaben zum Tüfteln. Hier musst du vielleicht etwas länger nachdenken, um auf den Lösungsansatz zu kommen. Oft sind auch mehrere Lösungswege und Ergebnisse möglich. Aber durch gute Vorbereitung und intensives Training findest du sicher schnell eine geeignete Strategie und löst auch knifflige Aufgaben.
- Vor dem Trainingsteil findest du einen übersichtlichen **Lernplaner** (eine **Checkliste**). Damit behältst du den Überblick über den Prüfungsstoff, deine Fortschritte und deine Zeitplanung.
- Mit dem Vorwissen aus dem Trainingsteil kannst du dich an die **Original-Prüfungsaufgaben** wagen, die in den letzten Jahren im Fach Mathematik an Hauptschulen in Niedersachsen gestellt wurden. Sie sollen dir einen Eindruck vermitteln, welche Anforderungen dich in der zentralen Prüfung erwarten. Versuche deshalb, unter echten Prüfungsbedingungen zu arbeiten und die Prüfung in der vorgegebenen Zeit zu lösen.
- Zu diesem Buch ist ein **separates Lösungsbuch** (Titelnummer: C03309L) erhältlich. Es enthält **ausführliche Lösungen** von unseren Autorinnen und Autoren, in denen jeder Rechenschritt erklärt ist, sowie hilfreiche Hinweise und Tipps zur Bearbeitung der Prüfungsaufgaben.

Wenn du den Inhalt dieses Buches beherrschst, bist du bestens auf die Prüfung vorbereitet. Du wirst sehen: Übung macht den Meister!

Viel Erfolg in der Prüfung!

Hinweise zur Abschlussprüfung

Die Abschlussarbeit in Mathematik zum Erwerb des Hauptschulabschlusses am Ende der 9. Jahrgangsstufe besteht aus dem **Hauptteil 1 (ohne Hilfsmittel)**, dem **Hauptteil 2** mit Pflichtaufgaben und dem **Wahlteil** mit Wahlaufgaben. Der Hauptteil 1 ist für beide Kurse (E-Kurs und G-Kurs) gleich. Der Hauptteil 2 und der Wahlteil sind jedoch je nach Kursniveau verschieden. Prüfungsaufbau und -ablauf sehen folgendermaßen aus:

- Im **Hauptteil 1 (ohne Hilfsmittel)** werden deine Grundvorstellungen und Grundfertigkeiten in den verschiedenen Themenbereichen geprüft. Da es sich um einfachere Rechnungen handelt, darfst du hier **keine Hilfsmittel** (Taschenrechner, Formelsammlung) verwenden. Zur Bearbeitung des ersten Teils stehen dir maximal **40 Minuten** zur Verfügung.
- Nach der Abgabe des Hauptteils 1 bekommst du den **Hauptteil 2** und den **Wahlteil** mit vier **Wahlaufgaben** vorgelegt, aus denen du **zwei** verbindlich auswählen musst. Für die Auswahl hast du **15 Minuten** Zeit. Die beiden nicht gewählten Wahlaufgaben musst du durchstreichen.
- Erst jetzt darfst du mit der Bearbeitung des **verbindlichen Hauptteils 2** und der **beiden gewählten Wahlaufgaben** beginnen. Hierfür bekommst du noch einmal **80 Minuten** Zeit. Zum Lösen dieser Aufgaben sind ein nicht programmierbarer **Taschenrechner** und eine **Formelsammlung** erlaubt.
  Die Aufgaben des Hauptteils 2 und des Wahlteils sind anspruchsvoller. Du musst hier oft länger nachdenken. Aber lass dich nicht entmutigen, auch wenn eine Aufgabe anfangs schwer erscheint. Bleib ruhig und überlege, dann wirst du Zusammenhänge erkennen und auch knifflige Aufgaben lösen können.
  Achte darauf, dass du die **Einheiten** im Ergebnis oder Antwortsatz korrekt angibst und wie angegeben **rundest**. Ansonsten können dir Punkte abgezogen werden.
- Grundlage für die Themen der schriftlichen Abschlussprüfung sind die Bildungsstandards im Fach Mathematik für den Hauptschulabschluss sowie das neue Kerncurriculum mit **pandemiebedingten Hinweisen und Priorisierungen**. Vor allem aufgrund der Priorisierung des Kerncurriculums ergeben sich gegenüber den Jahren vor der Pandemie **Streichungen**. Diese Themengebiete sind im Buch mit ⊕ gekennzeichnet.
- Sollten nach Erscheinen dieses Bandes noch **wichtige Änderungen** für die Abschlussprüfung 2023 bekannt gegeben werden, erhältst du **aktuelle Informationen** dazu auf der **Plattform MyStark**. Den Zugangscode dafür findest du vorne im Buch.

Für die Bearbeitung von Mathematikaufgaben ist es hilfreich, sich eine **Lösungsstrategie** anzueignen:

- **Lies** die Aufgabenstellung **genau** durch und **markiere** alle wichtigen Angaben oder Informationen (z. B. gegebene Größen, Lösungshinweise) farbig.
- Eine **Skizze**, in der du die gegebenen und gesuchten Größen einträgst, kann dir oft den Einstieg in eine komplexe Aufgabe erleichtern.
- Überlege, auf welches **Themengebiet** der Mathematik sich die Aufgabe bezieht. Welche Regeln, Sätze oder Formeln sind dir aus diesem Bereich bekannt? Nutze, wenn möglich, auch die Formelsammlung.

Mathematische Formeln

Flächen

Quadrat

$A = a^2$

$u = 4 \cdot a$

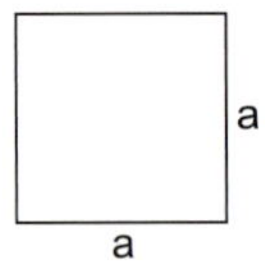

Rechteck

$A = a \cdot b$

$u = 2 \cdot a + 2 \cdot b$

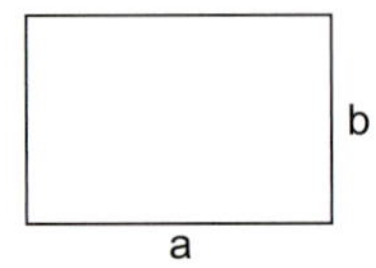

Parallelogramm

$A = a \cdot h_a$

$u = 2 \cdot a + 2 \cdot b$

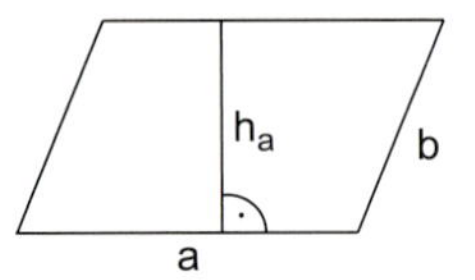

Trapez

$A = \frac{(a + c)}{2} \cdot h_a$

$u = a + b + c + d$

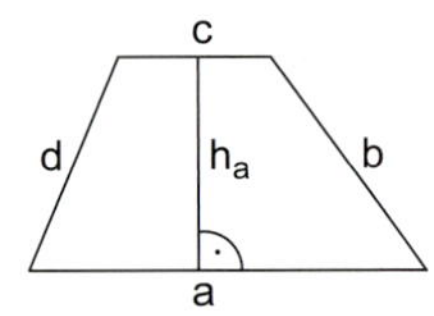

Kreis

$A = \pi \cdot r^2$

$A = \frac{1}{4} \cdot \pi \cdot d^2$

$u = 2 \cdot \pi \cdot r = \pi \cdot d$

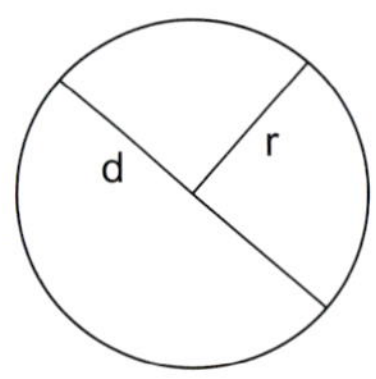

Kreisausschnitt

$A = \pi \cdot r^2 \cdot \frac{\alpha}{360°}$

$b = 2 \cdot \pi \cdot r \cdot \frac{\alpha}{360°}$

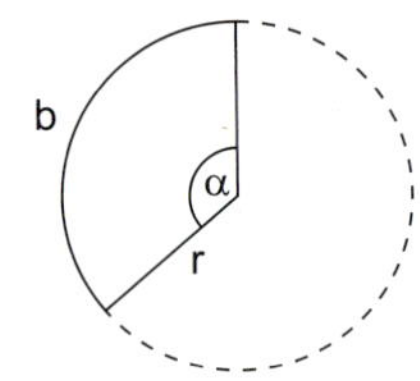

Rechtwinkliges Dreieck

$A = \frac{a \cdot b}{2}$

$u = a + b + c$

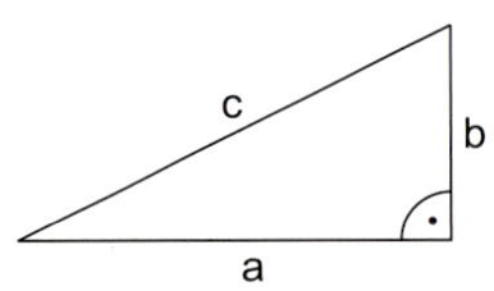

Allgemeines Dreieck

$A = \frac{c \cdot h_c}{2}$

$u = a + b + c$

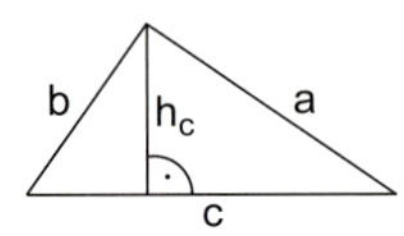

Satz des Pythagoras

$a^2 + b^2 = c^2$

Körper

Würfel

$V = a^3$

$O = 6 \cdot a^2$

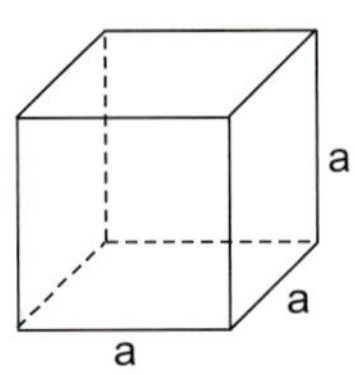

Quader

$V = a \cdot b \cdot c$

$O = 2ab + 2ac + 2bc$

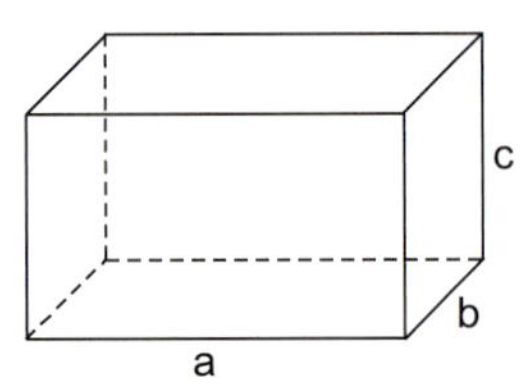

Prisma

$V = G \cdot h_K$

$M = u_G \cdot h_K$

$O = 2 \cdot G + M$

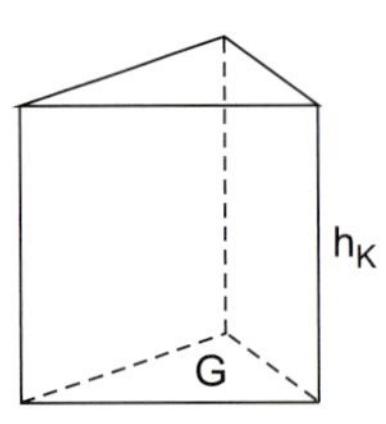

Zylinder

$V = \pi \cdot r^2 \cdot h_K$

$M = 2 \cdot \pi \cdot r \cdot h_K$

$O = 2 \cdot \pi \cdot r^2 + 2 \cdot \pi \cdot r \cdot h_K$

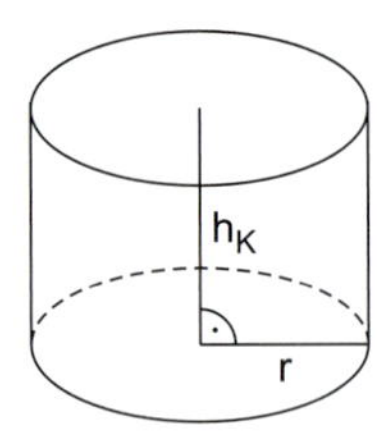

Quadratische Pyramide

$V = \frac{1}{3} \cdot a^2 \cdot h_K$

$M = 2 \cdot a \cdot h_a$

$O = G + M$

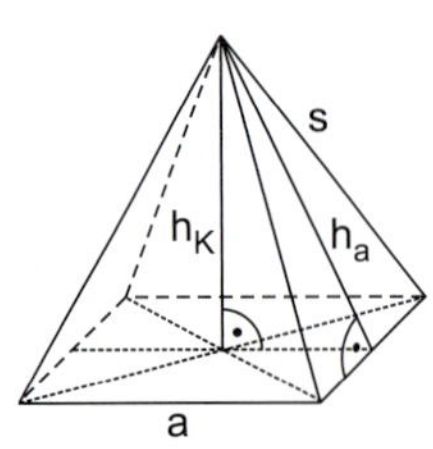

Kegel

$V = \frac{1}{3} \cdot \pi \cdot r^2 \cdot h_K$

$M = \pi \cdot r \cdot s$

$O = 2 \cdot \pi \cdot r^2 + \pi \cdot r \cdot s$

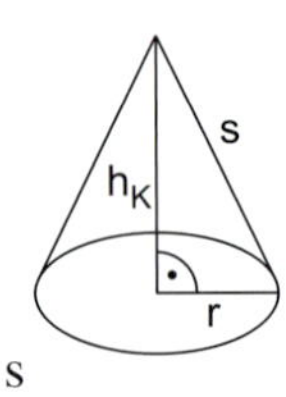

G: Grundflächeninhalt; M: Mantelflächeninhalt; h_K: Körperhöhe

Maßeinheiten

Längen

$1\ \text{km} = 1\,000\ \text{m}$

$1\ \text{m} = 10\ \text{dm} = 100\ \text{cm} = 1\,000\ \text{mm}$

$1\ \text{dm} = 10\ \text{cm} = 100\ \text{mm}$

$1\ \text{cm} = 10\ \text{mm}$

Flächeninhalte

$1\ \text{ha} = 10\,000\ \text{m}^2$ $\quad 1\ \text{a} = 100\ \text{m}^2$

$1\ \text{m}^2 = 100\ \text{dm}^2$

$1\ \text{dm}^2 = 100\ \text{cm}^2$

$1\ \text{cm}^2 = 100\ \text{mm}^2$

Rauminhalte

$1\ \text{m}^3 = 1\,000\ \text{dm}^3$

$1\ \text{dm}^3 = 1\,000\ \text{cm}^3$

$1\ \text{cm}^3 = 1\,000\ \text{mm}^3$

Liter: $1\ \ell = 1\,000\ m\ell = 1\ \text{dm}^3$

Milliliter: $1\ m\ell = 1\ \text{cm}^3$

Massen

$1\ \text{t} = 1\,000\ \text{kg}$

$1\ \text{kg} = 1\,000\ \text{g}$

$1\ \text{g} = 1\,000\ \text{mg}$

Prozent- und Zinsrechnung

$$W = G \cdot \frac{p}{100}$$

$$Z = K \cdot \frac{p}{100}$$

$$Z = K \cdot \frac{p}{100} \cdot \frac{t}{360}$$

W: Prozentwert
G: Grundwert
p %: Prozentsatz
Z: Zinsen
K: Kapital
t: Tage

Lineare Funktionen

$$f(x) = y = m \cdot x + b$$

m: Steigung
b: y-Achsenabschnitt

Wahrscheinlichkeitsrechnung

Sind alle Wahrscheinlichkeiten eines Zufallsexperimentes gleich wahrscheinlich, gilt:

$$\text{Wahrscheinlichkeit} = \frac{\text{Anzahl der günstigen Ergebnisse}}{\text{Anzahl aller Ergebnisse}}$$

Mehrstufige Zufallsversuche lassen sich in einem Baumdiagramm darstellen.

Beispiel: Das Werfen einer Münze kann Wappen (W) oder Zahl (Z) ergeben, die Wahrscheinlichkeit ist je $\frac{1}{2}$.

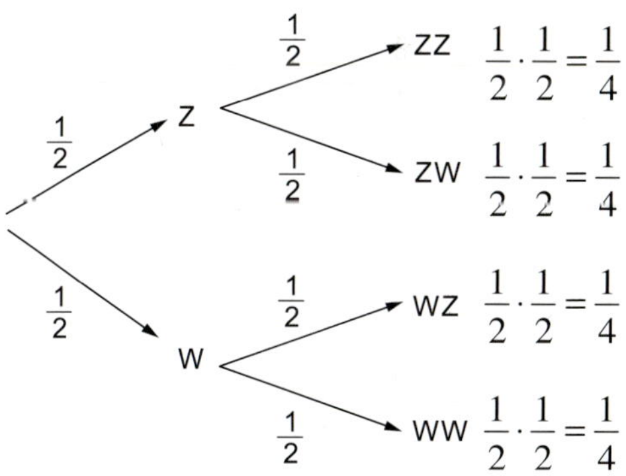

Produktregel: (Beispiel)

$$\text{Wahrscheinlichkeit(ZZ)} = \frac{1}{2} \cdot \frac{1}{2} = \frac{1}{4}$$

Summenregel: (Beispiel)

$$\text{Wahrscheinlichkeit(ZZ oder WW)} = \frac{1}{4} + \frac{1}{4} = \frac{1}{2}$$

Statistik

$$\text{arithmetisches Mittel (Mittelwert)} = \frac{\text{Summe aller Werte}}{\text{Anzahl aller Werte}}$$

Lernplaner

Diese Themen muss ich in der Prüfung 2023 für den **Hauptteil I** (hilfsmittelfrei) können:

Thema	Kapitel	Seite	Datum	☺	😐	☹	Bemerkungen
Schriftliche Rechenverfahren (+, –, ·, :)	1	3 – 4, 17 – 19					
Rechenregeln	1	4					
Runden und Überschlagen	1	4 – 6					
Bruchrechnung	1	7 – 16					
Rationale Zahlen	1	20 – 22					
Potenzen und Wurzeln	1	23					
Umgang mit Größen	2	24 – 26					
Maßstab	2	27 – 29					
Terme	3	30					
Lineare Gleichungen	3	32 – 34					
Proportionale/antiproportionale Zuordnungen	4	38 – 40					
Füllgraphen	4	47 – 48					
Prozentrechnung	5	49 – 50					
Fläche/Umfang (Dreieck, Quadrat, Rechteck)	6	57, 61 – 62					
Winkel	8	84 – 85					
Eigenschaften geometrischer Körper	8	90					
Schrägbilder/Netze Würfel und Quader	8	89 – 92					
Kopfgeometrie	8	91 – 92					
Diagramme	9	96 – 97					
Einstufiger Zufallsversuch	9	100 – 101					
Schätzen	10	107 – 110					

Diese Themen muss ich in der Prüfung 2023 für den **Hauptteil II** (mit Wahlaufgaben) können:

Thema	Kapitel	Seite	Datum	☺	😐	☹	Bemerkungen
Proportionale/antiproportionale Zuordnungen	4	38 – 42					
Lineare Funktionen	4	43 – 45					
Weg-Zeit-Diagramme	4	46 – 48					
Prozentrechnung	5	49 – 53					
Satz des Pythagoras	6	58 – 60					
Fläche/Umfang (Dreieck, Viereck, Kreis)	6	61 – 67					
Zusammengesetzte Flächen	6	68 – 72					
Volumen/Oberfläche (Würfel, Quader, Prima, Zylinder)	7	72 – 79					
Zusammengesetzte Körper	7	82 – 83					
Eigenschaften geometrischer Körper	8	90					
Statistische Grundbegriffe	9	93					
Absolute und relative Häufigkeit	9	94					
Arithmetisches Mittel	9	95					
Tabellen und Diagramme	9	96 – 99					
Einstufiger Zufallsversuch	9	100 – 101					
Mehrstufiger Zufallsversuch	9	102 – 105					

Training Grundwissen

1 Grundlagen des Rechnens

Grundbegriffe und Rechengesetze

Merke

Grundrechenarten

Addition (addieren):	1. Summand	+	2. Summand	=	Summe
	5	+	7	=	12
Subtraktion (subtrahieren):	Minuend	–	Subtrahend	=	Differenz
	8	–	5	=	3
Multiplikation (multiplizieren):	1. Faktor	·	2. Faktor	=	Produkt
	12	·	5	=	60
Division (dividieren):	Dividend	:	Divisor	=	Quotient
	99	:	11	=	9

Beispiel

$$\begin{array}{l} 4544 : 8 = 568 \\ \underline{-40} \\ \;\;54 \\ \underline{-48} \\ \;\;\;64 \\ \underline{\;-64} \\ \;\;\;\;0 \end{array}$$

Beginne mit: Wie oft passt 8 in 45?

Aufgaben

1 Berechne im Kopf die Summe aus …

a) 75 und 13.
b) 83 und 24.
c) 33 und 66.
d) 35 und 112.

2 Berechne im Kopf die Differenz aus …

a) 67 und 22.
b) 87 und 35.
c) 65 und 17.
d) 78 und 29.

3 Berechne im Kopf das Produkt aus …

a) 12 und 5.
b) 8 und 7.
c) 25 und 8.
d) 9 und 13.

4 Berechne im Kopf den Quotienten aus …

a) 64 und 8.
b) 72 und 6.
c) 48 und 3.
d) 150 und 25.

5 Berechne schriftlich.

a) 4 712 : 8
b) 1 325 : 5
c) 3 408 : 6
d) 3 222 : 9
e) 2 820 : 12
f) 3 553 : 11

6 Notiere die passende Aufgabe und berechne im Kopf.

a) Addiere 18 zu 63.

b) Subtrahiere 56 von 69.

c) Dividiere 88 durch 4.

d) Multipliziere 33 mit 3.

Merke

Rechenregeln

- Was in der **Klammer** steht, wird zuerst berechnet!
- **Punkt vor Strich:** Mal und geteilt vor plus und minus!

Beispiele

1. $15 - (5 + 8) + 9 =$
   $15 - \quad 13 \quad + 9 = 11$

   Berechne zuerst, was in der Klammer steht.

2. $10 : 5 + 6 \cdot 4 - 8 =$
   $2 \quad + \quad 24 - 8 = 18$

   Beachte die Regel „Punkt vor Strich".

Aufgaben

7 Berechne im Kopf. Achte auf die Rechenregeln.

a) $4 \cdot 5 + 2 \cdot 6$
b) $7 + 5 \cdot 8$

c) $4 \cdot (3 + 5)$
d) $(2{,}5 - 0{,}5) \cdot 14$

e) $18 : (29 - 23)$
f) $3 \cdot (14 + 8)$

g) $(53 + 28) : 9$
h) $(22 + 41) : 7$

8 Setze Klammern so, dass das Ergebnis 100 ist.

a) $5 + 15 \cdot 5$
b) $4 \cdot 20 + 5$

c) $3 + 7 \cdot 8 + 2$
d) $3 \cdot 13 + 20 + 1$

9 Erfinde selbst eine passende Aufgabe zu dem jeweiligen Ergebnis.

a) 12
b) 49

c) 28,5
d) 8,2

Interaktive Aufgaben

1. Term berechnen I
2. Term berechnen II

Runden

Merke

Runden, Näherungswerte

Beim Runden entsteht immer ein Näherungswert. Daher muss das Gleichheitszeichen (=) durch das Rundungszeichen (≈) ersetzt werden.

- Bei 0, 1, 2, 3, 4 runde ab (die Stelle, auf die gerundet wird, bleibt gleich).
- Bei 5, 6, 7, 8, 9 runde auf (die Stelle, auf die gerundet wird, erhöht sich um 1).

Beispiele

Runde auf Hundertstel (zwei Stellen nach dem Komma):

Stelle, auf die gerundet wird

1,714 1,715

Stelle, die angibt, ob aufgerundet oder abgerundet wird.

Lösung:

1. 1,7**14** ≈ 1,71 — Die 3. Dezimalstelle ist eine 4. Es wird abgerundet. Die 1 bleibt stehen.

2. 1,7**15** ≈ 1,72 — Die 3. Dezimalstelle ist eine 5. Es wird aufgerundet. Aus der 1 wird eine 2.

Aufgaben

10 Runde auf Zehntel (eine Stelle nach dem Komma).

a) 25,76 b) 32,64

c) 786,753 d) 37,98

11 Runde auf Zehner.

a) 276 b) 23,9

c) 8 974 d) 7 698

12 Runde auf …

a) Zehner	124	318	896
b) Hunderter	7 676	918	3 950
c) Tausender	1 828	7 318	99 599 999
d) Millionen	1 775 699	17 415 000	109 812
e) Zehntel	173,44	43,16	52,999
f) Hundertstel	13,412	9,999	21,126

13 Runde auf volle Eurobeträge.

a) 17,49 € b) 24,58 €

c) 459,85 € d) 102,35 €

14 Runde die Flächen der folgenden Staaten auf Zehntausender (Hunderttausender).

Kanada 9,985 Mio. km^2 — USA 9,525 Mio. km^2

Brasilien 8,516 Mio. km^2 — Australien 7,741 Mio. km^2

Indien 3,287 Mio. km^2 — Algerien 2,382 Mio. km^2

Kolumbien 1,139 Mio. km^2 — Ägypten 1,001 Mio. km^2

15 Bestimme die Zahlen.

a) Wie heißt die kleinste natürliche Zahl, die auf Hunderter gerundet 800 ergibt?

b) Wie heißt die größte natürliche Zahl, die auf Zehntausender gerundet 60 000 ergibt?

Merke

Überschlagsrechnen

Mache möglichst bei jeder Aufgabe eine Überschlagsrechnung. Schätze dazu gezielt, wie groß das Ergebnis sein muss:

- **Runde** die Zahlen.
- Berechne das gerundete Ergebnis.
- Berechne das genaue Ergebnis.
- **Vergleiche die Ergebnisse.** Ist der Unterschied zwischen dem gerundeten Ergebnis und dem genauen Ergebnis sehr groß, hast du dich wahrscheinlich verrechnet. Überprüfe deine Rechnungen.

Beispiele

1. $118 + 94 =$
   Überschlag: $118 + 94 \approx 120 + 90 = 210$
   Genaues Ergebnis: $118 + 94 = 212$
2. $8{,}2 \cdot 7{,}8 =$
   Überschlag: $8{,}2 \cdot 7{,}8 \approx 8 \cdot 8 = 64$
   Genaues Ergebnis: $8{,}2 \cdot 7{,}8 = 63{,}96$

Aufgaben

16 Überschlage zunächst das Ergebnis und berechne dann genau.

a) $23 + 84$
b) $785 + 698$
c) $43{,}82 - 17{,}59$
d) $569{,}55 - 178{,}65$

17 Mache eine Überschlagsrechnung und rechne dann genau aus.

a) $7{,}045 + 4{,}817 + 28{,}34 + 18{,}46$
b) $8{,}61 + 13{,}09 + 74{,}82 + 54{,}25$
c) $556{,}1 - 56{,}21 - 6{,}22$
d) $40{,}62 - 23{,}81 - 18{,}97$

18 Überschlage zunächst und berechne dann das genaue Ergebnis.

a) $67 \cdot 23$
b) $19 \cdot 72$
c) $146{,}2 : 1{,}88$
d) $8{,}37 : 1{,}85$

19 Überschlage jeweils: Bei welcher Aufgabe kommt das höchste Ergebnis heraus? Bei welcher Aufgabe kommt das niedrigste Ergebnis heraus?

a) $2\,111 - 590 - 611{,}5$
b) $28 \cdot 32$
c) $8{,}8 \cdot 22 - 17$
d) $332 + 876 - 355$
e) $18 \cdot 19$
f) $1\,836{,}8 : 6{,}21$
g) $322 + 488 + 210{,}5$
h) $2\,110 : 2{,}8$

20 Tim geht für seine Mutter zum Einkaufen. Er besorgt ein Kilo Äpfel für 2,10 €, zwei Liter Milch à 1,19 €, fünf Kürbiskernbrötchen für je 85 Cent und drei Packungen Bio-Müsli für je 2,49 €. Seine Mutter gibt ihm einen 20-€-Schein mit.
Reicht das Geld noch für ein Eis? Überschlage.

Interaktive Aufgaben

1. Runden
2. Überschlagen

Bruchrechnen

Merke

Bruchbegriff
Für Brüche gibt es **unterschiedliche Schreibweisen**.
Es gilt: $\frac{1}{100} = 0{,}01 = 1\,\%$

Beispiel

Zu ihrem 15. Geburtstag bekommt Mona 100 € geschenkt. Sie gibt 10 € für ihr Handyguthaben, 15 € für Bücher, 25 € für CDs und 50 € für Schuhe aus.

	Handyguthaben	Bücher	CDs	Schuhe
Ausgaben	10 € von 100 €	15 € von 100 €	25 € von 100 €	50 € von 100 €
Hundertstelbruch	$\frac{10}{100}$	$\frac{15}{100}$	$\frac{25}{100}$	$\frac{50}{100}$
gekürzter Bruch	$\frac{1}{10}$	$\frac{3}{20}$	$\frac{1}{4}$	$\frac{1}{2}$
Dezimalbruch	0,1	0,15	0,25	0,5
Prozentsatz	10 %	15 %	25 %	50 %
Diagramm (Hundertertafel)	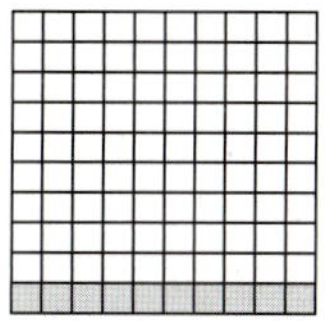	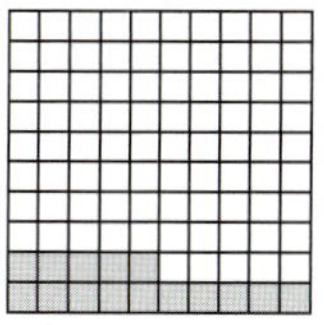	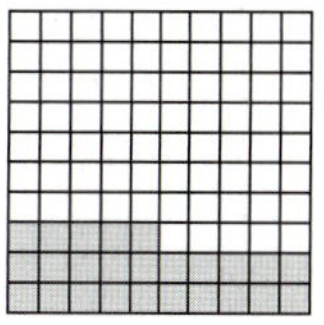	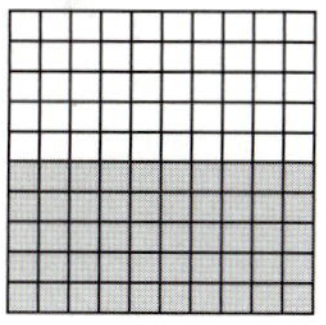

Aufgaben

21 Vervollständige folgende Tabelle.

	a)	b)	c)	d)	e)	f)
Bruch	$\frac{3}{4}$				$\frac{1}{3}$	
Dezimalbruch		0,7	0,2	0,3		0,05
Hundertstelbruch		$\frac{10}{100}$	$\frac{20}{70}$	$\frac{30}{706}$		$\frac{5}{100}$
Prozentsatz		70 %	20 %	30 %		5 %

22 Welcher Bruchteil ist jeweils grau markiert?

a) 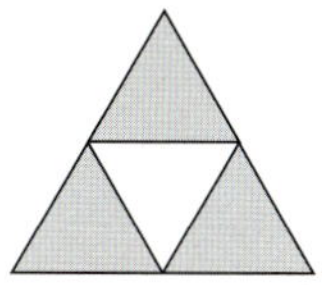

b) 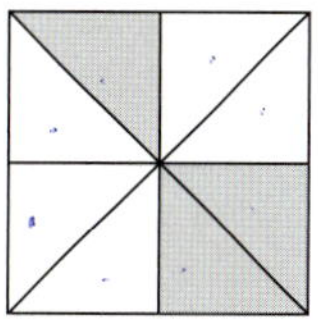

c) 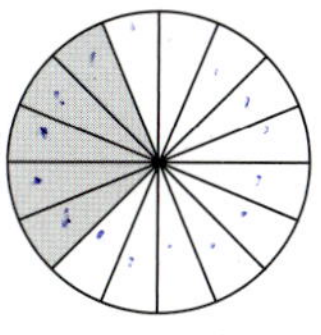

d) 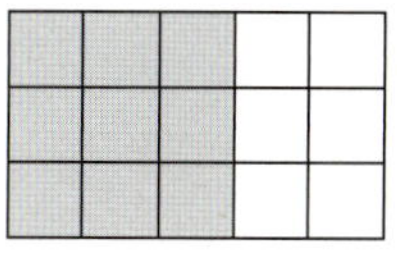

23 Zeichne die Brüche und Dezimalbrüche am Zahlenstrahl ein. Nimm zuerst eine sinnvolle Einteilung vor.

a) $\frac{1}{2}$ und 0,75

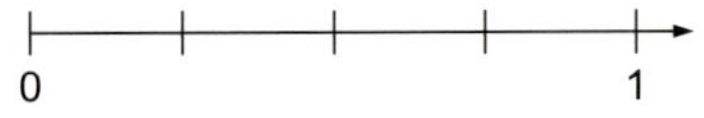

b) $\frac{3}{4}$ und 0,25

c) $\frac{3}{5}$ und 0,2

d) $\frac{4}{10}$ und 0,8

Merke

Brüche erweitern

Ein Bruch wird erweitert, indem Zähler und Nenner **mit der gleichen Zahl** (Erweiterungszahl) **multipliziert** werden. Der Wert des Bruchs bleibt dabei unverändert.

Beispiele

1. Erweitere den Bruch $\frac{2}{3}$ mit 4.
   Lösung:
   $\frac{2}{3} = \frac{2 \cdot 4}{3 \cdot 4} = \frac{8}{12}$
   Die Erweiterungszahl ist 4. Zähler und Nenner werden mit 4 multipliziert.

2. Erweitere den Bruch $\frac{3}{8}$ auf den Nenner 40.
   Lösung:
   $\frac{3}{8} = \frac{\square}{40}$
   Bestimme die Erweiterungszahl.
   Der Nenner des erweiterten Bruchs ist 40.
   Der Nenner des ursprünglichen Bruchs ist 8.
   Die Erweiterungszahl ist 40 : 8 = 5. Der Bruch wird mit 5 erweitert.

   $\frac{3}{8} = \frac{3 \cdot 5}{8 \cdot 5} = \frac{15}{40}$
   Multipliziere Zähler und Nenner mit der Erweiterungszahl.

Aufgaben

24

a) Erweitere $\frac{4}{7}$ jeweils mit 3 (4; 6; 8).

b) Erweitere $\frac{3}{5}$ jeweils mit 2 (7; 8; 10).

c) Erweitere $\frac{5}{8}$ jeweils mit 2 (3; 5; 6).

d) Erweitere $\frac{3}{4}$ jeweils mit 6 (9; 12; 15).

25 Erweitere auf den Nenner 20.

a) $\frac{3}{4}$

b) $\frac{2}{5}$

c) $\frac{1}{2}$

d) $\frac{7}{10}$

26 Bestimme die Erweiterungszahl und berechne den fehlenden Nenner oder Zähler.

a) $\frac{3}{10} = \frac{\square}{50}$ b) $\frac{3}{8} = \frac{\square}{48}$

c) $\frac{3}{4} = \frac{9}{\square}$ d) $\frac{5}{6} = \frac{25}{\square}$

e) $\frac{5}{12} = \frac{\square}{72}$ f) $\frac{2}{5} = \frac{16}{\square}$

Merke

Brüche kürzen

Ein Bruch wird gekürzt, indem Zähler und Nenner **durch die gleiche Zahl** (Kürzungszahl) **dividiert** werden. Der Wert des Bruchs bleibt dabei unverändert.

Beispiel

Kürze den Bruch $\frac{6}{9}$.

Lösung:

$\frac{6}{9} = \frac{6:3}{9:3} = \frac{2}{3}$

Die Kürzungszahl ist 3. Zähler und Nenner werden durch 3 dividiert.

Aufgabe 27

Kürze die folgenden Brüche.

a) $\frac{2}{4}$ b) $\frac{3}{9}$

c) $\frac{6}{8}$ d) $\frac{4}{10}$

e) $\frac{6}{15}$ f) $\frac{5}{20}$

Merke

Hauptnenner

Um zwei oder mehrere Brüche miteinander zu vergleichen, braucht man einen **gleichen gemeinsamen Nenner** (Hauptnenner), d. h., jeder einzelne Nenner muss Teiler des Hauptnenners sein.

Beispiele

1. Welcher Bruch ist kleiner, $\frac{2}{3}$ oder $\frac{7}{9}$?

   Lösung:

   Der Nenner 3 ist Teiler des Nenners 9.

   → Hauptnenner 9

   $\frac{2}{3} = \frac{2 \cdot 3}{3 \cdot 3} = \frac{6}{9}$ Die Erweiterungszahl des 1. Bruchs ist 3. Multipliziere Zähler und Nenner mit 3.

   $\frac{7}{9}$ Der 2. Bruch muss nicht verändert werden.

   $\frac{6}{9} < \frac{7}{9} \Rightarrow \frac{2}{3} < \frac{7}{9}$ Der Bruch mit dem kleineren Zähler ist bei gleichem Nenner kleiner.

2. Welcher Bruch ist kleiner, $\frac{3}{4}$ oder $\frac{5}{6}$?
Lösung:
Das kleinste gemeinsame Vielfache von 4 und 6 ist 12.

$\frac{3}{4} = \frac{3 \cdot \mathbf{3}}{4 \cdot \mathbf{3}} = \frac{9}{12}$ Die Erweiterungszahl des 1. Bruchs ist 3. Multipliziere Zähler und Nenner mit 3.

$\frac{5}{6} = \frac{5 \cdot \mathbf{2}}{6 \cdot \mathbf{2}} = \frac{10}{12}$ Der 2. Bruch wird mit 2 erweitert. Multipliziere Zähler und Nenner mit 2.

$\frac{9}{12} < \frac{10}{12} \Rightarrow \frac{3}{4} < \frac{5}{6}$

3. Ordne die Brüche $\frac{3}{2}; \frac{4}{5}; \frac{7}{8}$ der Größe nach.
Lösung:
Das kleinste gemeinsame Vielfache von 2, 5 und 8 ist 40.

$\frac{3}{2} = \frac{3 \cdot \mathbf{20}}{2 \cdot \mathbf{20}} = \frac{60}{40}$ Die Erweiterungszahl des 1. Bruchs ist 20.

$\frac{4}{5} = \frac{4 \cdot \mathbf{8}}{5 \cdot \mathbf{8}} = \frac{32}{40}$ Erweitere den 2. Bruch mit 8.

$\frac{7}{8} = \frac{7 \cdot \mathbf{5}}{8 \cdot \mathbf{5}} = \frac{35}{40}$ Erweitere den 3. Bruch mit 5.

Brüche der Größe nach geordnet: $\frac{4}{5} < \frac{7}{8} < \frac{3}{2}$

Aufgaben

28 Welcher Bruch ist kleiner?

a) $\frac{2}{5}$ oder $\frac{5}{10}$

b) $\frac{1}{2}$ oder $\frac{3}{8}$

c) $\frac{5}{6}$ oder $\frac{7}{8}$

d) $\frac{3}{4}$ oder $\frac{9}{10}$

e) $\frac{2}{3}$ oder $\frac{5}{7}$

f) $\frac{4}{7}$ oder $\frac{7}{10}$

29 Ordne die Brüche am Zahlenstrahl. Nimm zuerst eine sinnvolle Einteilung vor.

a) $\frac{1}{4}; \frac{6}{8}; \frac{5}{10}$

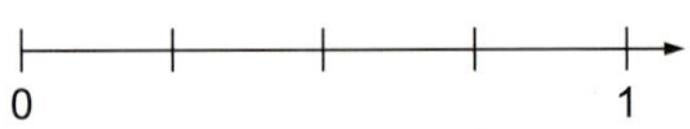

b) $\frac{5}{6}; \frac{1}{3}; \frac{1}{6}$

c) $\frac{4}{5}; \frac{2}{10}; \frac{1}{2}$

d) $\frac{3}{4}; \frac{8}{16}; \frac{1}{8}$

30 Gib einen Bruch an, der zwischen folgenden Brüchen liegt.
Tipp: Bringe zuerst auf den Hauptnenner.

a) $\frac{4}{6}$ und $\frac{5}{9}$

b) $\frac{2}{3}$ und $\frac{2}{5}$

c) $\frac{2}{5}$ und $\frac{3}{5}$

d) $\frac{1}{2}$ und $\frac{1}{3}$

31 Ordne die folgenden Brüche der Größe nach.

a) $\frac{3}{8}$; $\frac{2}{5}$; $\frac{3}{10}$

b) $\frac{4}{5}$; $\frac{1}{3}$; $\frac{3}{10}$

c) $\frac{2}{9}$; $\frac{1}{3}$; $\frac{4}{7}$

d) $\frac{7}{6}$; $\frac{3}{10}$; $\frac{5}{4}$

32 Bei einem Fernsehquiz wird der erste Gewinner gefragt, ob er lieber sieben Achtel, vier Sechstel, 75 % oder die Hälfte der Gewinnsumme hätte.
Wie würdest du dich entscheiden?

33 Bei Ellas Geburtstagsparty blieb von jeder bestellten Pizza etwas übrig:

- $\frac{1}{4}$ von der Pizza Vierjahreszeiten
- $\frac{1}{3}$ von der Champignon-Pizza
- $\frac{3}{8}$ von der Peperoni-Pizza
- $\frac{3}{6}$ von der Veggi-Pizza

Ordne die übrig gebliebenen Stücke der Größe nach. Beginne mit dem größten Stück.

Interaktive Aufgaben

- 1. Glücksrad
- 2. Erweitern
- 3. Kürzen
- 4. Brüche sortieren

Merke

Echter Bruch, unechter Bruch, gemischte Zahl

- Bei einem **echten** Bruch ist der Zähler **kleiner** als der Nenner, z. B.: $\frac{4}{9}$
- Bei einem **unechten** Bruch ist der Zähler **größer** als der Nenner oder gleich dem Nenner, z. B.: $\frac{17}{5}$
- **Gemischte Zahlen** bestehen aus Ganzen und echten Brüchen, z. B.: $2\frac{1}{4}$

Beispiele

1. Wandle den Bruch $\frac{13}{3}$ in eine gemischte Zahl um.
   Lösung:
   $\frac{13}{3} = 13 : 3 = 4 + 1 : 3 = 4 + \frac{1}{3} = 4\frac{1}{3}$

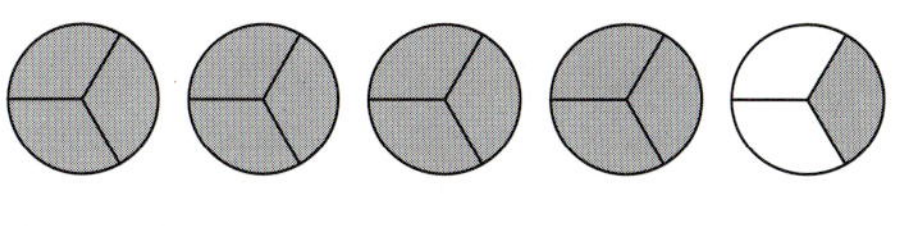

2. Wandle die gemischte Zahl $3\frac{2}{5}$ in einen unechten Bruch um.
   Lösung:
   $3\frac{2}{5} = 3 + \frac{2}{5} = \frac{3 \cdot 5}{5} + \frac{2}{5} = \frac{15}{5} + \frac{2}{5} = \frac{15 + 2}{5} = \frac{17}{5}$

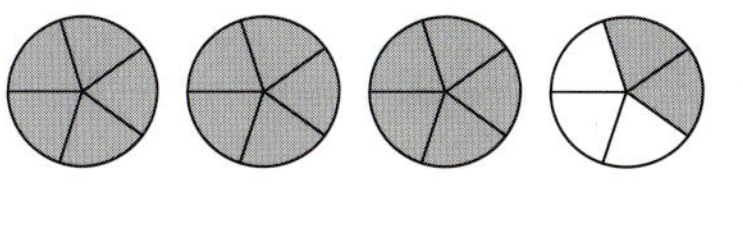

Aufgaben

34 Schreibe als gemischte Zahl.

a) $\frac{45}{2}$ b) $\frac{12}{5}$

c) $\frac{32}{3}$ d) $\frac{43}{8}$

e) $\frac{51}{7}$ f) $\frac{40}{9}$

35 Schreibe als unechten Bruch.

a) $5\frac{1}{3}$ b) $4\frac{7}{8}$

c) $12\frac{3}{4}$ d) $10\frac{4}{5}$

e) $8\frac{5}{6}$ f) $2\frac{7}{10}$

Interaktive Aufgaben

5. Umwandlung in gemischte Zahl
6. Umwandlung in unechten Bruch

Merke

Addition und Subtraktion von Brüchen

- Brüche können nur dann addiert oder subtrahiert werden, wenn sie **gleichnamig** sind (einen **gemeinsamen Nenner** besitzen).
- Sind die Brüche gleichnamig, werden die **Zähler addiert oder subtrahiert**. Der **Nenner** bleibt **unverändert**.
- Sind die Brüche **ungleichnamig**, musst du zuerst den **Hauptnenner suchen** und sie gleichnamig machen.

Beispiele

1. Addiere die gleichnamigen Brüche $\frac{5}{6}+\frac{4}{6}$.
   Lösung:
   $\frac{5}{6}+\frac{4}{6}=\frac{5+4}{6}=\frac{9}{6}=1\frac{3}{6}=1\frac{1}{2}$ Addiere die Zähler. Wandle das Ergebnis in eine gemischte Zahl um.

2. Subtrahiere die gleichnamigen Brüche $\frac{11}{12}-\frac{5}{12}$.
   Lösung:
   $\frac{11}{12}-\frac{5}{12}=\frac{11-5}{12}=\frac{6}{12}=\frac{1}{2}$ Subtrahiere die Zähler. Kürze das Ergebnis, wenn möglich.

Aufgabe

36 Addiere bzw. subtrahiere die gleichnamigen Brüche.

a) $\frac{3}{5}+\frac{4}{5}$ b) $\frac{9}{10}-\frac{7}{10}$

c) $\frac{7}{8}-\frac{3}{8}$ d) $\frac{5}{6}+\frac{7}{6}$

Beispiele

1. Addiere die ungleichnamigen Brüche $\frac{2}{3}+\frac{4}{5}$.

Lösung:

$\frac{2}{3}+\frac{4}{5}=\frac{2\cdot 5}{3\cdot 5}+\frac{4\cdot 3}{5\cdot 3}=$ — Erweitere auf den Hauptnenner.

$\frac{10}{15}+\frac{12}{15}=$ — Fasse zusammen.

$\frac{10+12}{15}=$ — Addiere die Zähler.

$\frac{22}{15}=1\frac{7}{15}$ — Wandle das Ergebnis in eine gemischte Zahl um.

2. Subtrahiere die ungleichnamigen Brüche $\frac{8}{10}-\frac{1}{3}$.

Lösung:

$\frac{8}{10}-\frac{1}{3}=\frac{8\cdot 3}{10\cdot 3}-\frac{1\cdot 10}{3\cdot 10}=$ — Erweitere auf den Hauptnenner.

$\frac{24}{30}-\frac{10}{30}=$ — Fasse zusammen.

$\frac{24-10}{30}=$ — Subtrahiere die Zähler.

$\frac{14}{30}=\frac{7}{15}$ — Kürze, wenn möglich.

Aufgabe 37

Bestimme den Hauptnenner und addiere bzw. subtrahiere die Brüche.
Kürze das Ergebnis und wandle in eine gemischte Zahl um, falls möglich.

a) $\frac{3}{4}+\frac{9}{12}$

b) $\frac{4}{5}+\frac{1}{10}$

c) $\frac{2}{3}-\frac{1}{2}$

d) $\frac{5}{8}-\frac{1}{3}$

e) $\frac{3}{4}+\frac{5}{8}+\frac{11}{16}$

f) $\frac{11}{12}-\frac{1}{6}-\frac{3}{4}$

Merke

Addieren und Subtrahieren von gemischten Zahlen

- Wandle die gemischten Zahlen in **unechte Brüche** um.
- Addiere oder subtrahiere die unechten Brüche.
- Falls möglich, kürze das Ergebnis und wandle es in eine gemischte Zahl um.

Beispiel

Addiere die ungleichnamigen Brüche $3\frac{1}{4}+2\frac{5}{6}$.

Lösung:

$3\frac{1}{4}+2\frac{5}{6}=\frac{13}{4}+\frac{17}{6}=$ — Wandle in unechte Brüchen um.

$\frac{13\cdot 3}{4\cdot 3}+\frac{17\cdot 2}{6\cdot 2}=\frac{39+34}{12}=$ — Addiere die unechten Brüche. Erweitere dazu auf den Hauptnenner.

$\frac{73}{12}=6\frac{1}{12}$ — Wandle den unechten Bruch in eine gemischte Zahl um.

TIPP

Bei gemischten Zahlen kannst du auch die **ganzen Zahlen** und die **Brüche getrennt voneinander** addieren oder subtrahieren. Rechne so, wie es für dich am leichtesten ist.

Beispiel

Subtrahiere die ungleichnamigen Brüche $4\frac{3}{5} - 2\frac{1}{4}$.

Lösung:

$$4\frac{3}{5} - 2\frac{1}{4} = 4 - 2 + \frac{3}{5} - \frac{1}{4} =$$

Subtrahiere die ganzen Zahlen und die Brüche getrennt voneinander.

$$2 + \frac{3 \cdot 4}{5 \cdot 4} - \frac{1 \cdot 5}{4 \cdot 5} = 2 + \frac{12 - 5}{20} =$$

Erweitere die Brüche auf den Hauptnenner und subtrahiere die Zähler.

$$2 + \frac{7}{20} = 2\frac{7}{20}$$

Gib das Ergebnis als gemischte Zahl an.

Aufgaben

38 Addiere die gemischten Zahlen.

a) $5\frac{2}{5} + 7\frac{1}{2}$

b) $6\frac{2}{3} + 2\frac{4}{5}$

c) $3\frac{1}{8} + 4\frac{3}{5}$

d) $8\frac{2}{3} + 5\frac{2}{7}$

e) $12\frac{3}{4} + 2\frac{7}{12}$

f) $7\frac{1}{3} + 6\frac{5}{6}$

39 Subtrahiere die gemischten Zahlen.

a) $5\frac{1}{3} - 3\frac{1}{2}$

b) $7\frac{1}{3} - 4\frac{3}{4}$

c) $6\frac{4}{5} - 5\frac{7}{12}$

d) $3\frac{4}{7} - 1\frac{5}{6}$

e) $3\frac{2}{3} - 2\frac{9}{10}$

f) $7\frac{3}{5} - 5\frac{7}{8}$

Interaktive Aufgabe

7. Addition und Subtraktion

Merke

Multiplizieren von Brüchen

- Beim Multiplizieren von Brüchen werden **jeweils die Zähler und die Nenner** der einzelnen Brüche miteinander **multipliziert**.
- **Kürze**, falls möglich, vor dem Ausmultiplizieren.
- **Gemischte Zahlen** musst du vor dem Multiplizieren in **unechte Brüche** umwandeln.

Beispiel

Multipliziere $\frac{5}{9} \cdot \frac{3}{10}$.

Lösung:

$$\frac{5}{9} \cdot \frac{3}{10} = \frac{5 \cdot 3}{9 \cdot 10} =$$

$\frac{\text{Zähler} \cdot \text{Zähler}}{\text{Nenner} \cdot \text{Nenner}}$

$$\frac{\cancel{5} \cdot \cancel{3}}{3 \cdot \cancel{3} \cdot 2 \cdot \cancel{5}} = \frac{1}{2 \cdot 3} = \frac{1}{6}$$

Kürze vor dem Ausmultiplizieren.

Aufgaben

40 Multipliziere die Brüche.

a) $\frac{7}{8} \cdot \frac{3}{7}$ b) $\frac{5}{6} \cdot \frac{3}{5}$

c) $\frac{5}{9} \cdot \frac{3}{7}$ d) $\frac{1}{8} \cdot \frac{4}{5}$

41 Multipliziere die Brüche. *Tipp*: $18 = \frac{18}{1}$.

a) $18 \cdot \frac{2}{9}$ b) $9 \cdot \frac{2}{3}$

c) $\frac{2}{5} \cdot 15$ d) $\frac{3}{8} \cdot 14$

42 Berechne. Kürze vor dem Ausmultiplizieren.

a) $\frac{7}{8} \cdot \frac{3}{7} \cdot \frac{2}{3}$ b) $\frac{5}{6} \cdot \frac{3}{5} \cdot \frac{10}{3}$

c) $\frac{3}{4} \cdot \frac{2}{5} \cdot \frac{1}{6}$ d) $\frac{8}{9} \cdot \frac{3}{4} \cdot \frac{5}{6}$

e) $\frac{3}{4} \cdot \frac{8}{3} \cdot \frac{7}{9}$ f) $\frac{7}{8} \cdot \frac{2}{3} \cdot \frac{6}{7}$

Merke

Dividieren von Brüchen

- Beim Dividieren von Brüchen wird zunächst der **Kehrwert des zweiten Bruchs** (Divisors) gebildet.
- Anschließend wird der erste Bruch mit dem Kehrwert des zweiten Bruchs **multipliziert.**
- **Gemischte Zahlen** musst du vor dem Dividieren in **unechte Brüche** umwandeln.

Beispiel

Dividiere $\frac{4}{15} : \frac{8}{3}$.

Lösung:

$$\frac{4}{15} : \frac{8}{3} = \frac{4}{15} \cdot \frac{3}{8} = \frac{4 \cdot 3}{15 \cdot 8} =$$

Multipliziere mit dem Kehrwert. Der Kehrwert von $\frac{8}{3}$ ist $\frac{3}{8}$.

$$\frac{\not{2} \cdot \not{2} \cdot \not{3}}{\not{3} \cdot 5 \cdot \not{2} \cdot \not{2} \cdot 2} = \frac{1}{5 \cdot 2} = \frac{1}{10}$$

Kürze vor dem Ausmultiplizieren.

Aufgaben

43 Gib das Ergebnis in gekürzter Form an.

a) $\frac{7}{8} : \frac{3}{7}$ b) $\frac{5}{6} : \frac{3}{5}$

c) $\frac{3}{5} : \frac{11}{15}$ d) $\frac{3}{4} : \frac{5}{6}$

e) $\frac{5}{6} : \frac{3}{12}$ f) $\frac{4}{9} : \frac{2}{3}$

44 Dividiere.

a) $\frac{7}{12}:2$

b) $\frac{9}{8}:3$

c) $\frac{5}{6}:\frac{1}{4}$

d) $6:\frac{3}{2}$

e) $12:\frac{6}{5}$

f) $2:\frac{1}{12}$

g) $60:\frac{1}{8}$

h) $\frac{1}{4}:\frac{1}{2}$

45 Eine Runde um den Sportplatz ist 400 m lang.
Welche Strecke musst du zurücklegen, wenn du folgende Runden läufst?

a) $\frac{1}{2}$ Runde

b) $\frac{1}{8}$ Runde

c) $2\frac{1}{4}$ Runden

d) $12\frac{1}{2}$ Runden

46 Bei deiner Geburtstagsparty möchtest du vier Pizzas gerecht auf sechs Personen aufteilen.
Wie viel bekommt jede Person?

47 Du möchtest eine $1\frac{1}{2}$ Liter Flasche Cola gerecht auf fünf Personen aufteilen.
Was machst du?

48 Eine Doppelstunde in der Schule dauert exakt 90 Minuten.

a) Wie viele Minuten sind nach $\frac{1}{10}$, $\left(\frac{1}{5}, \frac{1}{3}, \frac{5}{9}\right)$ der Zeit um?

b) Gib jeweils den Bruch für die Restdauer der Stunde an.
Es sind bereits 10 (30, 18, 64) Minuten vergangen.

49 Der Tank eines Autos fasst genau 60 Liter.
Der durchschnittliche Verbrauch liegt bei acht Litern auf 100 km.
Wie viele Liter Benzin sind noch im Auto und wie viele Kilometer kann man noch fahren, wenn …

a) der Tank noch halb voll ist?

b) man bereits zwei Drittel des Tanks verbraucht hat?

c) die Tanknadel anzeigt, dass der Tank nur noch zu einem Viertel voll ist?

Interaktive Aufgaben

- 8. Multiplikation
- 9. Division

Dezimalbrüche

Merke

Dezimalbrüche

Diese Brüche und ihre Dezimalbrüche solltest du auswendig lernen:

$\frac{1}{10}=0,1$ $\frac{2}{10}=0,2$ $\frac{3}{10}=0,3$ $\frac{4}{10}=0,4$ …

$\frac{1}{5}=0,2$ $\frac{2}{5}=0,4$ $\frac{3}{5}=0,6$ $\frac{4}{5}=0,8$

$\frac{1}{4}=0,25$ $\frac{2}{4}=\frac{1}{2}=0,5$ $\frac{3}{4}=0,75$ $\frac{4}{4}=1$

Merke

Addition und Subtraktion von Dezimalbrüchen

Schreibe Komma unter Komma!

Beispiele

1. Berechne 41,5 + 25,75.

Lösung:

$$\begin{array}{r} 41,50 \\ +\ 25,75 \\ \hline 67,25 \end{array}$$

Schreibe Komma unter Komma. Ergänze bei 41,5 rechts von der letzten Kommastelle eine Null, sodass die beiden Summanden die gleiche Anzahl an Kommastellen haben.

2. Berechne 18,325 − 9,12.

Lösung:

$$\begin{array}{r} 18,325 \\ -\ 9,120 \\ \hline 9,205 \end{array}$$

Schreibe Komma unter Komma. Ergänze bei 9,12 rechts von der letzten Kommastelle eine Null.

Aufgaben

50 Addiere schriftlich.

a) 8,67 + 22,61
b) 786,09 + 8,5
c) 17,023 + 3,812 + 29,04
d) 0,94 + 12,4 + 129,92 + 14,7
e) 8 + 12,08 + 80,08 + 51,08
f) 9,98 + 1,384 + 51,98 + 14,3 + 0,5

51 Subtrahiere schriftlich.

a) 77,48 − 7,85
b) 10,53 − 1,06
c) 40,6 − 23,2 − 7,4
d) 556,1 − 56,21 − 6,22

52 Berechne ohne Taschenrechner.

a) 81,3 − 44,166 + 47,14
b) 100 − 93,2 + 508,13
c) 4,028 + 1,1 − 2,30 + 4,68
d) 5 643,4 − 3 194,02 + 4 571,6
e) 15 780 − 673,25 + 1 388,32
f) 11 408,29 − 2 823,01 + 352,4

53 Ergänze die fehlenden Zahlen in den Additionspyramiden.

a)

	11,6	
5,6	6,0	
2,5	3,1	2,9

b)

	9,53	
7,89	7,64	
6,75	7,14	0,5

c)

	6,04	
4,02	2,02	
2,44	1,58	0,44

d)

	0,95	
0,56	0,39	
0,24	0,32	

Merke

Multiplizieren und Dividieren mit Stufenzahlen

- Beim **Multiplizieren** mit **10**, **100**, **1 000**, … brauchst du das **Komma** im Ergebnis nur um die Anzahl der Nullen **nach rechts** zu verschieben.
- Beim **Dividieren** durch **10, 100, 1 000,** … brauchst du das **Komma** im Ergebnis nur um die Anzahl der Nullen **nach links** zu verschieben.

Beispiele

1. 300 · 100 = 30 000 — · 100 → Komma rückt zwei Stellen nach **rechts**.
2. 0,25 · 1 000 = 250 — · 1 000 → Komma rückt drei Stellen nach **rechts**.
3. 0,004 · 10 = 0,04 — · 10 → Komma rückt eine Stellen nach **rechts**.
4. 567 : 10 = 56,7 — : 10 → Komma rückt eine Stellen nach **links**.
5. 576 : 1 000 = 0,576 — : 1 000 → Komma rückt drei Stellen nach **links**.

Aufgaben

54 Berechne im Kopf.

a) 41,6 · 10 b) 2,89 · 10
c) 0,6 · 100 d) 2,4 · 100
e) 0,345 · 100 f) 100 · 7,210
g) 1,49 · 1 000 h) 0,04 · 1 000

55 Berechne im Kopf.

a) 7,86 : 10 b) 22 : 10
c) 0,5 : 10 d) 2,4 : 100
e) 234,5 : 100 f) 0,45 : 100
g) 3,9 : 1 000 h) 34,8 : 1 000

56 Ergänze jeweils die fehlende Zahl.

a) 3,26 · ☐ = 3 260 b) ☐ · 68,329 = 6,8329

c) 48,72 : ☐ = 0,4872 d) ☐ : 1 000 = 500

Merke

Multiplizieren und Dividieren von Dezimalbrüchen

- **Multipliziere** zunächst wie mit natürlichen Zahlen. Setze dann das Komma im Ergebnis. Das Produkt hat **so viele Kommastellen wie die Faktoren zusammen**.
- Beim **Dividieren** darf im Divisor kein Komma vorkommen. Verschiebe deshalb das Komma bei Dividend und Divisor um so viele Stellen nach rechts, bis der **Divisor** eine **natürliche Zahl** ist.

Beispiele

1. Berechne $0{,}6 \cdot 0{,}6$.
   Lösung:
   $0{,}6 \cdot 0{,}6 = 0{,}36$

   $6 \cdot 6 = 36$
   Das Produkt hat (1 + 1 =) 2 Nachkommastellen.

2. Berechne schriftlich: $27{,}6 \cdot 3{,}5$
   Lösung:
   $$\begin{array}{r} \underline{27{,}6 \cdot 3{,}5} \\ 828 \\ \underline{+1380} \\ 96{,}60 \end{array}$$

   Der erste Faktor hat eine Nachkommstelle, der zweite Faktor hat ebenfalls eine Nachkommastelle. Das Ergebnis muss also (1 + 1 =) 2 Kommastellen haben.

3. Dividiere 1,8 durch 0,6.
   Lösung:
   $1{,}8 : 0{,}6 = 18 : 6 = 8$

   Verschiebe das Komma bei Dividend und Divisor um eine Stelle nach rechts. Der Divisor ist jetzt eine natürliche Zahl.

4. Dividiere 48 durch 0,08.
   Lösung:
   $48 : 0{,}08 = 4\,800 : 8 = 600$

   Verschiebe das Komma bei Dividend und Divisor um zwei Stellen nach rechts. Der Divisor ist jetzt eine natürliche Zahl.

Aufgaben

57 Multipliziere ohne Taschenrechner.

a) $0{,}2 \cdot 1{,}5$
b) $22 \cdot 0{,}4$
c) $2{,}2 \cdot 0{,}03$
d) $0{,}4 \cdot 6$
e) $0{,}1 \cdot 0{,}1$
f) $0{,}02 \cdot 3{,}08$

58 Dividiere ohne Taschenrechner.

a) $3{,}9 : 0{,}3$
b) $32 : 0{,}8$
c) $396{,}99 : 10$
d) $62{,}5 : 0{,}5$
e) $72 : 0{,}6$
f) $5 : 0{,}025$
g) $16{,}5 : 5{,}5$
h) $1 : 0{,}04$

59 Berechne schriftlich.

a) $56{,}4 \cdot 24{,}5$
b) $45 \cdot 6{,}8$
c) $12{,}45 \cdot 5$
d) $456 \cdot 3{,}5$
e) $896{,}5 \cdot 0{,}9$
f) $87{,}59 \cdot 5{,}7$

Interaktive Aufgaben

1. Schriftliches Addieren und Subtrahieren
2. Schriftliches Multiplizieren
3. Schriftliches Dividieren

Rationale Zahlen

Merke

Rationale Zahlen addieren und subtrahieren

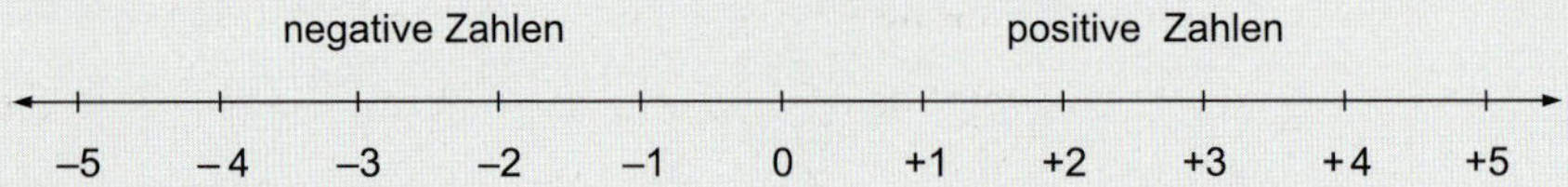

Bei positiven Zahlen wird das Vorzeichen (+) meist weggelassen.

Die Addition und Subtraktion von rationalen Zahlen kann man sich gut auf dem Zahlenstrahl vorstellen:

- Beim **Addieren** einer positiven Zahlen geht man auf dem Zahlenstrahl nach **rechts**.
- Beim **Subtrahieren** einer positiven Zahl geht man auf dem Zahlenstrahl nach **links**.

Beispiele

1. Du hast 5 € Schulden und bekommst 7 € Taschengeld.
   Wie viel Geld gehört dir?
   Lösung:
   –5 € + 7 € = +2 € = 2 €
2. Draußen beträgt die Temperatur –3 °C. Die Temperatur sinkt um weitere 2 °C.
   Wie viel Grad zeigt das Thermometer jetzt an?
   Lösung:
   –3 °C – 2 °C = –5 °C
3. Du bist im 5. Stockwerk eines Hauses und fährst sechs Stockwerke hinunter.
   Wo steigst du aus?
   Lösung:
   5 – 6 = –1 (Keller)
4. Berechne 2 – 5 am Zahlenstrahl.
   Lösung:

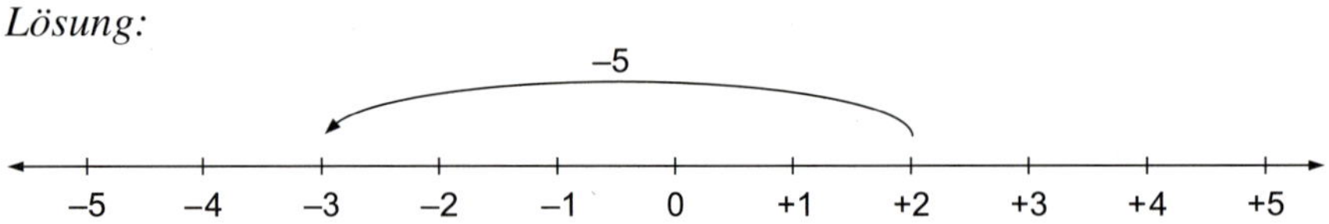

Aufgaben

60

Notiere jeweils die passende Rechnung.

a)
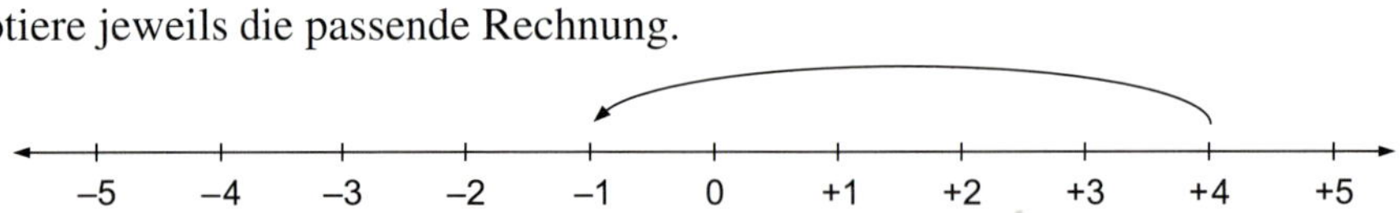

b)
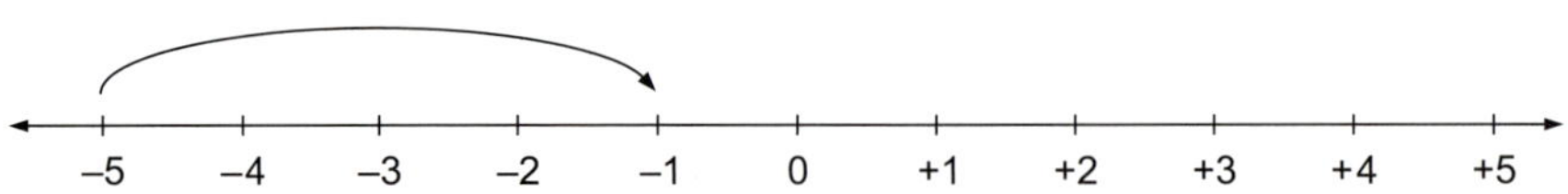

c)
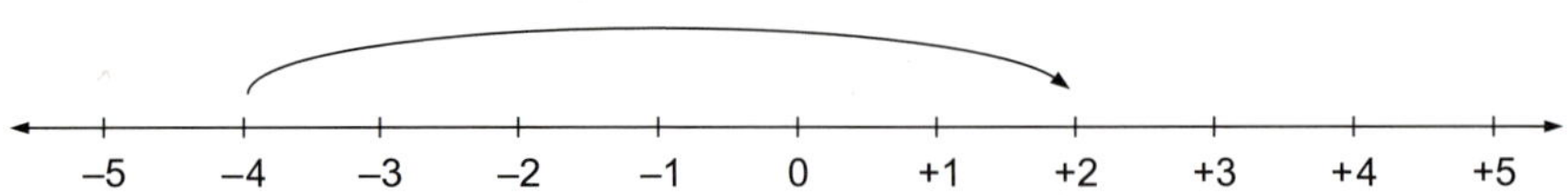

d)
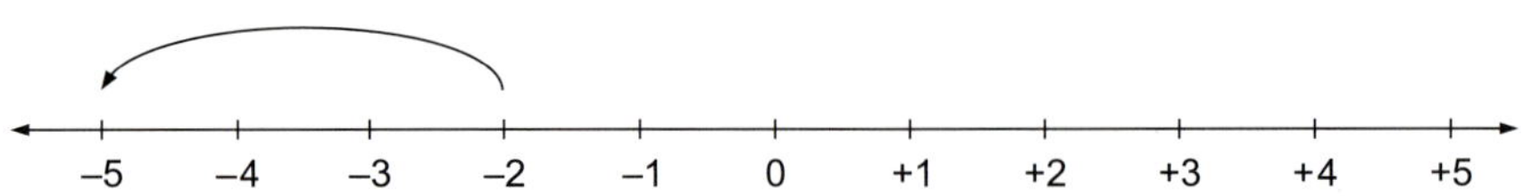

61 Berechne im Kopf.

a) Du hast 15 € Schulden und bekommst 25 € zum Geburtstag.
Wie viel Geld gehört dir jetzt?

b) Du hast 10 €. Die CD, die du kaufen möchtest, kostet jedoch 16 €.
Wie viel Geld musst du dir von deiner Mutter leihen?

c) Am Abend zeigt das Thermometer –5 °C an. Nachts sinkt die Temperatur um 4 °C.
Wie viel Grad hat es in der Nacht?

d) Du parkst in der Tiefgarage im 2. Untergeschoss und fährst vier Stockwerke hoch.
In welcher Etage befindest du dich jetzt?

62 Berechne im Kopf.

a) $18+16$
b) $-8-3$
c) $15-22$
d) $-17+25{,}5$
e) $-5{,}2-18$
f) $4{,}5-19{,}5$

63 Stelle selbst jeweils drei unterschiedliche Aufgaben mit positiven und negativen Zahlen, bei denen folgende Ergebnisse herauskommen.

a) 5
b) –3
c) 11
d) –18

64 Im Januar hattest du 25 € auf dem Konto. Im Februar hast du 32 € abgehoben.
Im März hast du 55 € und im April 25 € eingezahlt.
Im Mai hast du 80 € abgehoben und im Juni wieder 7 € eingezahlt.
Trage die Werte in eine übersichtliche Tabelle ein und ermittle den Kontostand Ende Juni.

65 Folgende Tiefst- und Höchsttemperaturen wurden innerhalb einer Woche gemessen:
Montag: –5 °C und +3 °C
Dienstag: –8 °C und –1 °C
Mittwoch: –12 °C und –5 °C
Donnerstag: –7 °C und 0 °C
Freitag: –5 °C und +1 °C
Samstag: –2 °C und +3 °C
Sonntag: +1 °C und +7 °C.

Trage die Werte in eine übersichtliche Tabelle ein.

a) An welchem Tag kam es zum höchsten Temperaturunterschied?

b) An welchem Tag bewegte sich das Thermometer am wenigsten?

c) Welche Temperaturspanne ergab sich innerhalb dieser Woche?

66 Führe die Zahlenfolgen fort.

a) –5; –3; –1; ☐; ☐; ☐

b) 9; 6; 3; ☐; ☐; ☐

c) ☐; –10; –7,5; ☐;–2,5; ☐

d) 3,5; 2; 0,5; ☐; ☐; ☐

Merke

Rationale Zahlen multiplizieren und dividieren

$(+) \cdot (+) = (+)$ $5 \cdot 6 = 30$ $(-) \cdot (-) = (+)$ $-4 \cdot (-7) = 28$	$(+) : (+) = (+)$ $12 : 3 = 4$ $(-) : (-) = (+)$ $-18 : (-6) = 3$	**gleiche Vorzeichen** → Ergebnis ist **(+)**
$(+) \cdot (-) = (-)$ $5 \cdot (-3) = -15$ $(-) \cdot (+) = (-)$ $-4 \cdot 5 = -20$	$(+) : (-) = (-)$ $8 : (-2) = -4$ $(-) : (+) = (-)$ $-10 : 5 = -2$	**unterschiedliche Vorzeichen** → Ergebnis ist **(–)**

Damit Rechenzeichen und Vorzeichen nicht direkt nebeneinander stehen, setzt man Klammern. Positive Vorzeichen können weggelassen werden.

Beispiele

1. Berechne $10 \cdot (-4{,}5)$.
   Lösung:
   $10 \cdot (-4{,}5) = -45$ $\qquad (+) \cdot (-) = (-)$
2. Berechne $3{,}5 \cdot (-8) : (-7)$.
   Lösung:
   $3{,}5 \cdot (-8) : (-7) = -28 : (-7) = +4 = 4$ $\qquad (+) \cdot (-) : (-) = (-) : (-) = (+)$

Aufgaben

67 Rechne im Kopf.

a) $2 \cdot (-8)$ b) $-3 \cdot (-12)$
c) $-8 \cdot 4$ d) $4 \cdot 0{,}5$
e) $50 : (-5)$ f) $-66 : (-11)$
g) $-12{,}5 : 2{,}5$ h) $-0{,}5 \cdot (-6)$

68 Ergänze jeweils die fehlende Zahl.

a) $-14 : \square = 7$ b) $\square \cdot (-3) = -12$
c) $-23{,}6 \cdot \square = -2\,360$ d) $\square \cdot 20 : (-5) = 24$

69 Berechne. Achte auf die Rechenregeln.

a) $5 \cdot 4 - (12 + 4) - 8$ b) $-2 \cdot 6 + 18 - 9 \cdot 4$
c) $-64 : 8 + 5 \cdot 7 - 9$ d) $15 - 7 \cdot 5 + 2$
e) $(8 - 5) \cdot 6 : 2$ f) $-9 \cdot 7 + 8 \cdot 5 - (8 + 5)$
g) $12 \cdot (-5) : 20 + 5 - 8$ h) $(8 + 3) \cdot (9 - 3) + 18$
i) $22 \cdot (-4 - 6) + 8 \cdot 3$ j) $-0{,}5 \cdot 10 - (3{,}2 + 4{,}8) \cdot 10 : 2$

70 Berechne und setze dann Klammern, sodass du ein anderes Ergebnis erhältst.

a) $5 \cdot 12 - 8 + 4 \cdot 11$ b) $5 + 8 \cdot 6 - 8 \cdot 7$
c) $5 - 9 \cdot 8 - 6 + 5 \cdot (-4)$ d) $10 \cdot 2 - 5 \cdot (-5) + 8$

Interaktive Aufgaben

1. Term berechnen I
2. Term berechnen II

Potenzen und Wurzeln

Merke

> **Potenzen**
> Produkte, bei denen der gleiche Faktor mehrmals auftritt, schreibt man kürzer als **Potenz**. Der **Exponent** (Hochzahl) gibt an, wie oft die **Basis** (Faktor) mit sich selbst multipliziert wird.

Beispiele

1. $4 \cdot 4 \cdot 4 = 4^3$ — **Exponent** (Hochzahl), **Basis** (Grundzahl)
   Der Exponent gibt an, wie oft die Basis mit sich selbst multipliziert wird.
2. $4^2 = 4 \cdot 4 = 16$
   Ein Spezialfall des Potenzierens ist das **Quadrieren**. Der Exponent ist dabei 2.
3. $4^1 = 4$
4. $4^0 = 1$
   Potenziert man eine Zahl mit 0, ist das Ergebnis immer 1.

Merke

> **Wurzelziehen**
> Die Umkehroperation des Quadrierens ist das **Wurzelziehen**. Man sucht dabei eine Zahl, die mit sich selbst multipliziert die Zahl unter der Wurzel ergibt.

Beispiele

1. $\sqrt{121} = 11$
   $11 \cdot 11 = 121$
2. $\sqrt{-121}$ (durchgestrichen)
   Aus einer negativen Zahl kann man keine Wurzel ziehen.

Aufgaben

71 Berechne im Kopf.

a) 7^2 =49
b) 5^3
c) 9^0 =9
d) 8^2 =64
e) $\sqrt{4}$ =2
f) $\sqrt{64}$ =8
g) $\sqrt{36}$ =6
h) $\sqrt{100}$ =10

72 Schreibe als Quadratzahl.

a) 36
b) 81
c) 16
d) 0,16

73 Bestimme die Seitenlängen der Quadrate mit folgendem Flächeninhalt.

a) $A = 9\ cm^2$
b) $A = 81\ cm^2$
c) $A = 144\ cm^2$
d) $A = 400\ cm^2$

Interaktive Aufgaben

1. Quadratzahlen
2. Wurzeln

2 Rechnen mit Größen

Umrechnungen von Größen

Merke

Längenmaße

Umwandlungsfaktor 10, aber Umwandlungsfaktor 1 000 bei km → m

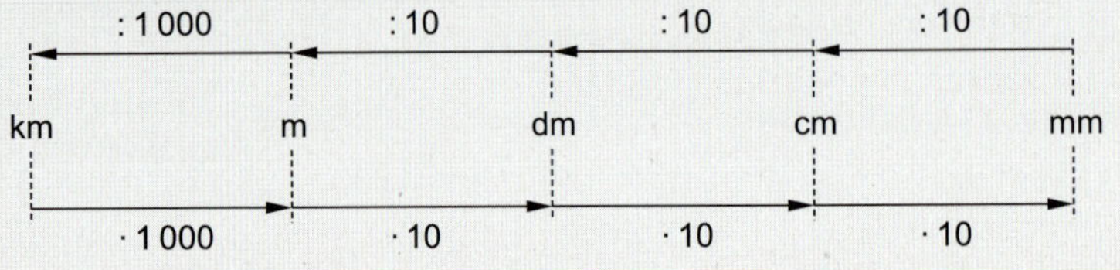

Beispiel

Wie viele mm sind 1,35 km?
Rechne schrittweise um. Vergiss dabei nicht die ungebräuchliche Einheit dm.

Lösung:

1,35 km = (1,35 · **1 000**) m = 1 350 m	Umwandlungsfaktor 1 000
1 350 m = (1 350 · **10**) dm = 13 500 dm	Umwandlungsfaktor 10
13 500 dm = (13 500 · **10**) cm = 135 000 cm	Umwandlungsfaktor 10
135 000 cm = (135 000 · **10**) mm = 1 350 000 mm	Umwandlungsfaktor 10

Merke

Flächenmaße

Umwandlungsfaktor 100

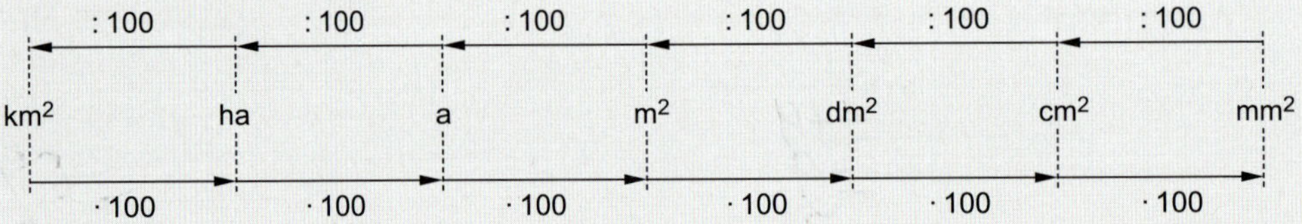

Beispiel

Wie viele cm^2 sind 2,5 a?

Lösung:

2,5 a = (2,5 · **100**) m^2 = 250 m^2	Umwandlungsfaktor 100
250 m^2 = (250 · **100**) dm^2 = 25 000 dm^2	Umwandlungsfaktor 100
25 000 dm^2 = (25 000 · **100**) cm^2 = 2 500 000 cm^2	Umwandlungsfaktor 100

Merke

Raummaße

Umwandlungsfaktor 1 000

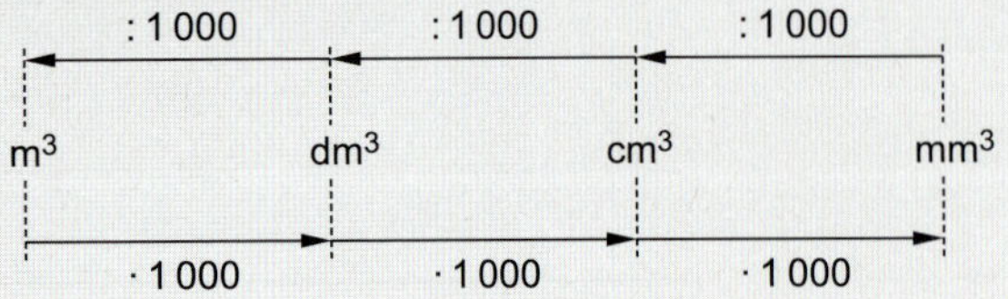

Beachte:
$1\ \ell = 1\ dm^3$
$1\ m\ell = 1\ cm^3$

$1\ \ell = 1\,000\ m\ell$
$1\ h\ell = 100\ \ell$

Beispiele

1. Wandle 95 000 mm^3 in die nächstgrößere Einheit um.
   Lösung:
   95 000 mm^3 = (95 000 **: 1 000**) cm^3 = 95 cm^3 — Umwandlungsfaktor 1 000
2. Wie viele cm^3 sind $2\frac{3}{4}\,\ell$?
   Lösung:
   2,75 ℓ = 2,75 dm^3
   2,75 dm^3 = (2,75 **· 1 000**) cm^3 = 2 750 cm^3 — Umwandlungsfaktor 1 000

Merke

Gewichte (Massen)

Umwandlungsfaktor 1 000

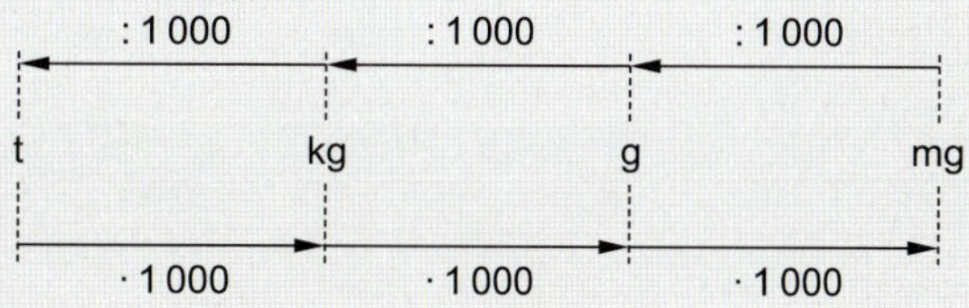

Beispiel

Wie viele Tonnen sind 22 100 g?
Lösung:
22 100 g = (22 100 **: 1 000**) kg = 22,1 kg — Umwandlungsfaktor 1 000
22,1 kg = (22,1 **: 1 000**) t = 0,0221 t — Umwandlungsfaktor 1 000

Merke

Zeitmaße

Umwandlungsfaktor 60
Umwandlungsfaktor 24 (bei d → h)

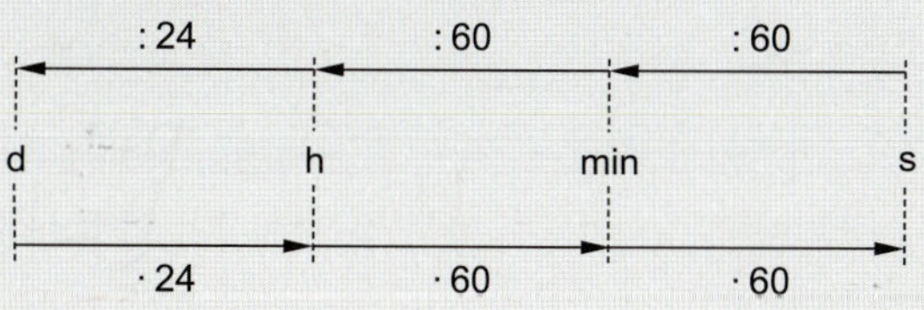

d steht für Tag.
h steht für Stunde.
min steht für Minute.
s steht für Sekunde.

Beispiele

1. Wie viele Minuten sind 4,45 Stunden?
   Lösung:
   4,45 h = (4,45 **· 60**) min = 267 min — Umwandlungsfaktor 60
2. Wie viele Tage sind 126 Stunden?
   Lösung:
   126 h = (126 **: 24**) d = 5,25 d = 5 d 6 h — Umwandlungsfaktor 24

Aufgaben

74 Wandle in die nächstkleinere Einheit um.

a) 9 cm
b) 9 cm^2
c) 4,95 m
d) 35 dm^3
e) $3\frac{1}{2}$ dm
f) 5,125 km
g) 23,28 m^3
h) 7,1 m^2

75 Wandle in die nächstgrößere Einheit um.

a) 370 dm
b) $700\ cm^3$
c) $4\,500\ m^2$
d) 81 cm
e) 64 mm
f) $300\ cm^2$
g) 6 ha
h) 720 ℓ
i) 632 a
j) $6{,}25\ m^2$
k) $74\,300\ mm^3$
l) $715\ mm^2$
m) 47 250 m
n) $8\,917\ dm^3$

76 Berechne. Achte auf die Einheiten.

a) $7\,300\ m + 2\ km + 700\ m =$ ________ km
b) $3{,}4\ km + 250\ m + 3\,500\ dm =$ ________ m
c) $2\,500\ km^2 + 250\ ha + 250\ a =$ ________ ha
d) $1\,700\ mm^2 - 7\ cm^2 + 70\ dm^2 =$ ________ cm^2
e) $3\,000\ cm^3 + 2\ \ell + 5{,}5\ m^3 =$ ________ ℓ
f) $4\,500\ mm^3 - \frac{1}{2}\ cm^3 + 1\ dm^3 =$ ________ cm^3
g) $0{,}5\ t + 4\,500\ g + 95{,}5\ kg =$ ________ kg

77 Wie viele …

a) Tonnen sind 8 300 kg?
b) Kilogramm sind 4 080 g?
c) Kilogramm sind $6\frac{1}{4}$ t?
d) Gramm sind 89,9 kg?

78 Wie viele …

a) Minuten sind 180 s?
b) Minuten sind 10 h?
c) Sekunden sind 9 min?
d) Tage sind 144 h?

79 Rechne.

a) 4 h 20 min + 5 h 55 min
b) 1 h 37 min + 3 h 42 min
c) 3 h 20 min − 2 h 30 min
d) 3 h 12 min − 1 h 22 min

80 Fülle die Tabelle aus.

	Abfahrt	Ankunft	Fahrzeit
a)	13:45	21:15	
b)	0:10	8:45	8 h 35 min
c)	6:12	11:38	
d)	21:35	3:45	
e)		4:20	6 h 55 min
f)	19:10	2:55	
g)		9:09	12 h 7 min

Interaktive Aufgaben

1. Längenmaße umrechnen
2. Flächenmaße umrechnen
3. Raummaße umrechnen
4. Gewichte (Massen) umrechnen
5. Zeitmaße umrechnen

Maßstab

Landkarten, Postkarten, Fotos, Modelle und Spielzeuge geben die Wirklichkeit häufig verkleinert wieder. Umgekehrt werden kleine Objekte und Lebewesen mit einem Mikroskop vergrößert, um sie untersuchen zu können. In beiden Fällen bleiben alle Längenverhältnisse und Winkel gleich, sodass ein unverzerrtes Bild entsteht.

Merke

Maßstab

Verkleinern: Auf Landkarten ist immer ein Maßstab angegeben.

1 : 800 000 bedeutet: 1 cm auf der Karte entspricht 800 000 cm in der Wirklichkeit.

Karte		**Wirklichkeit**
1 cm	≙	800 000 cm
1 cm	≙	8 km

Maßstab
1 : 800 000
8 km

Vergrößern: Ein Mikroskop vergrößert Objekte.

1 000 : 1 bedeutet: 1 cm entspricht 0,001 cm bzw. 0,01 mm in der Wirklichkeit.

Mikroskop		**Wirklichkeit**
1 000 cm	≙	1 cm
1 cm	≙	0,001 cm

Maßstab
1 000 : 1
0,001 cm

Beispiele

1. Auf einer Landkarte im Maßstab 1 : 200 000 ist eine Eisenbahnlinie 7 cm lang. Gib die Länge der Eisenbahnstrecke in Wirklichkeit an.
   Lösung:
   200 000 cm = 2 000 m = 2 km

	Karte	Wirklichkeit	
· 7	1 cm	2 km	· 7
	7 cm	14 km	

   Die Eisenbahnstrecke ist 14 km lang.

2. Eine 3 km lange Startbahn misst auf einer Karte 6 cm. In welchem Maßstab ist die Karte gezeichnet?
   Lösung:
   3 km = 3 000 m = 300 000 cm

	Karte	Wirklichkeit	
: 6	6 cm	300 000 cm	: 6
	1 cm	50 000 cm	

   Der Maßstab beträgt 1 : 50 000.

3. Unter einem Mikroskop wird ein menschliches Haar bei einem Maßstab von 400 : 1 2 cm dick dargestellt. Wie dick ist das menschliche Haar in Wirklichkeit?
   Lösung:

	Mikroskop	Wirklichkeit	
: 200	400 cm	1 cm	: 200
	2 cm	0,005 cm = 0,05 mm	

   Das menschliche Haar ist in Wirklichkeit 0,05 mm dick.

Aufgaben

81 Übertrage die Figuren in dein Heft und vergrößere sie im Maßstab 2 : 1.

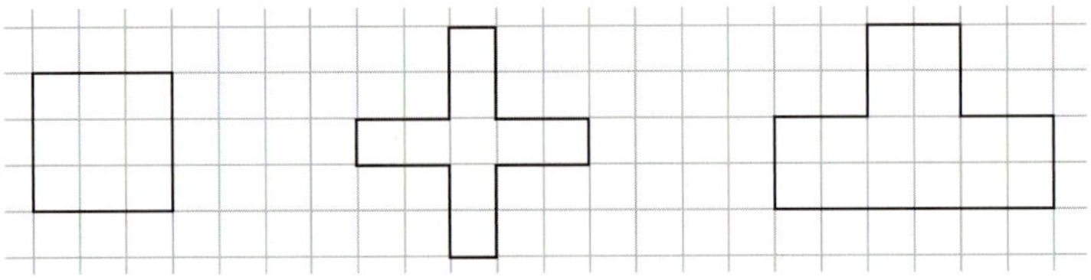

82 Übertrage die Figuren in dein Heft und verkleinere sie im Maßstab 1 : 3.

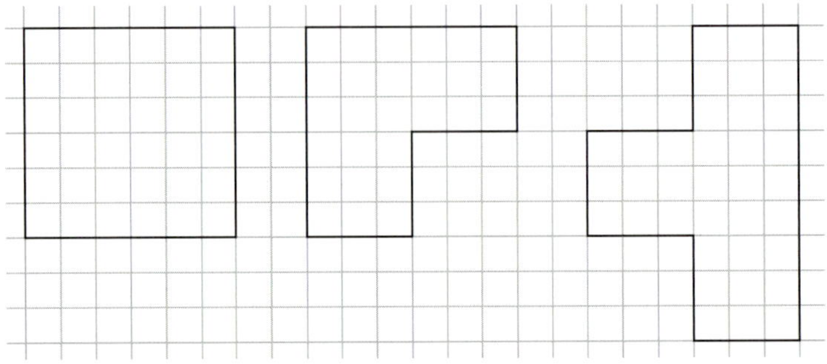

83 Eine Reisegruppe hat drei Landkarten von Frankreich mit folgenden Maßstäben im Gepäck:

Karte A: 1 : 800 000
Karte B: 1 : 1 000 000
Karte C: 1 : 2 500 000

a) Welche Entfernung stellen die Karten jeweils auf 1 cm dar?

b) Welche Entfernung stellen die Karten jeweils auf 10 cm dar?

84 Um Bakterien durch ein Mikroskop sehen zu können, benötigt man eine 1 000-fache Vergrößerung.

a) Gib den Maßstab der Vergrößerung an.

b) Wie groß erscheint eine Bakterie, die einen Durchmesser von 0,01 mm hat, durch die 1 000-fache Vergrößerung?

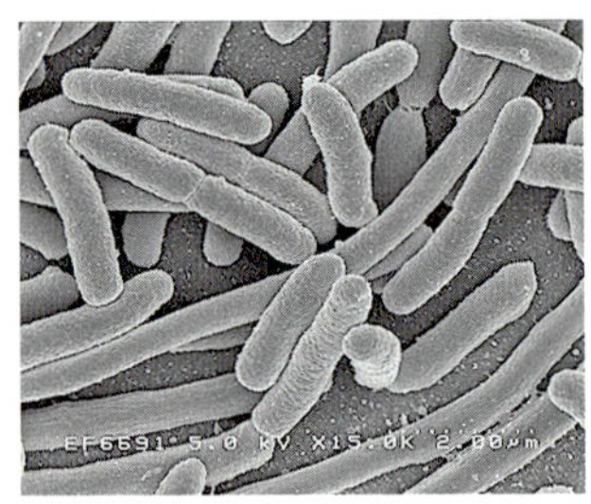

85 Eine Lupe vergrößert im Maßstab 1 : 4.
Wie groß erscheint darunter eine Ameise, die in Wirklichkeit 1,5 cm lang ist?

86 Die Entfernung Hamburg – Berlin beträgt Luftlinie ca. 260 km.
Gib an, wie weit die beiden Städte auf einer Karte im Maßstab 1 : 1 000 000 auseinanderliegen.

87 Ein Haus ist 8 m lang. In einer Zeichnung beträgt seine Länge 4 cm.
Gib den Maßstab der Zeichnung an.

88 Der Grundriss zeigt das Obergeschoss eines neuen Hauses.
a) Gib die Breite einer Tür in Wirklichkeit an.
b) Das Schlafzimmer soll zu Planungszwecken doppelt so groß gezeichnet werden. Zeichne den vergrößerten Grundriss des Schlafzimmers und gib den neuen Maßstab an.

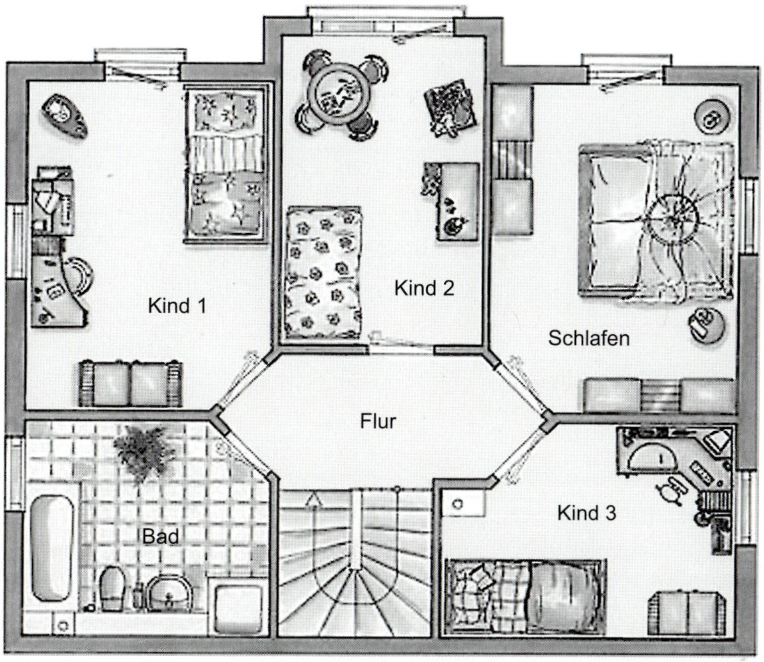

Maßstab 1 : 100

89 Ein Tunnel ist 3 000 m lang.
Berechne die Länge des Tunnels auf einer Karte im Maßstab 1 : 50 000.

90 Der Eiffelturm in Paris ist 300 m hoch. Ein Souvenirladen am Fuße des Eiffelturms bietet verschiedene Modelle an:
Modell A: 30 cm hoch
Modell B: 20 cm hoch
Modell C: 25 cm hoch
In welchen Maßstäben wurden die Modelle angefertigt?

91 Der Maßstab einer Wanderkarte ist mit 1 : 50 000 angegeben. Die Länge der geplanten Wanderstrecke beträgt 30 cm auf der Karte.
a) Gib die Länge der Wanderstrecke in Wirklichkeit an.
b) Auf einer anderen Wanderkarte misst die gleiche Strecke nur 20 cm. In welchem Maßstab wurde sie gezeichnet?

92 Das Modell eines Dinosauriers im Maßstab 1 : 90 misst eine Länge von 12,2 cm und eine Höhe von 8,7 cm.
Wie lang und wie hoch war der Saurier in Wirklichkeit?

Interaktive Aufgaben
1. Figuren vergrößern oder verkleinern
2. Pyramidenmodelle

3 Gleichungen

Rechnen mit Termen

Merke

Terme
- Terme sind Rechenausdrücke, die aus **Zahlen** und/oder **Variablen** (Platzhaltern) bestehen.
- Du kannst **gleiche Variablen** sowie **Zahlen ohne Variablen** zusammenfassen.
- Achte dabei auf die Vorzeichen!

Beispiel

Fasse zusammen.
$4a-7+9a-3$
Lösung:
$\mathbf{4a+9a}-7-3=$ — Fasse Zahlen und gleiche Variablen zusammen.
$13a-10$

Aufgaben

93 Ordne die Variablen alphabetisch. Fasse dann zusammen.
a) $7a-6a+9b+6+b-9$
b) $x+y-y+2y+6$
c) $7x-11x+9y-10y$
d) $4z-11d-10z+7-18d$
e) $-3+4y-11x-7y-3-2$
f) $-1{,}5x+2{,}5y+1{,}2x+0{,}8y$

94 Setze in die Terme jeweils die Werte $a=2$ und $b=5$ ein und berechne den Termwert.
a) $3a+7b$
b) $14a-2b$
c) $6b+2b-3a$
d) $14a-2a+3b$

95 Stelle einen Term zur Berechnung des Umfangs auf und vereinfache, wenn möglich.

a)
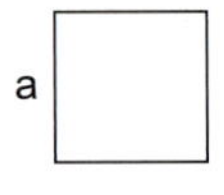

b)
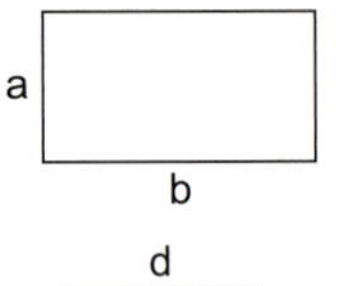

c)
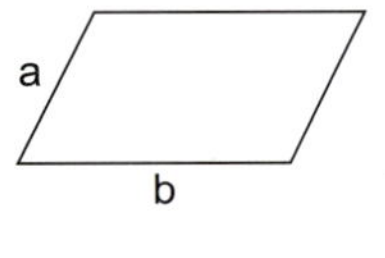

d)
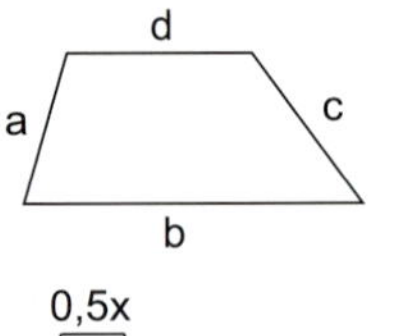

e)
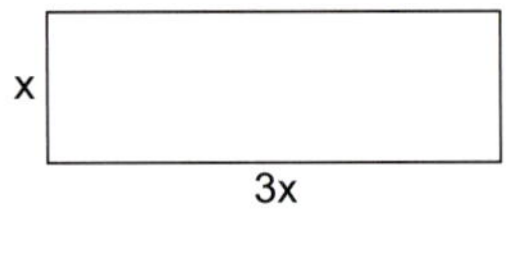

f)
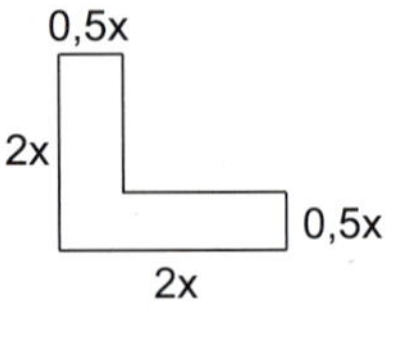

Interaktive Aufgabe

1. Termwert berechnen

Merke

Terme mit Klammern

- Steht ein **Plus vor der Klammer**, kann man die Klammer einfach weglassen.
- Steht ein **Minus vor der Klammer**, werden alle Vorzeichen **in** der Klammer umgedreht.
- Wird eine **Zahl vor der Klammer** mit der Klammer **multipliziert**, werden alle Glieder in der Klammer mit dieser Zahl multipliziert.
  $a \cdot (b+c) = a \cdot b + a \cdot c$
- Bei dem **Produkt von Summen** wird jeder Summand aus der 1. Klammer mit jedem Summanden aus der 2. Klammer multipliziert.
  $(a+b) \cdot (c+d) = a \cdot c + a \cdot d + b \cdot c + b \cdot d$

Beispiele

1. $5 + (12a - 15) = 5 + 12a - 15 = -10 + 12a$ Die Klammern können einfach wegfallen.
2. $5 - (12a - 15) = 5 - 12a + 15 = 20 - 12a$ Die Vorzeichen in der Klammer werden umgedreht.
3. $5 \cdot (12a - 15) = 5 \cdot 12a - 5 \cdot 15 = 60a - 75$ Alle Zahlen in der Klammer werden mit dem Faktor davor multipliziert.
4. $21x + 7y - 35 = 7 \cdot (3x + y - 5)$ Die Umkehrung des Ausmultiplizierens ist das **Ausklammern**.
5. $(5a + 3) \cdot (4 - 2b) = 5a \cdot 4 + 5a \cdot (-2b) + 3 \cdot 4 + 3 \cdot (-2b)$
   $= 20a - 10ab + 12 - 6b$

Aufgaben

96 Löse die Klammern auf und fasse zusammen.

a) $4 + (3x + 5)$ b) $12x + (8x - 5)$

c) $12 - (4 + 3x)$ d) $8 - (-5 - 3x) + 7$

97 Vereinfache.

a) $3 \cdot (9 - 7x)$ b) $14 \cdot (2a - 3b)$

c) $6 \cdot (3x - 12)$ d) $(2{,}5v + 60) \cdot 4$

98 Stelle einen Term zur Berechnung des Flächeninhalts auf und fasse so weit wie möglich zusammen.

a)
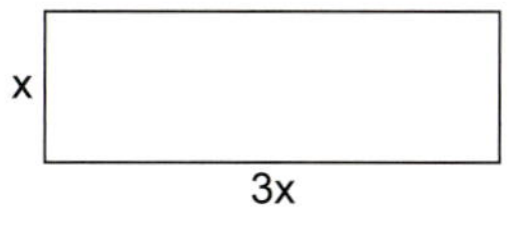

b)
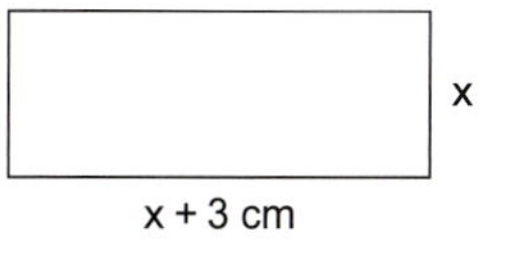

99 Löse die Klammern auf.

a) $(40a + 28b) : 4$ b) $(35 - 49z) : 7$

c) $(60x + 18) : 6$ d) $(33y - 45x) : 3$

100 Klammere den gemeinsamen Faktor aus.

a) $15x + 10$ b) $16x - 12$

c) $9 + 3y$ d) $22 - 11y$

Interaktive Aufgaben

2. Term ausmultiplizieren
3. Term vereinfachen

Gleichungen lösen

Merke

Äquivalenzumformungen

Um eine Gleichung zu lösen, musst du sie umstellen, bis die **gesuchte Zahl x allein** auf einer Seite steht.

Du kannst eine Gleichung mit einer Waage vergleichen. Damit die Waage im Gleichgewicht bleibt, musst du **auf beiden Seiten** des Gleichheitszeichens **dieselben Rechenoperationen** durchführen. Diese heißen auch Äquivalenzumformungen.

Du kannst …

- auf beiden Seiten dieselbe Zahl oder Variable addieren,
- auf beiden Seiten dieselbe Zahl oder Variable subtrahieren,
- beide Seiten mit derselben Zahl multiplizieren,
- beide Seiten durch dieselbe Zahl dividieren.

Beispiel

Löse die Gleichung und mache anschließend die Probe.

$3x + 2 = 8$

Lösung:

$3x + 2 = 8 \quad | -2$

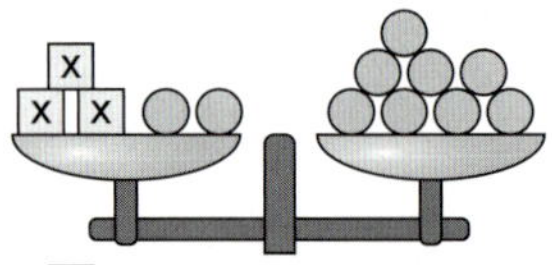

Auf beiden Seiten werden zwei Kugeln weggenommen.

$3x = 6 \quad | :3$

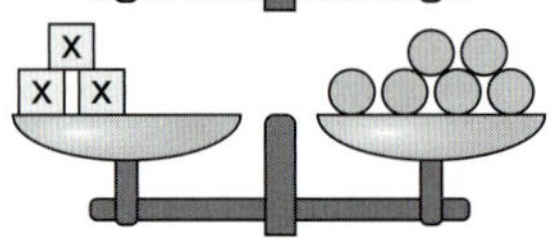

Die Kugeln auf der rechten Seite werden auf die drei Quadrate auf der linken Seite aufgeteilt.

$x = 2$

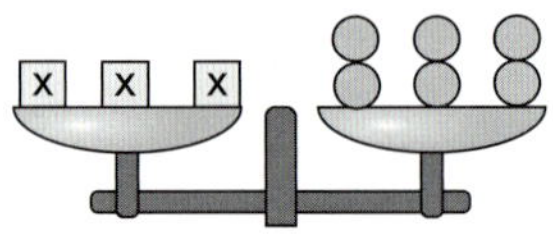

Ein Quadrat entspricht also zwei Kugeln.

Probe:

$3 \cdot 2 + 2 \overset{?}{=} 8$

$6 + 2 \overset{?}{=} 8$

$8 \overset{!}{=} 8$

Das Ergebnis kannst du mit einer Probe überprüfen, indem du $x = 2$ in die Gleichung einsetzt.

Aufgaben

101 Notiere zu jeder Waage die passende Gleichung und bestimme x.

a)

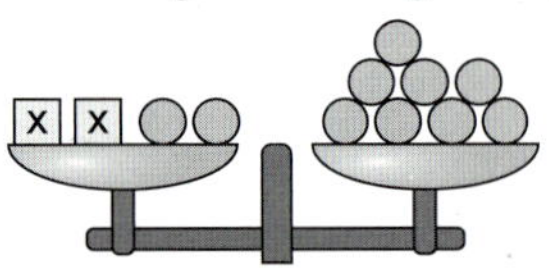

b)

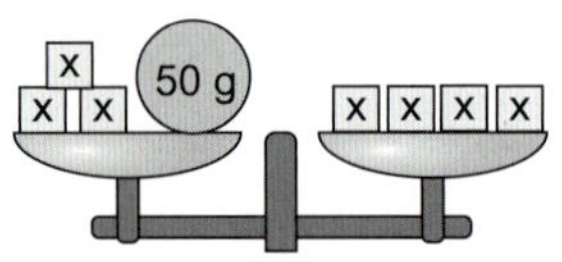

102 Bestimme x im Kopf oder mit Umkehraufgaben.

a) $3x = 21$

b) $8x = 40$

c) $x + 5 = 12$

d) $x - 6 = 18$

e) $2x = x + 5$

f) $3x = 8 - 2$

g) $36x + 6 = 42$

h) $x + 52 = 54$

103 Löse die Gleichungen.

a) $2x+22=146$
b) $16+2x=56$
c) $108=45+3x$
d) $52=20+16x$
e) $4x+1=3$
f) $19=3+4x$
g) $24=6+18x$
h) $29=5+4x$
i) $30=2+7x$
j) $5x+7=72$

104 Löse die Gleichungen.

a) $2x-14=54$
b) $16x-12=78$
c) $6x-20=100$
d) $21=9x-6$
e) $69=5x-21$
f) $28=15x-17$
g) $48-16x=16$
h) $75-6x=9$
i) $12-3x=60$
j) $30=57-3x$

Merke

Zusammenfassen
Bei schwierigeren Gleichungen musst du zunächst auf jeder Seite der Gleichung zusammenfassen. Du kannst alle **Zahlen mit Variablen** und alle **Zahlen ohne Variablen** zusammenfassen. Achte dabei auf die Vorzeichen!

Beispiel

Fasse zusammen und löse die Gleichung. Vergiss die Probe nicht.
$-15-2x+8+7x=5x-2-2x+3$

Lösung:

$$
\begin{aligned}
-15-2x+8+7x &= 5x-2-2x+3 \\
-7+5x &= 3x+1 && |-3x \\
-7+2x &= 1 && |+7 \\
2x &= 8 && |:2 \\
x &= 4
\end{aligned}
$$

Fasse alle Zahlen mit Variablen zusammen und alle Zahlen ohne Variablen. Bringe dann x auf eine Seite.

Probe:

$$
\begin{aligned}
-15-2x+8+7x &= 5x-2-2x+3 \\
-15-2\cdot 4+8+7\cdot 4 &= 5\cdot 4-2-2\cdot 4+3 \\
-15-8+8+28 &= 20-2-8+3 \\
13 &= 13
\end{aligned}
$$

Setze $x=4$ in die Ausgangsgleichung ein.

Wahre Aussage, also ist die Lösung richtig.

Aufgaben

105 Fasse zusammen und bestimme x.

a) $10x-40-2x+10=130$
b) $136=35x-40+13x+32$
c) $9x-12-3x+18=42$
d) $35=36x+38-24x-27$
e) $40x+35-31x+7=60$
f) $18=8x+21-28x+17$
g) $9x-6-15x+20+8x-13=41$
h) $28=49x-6-23x+20-24x$

106 Bestimme jeweils x.

a) $x+10=4x+1$
b) $2x+1=3x-2$
c) $6x-8=2x+12$
d) $5x+9=4x+11$
e) $5+x=3x-1$
f) $7x-40=x+2$

107 Fasse zusammen und löse die Gleichung.

a) $5x-4+4x=87-4x$

b) $x-29+7x=2x+61$

c) $4x+79-2x=5x+95-4x$

d) $120-3x-40=4x+104-9x$

108 Der Umfang u einer Figur ist die Summe ihrer Seitenlängen.
Stelle eine Gleichung für die Umfangsberechnung auf und berechne die Länge der Seiten.

a) $u=24$ cm

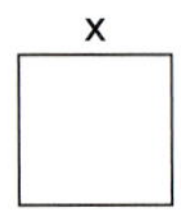

b) $u=36$ cm

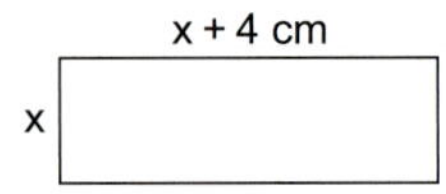

c) $u=26$ cm

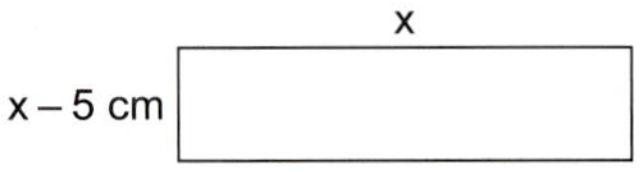

d) $u=23$ cm

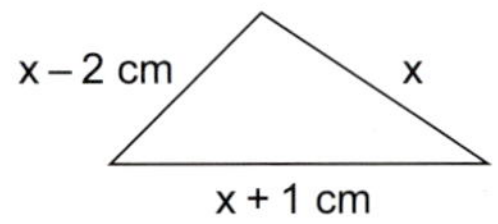

Merke

Gleichungen mit Klammern

Falls in einer Gleichung Klammern vorkommen, musst du diese zuerst auflösen.

Achte dabei auf folgende Regeln:

- Steht ein **Minuszeichen** vor der Klammer, musst du alle Vorzeichen in der Klammer umkehren.
- Wird ein **Faktor** mit der Klammer multipliziert, musst du jedes Glied in der Klammer mit dem Faktor multiplizieren.

Beispiel

Löse die Gleichung und mache die Probe.

$3x-2(x-4)=(x-4)\cdot 5$

Lösung:

$$3x-2(x-4)=(x-4)\cdot 5$$
$$3x-2x+8=5x-20$$

Multipliziere jeweils die Klammern aus. Achte auf das negative Vorzeichen auf der linken Seite.

$$x+8=5x-20 \quad |-x$$
$$8=4x-20 \quad |+20$$
$$28=4x \quad |:4$$
$$7=x$$

Probe:

$$3x-2(x-4)=(x-4)\cdot 5$$

Setze $x=7$ in die Ausgangsgleichung ein.

$$3\cdot 7-2(7-4)=(7-4)\cdot 5$$
$$21-2\cdot 3=3\cdot 5$$
$$21-6=15$$
$$15=15$$

Wahre Aussage, also ist die Lösung richtig.

Aufgaben

109 Löse die Gleichungen.

a) $12x+2(3x-4)=10$

b) $25-(2x+5)=16$

c) $5x=6x-(2x-5)$

d) $20=-4(4-3x)$

e) $3(4x+5)=-3-(2x+10)$

f) $-2(3x-14)=6-(-7+3x)$

110 Für Profis: Bestimme die Lösung.

a) $14x-3(2x-9)=4(4x-16)+11$

b) $7(2x+15)-28=35(1-x)-7$

c) $-9(1-x)+15x=8(2x+9)-65$

d) $-(11x-13)+45-x=3(6-9x)+17x+10$

Interaktive Aufgaben

1. Einfache Gleichung I
2. Einfache Gleichung II
3. Gleichung lösen I
4. Gleichung lösen II

Gleichungen mit Brüchen

Merke

Gleichungen mit Brüchen
Kommt in der Gleichung ein Bruch vor, musst du zuerst beide Seiten der Gleichung mit dem **Nenner multiplizieren**.

Beispiel

Löse folgende Gleichung: $\frac{x}{5}=7$

Lösung:

$$\frac{x}{5}=7 \quad |\cdot 5$$

$$\frac{x\cdot \cancel{5}}{\cancel{5}}=7\cdot 5$$

$$x=35$$

Multipliziere beide Seiten der Gleichung mit dem Nenner 5 und kürze dann.

Aufgabe 111

Berechne x.

a) $\frac{x}{6}=7$

b) $\frac{x}{3}=1{,}5$

c) $\frac{3}{5}\cdot x=42$

d) $\frac{4}{7}\cdot x=36$

TIPP

Die Äquivalenzumformungen kannst du auch auf die **Formelumstellung in der Geometrie** anwenden und fehlende Größen ermitteln.

Beispiel

Berechne die Höhe h eines Dreiecks mit $A=12\ \text{cm}^2$ und $g=6$ cm.

Lösung:

$$A=\frac{g\cdot h}{2}$$

$$12\ \text{cm}^2=\frac{6\ \text{cm}\cdot h}{2} \quad |\cdot 2$$

$$24\ \text{cm}^2=6\ \text{cm}\cdot h \quad |:6\ \text{cm}$$

$$4\ \text{cm}=h$$

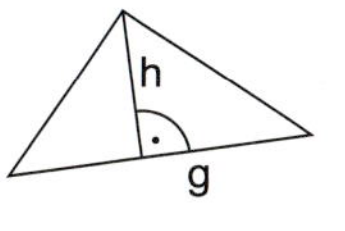

Setze die gegebenen Werte in die Grundformel ein. Multipliziere mit dem Nenner 2 und löse dann nach h auf.

Aufgabe 112

Berechne jeweils die fehlende Größe.

a) Dreieck: $A = 14\ cm^2$; $h = 7\ cm$; $g = ?$

b) Dreieck: $A = 30\ cm^2$; $g = 10\ cm$; $h = ?$

c) Trapez: $A = 40\ cm^2$; $a = 4\ cm$; $c = 12\ cm$; $h = ?$

d) Trapez: $A = 20\ cm^2$; $h = 4\ cm$; $a = 6\ cm$; $c = ?$

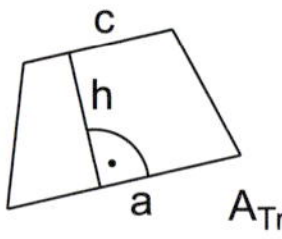

$A_{Trapez} = \frac{a + c}{2} \cdot h$

Interaktive Aufgaben

1. Gleichung mit Bruch I
2. Gleichung mit Bruch II

Textgleichungen

Merke

Von der Textform in die Zahlenform

Terme bestehen aus Zahlen, Variablen und Rechenoperationen. Die Variable wird meist mit x bezeichnet. „Zahlenrätsel" (Terme und Gleichungen in Textform) musst du zuerst in die Sprache der Mathematik übersetzen, bevor du sie lösen kannst.

Im Beispiel wird mit 5 gerechnet:

Variable, x	eine unbekannte Zahl, eine bestimmte Zahl, eine gedachte Zahl
Addition, addieren, +	eine Zahl um 5 vermehren, eine Zahl um 5 vergrößern, die Summe aus einer Zahl und 5 bilden
Subtraktion, subtrahieren, –	eine Zahl um 5 vermindern, eine Zahl um 5 verkleinern, die Differenz aus einer Zahl und 5 bilden
Multiplikation, multiplizieren, ·	eine Zahl mit 5 vervielfachen, das Vielfache von 5, das Produkt aus einer Zahl und 5 bilden
Division, dividieren; :	eine Zahl durch 5 teilen, ein Fünftel einer Zahl, der fünfte Teil einer Zahl, der Quotient aus einer Zahl und 5

Beispiele

1. Subtrahierst du vom Vierfachen einer Zahl 8, so erhältst du 20.

Lösung:

$4x - 8 = 20 \quad | +8$

$4x = 28 \quad | :4$

$x = 7$

Probe:

$4 \cdot 7 - 8 = 20$

$28 - 8 = 20$

$20 = 20$

2. Addierst du zum vierten Teil einer Zahl 10, so erhältst du das Produkt aus 5 und 11.

Lösung:

$\frac{1}{4}x + 10 = 5 \cdot 11$

$\frac{1}{4}x + 10 = 55 \quad | -10$

$\frac{1}{4}x = 45 \quad | \cdot 4$

$x = 180$

Probe:

$\frac{1}{4} \cdot 180 + 10 = 5 \cdot 11$

$45 + 10 = 55$

$55 = 55$

3. Von zwei Zahlen ist die erste fünfmal so groß wie die zweite. Ihre Summe ist 30.

Lösung:

$$5x + x = 30$$
$$6x = 30 \quad |:6$$
$$x = 5$$

Probe:

$$5 \cdot 5 + 5 = 30$$
$$25 + 5 = 30$$
$$30 = 30$$

Aufgaben

113 Übersetze in die Sprache der Mathematik und löse die Gleichungen.

a) Addiert man 40 zum Vierfachen einer gesuchten Zahl, so erhält man 76.

b) Subtrahiert man 6 von einer gesuchten Zahl, so erhält man 13.

c) Subtrahiert man vom Doppelten einer Zahl 8, so erhält man 4.

d) Das Produkt aus dem Fünffachen einer Zahl und 8, ergibt die Summe aus dem Sechsfachen der Zahl und 68.

114 Löse die Textgleichungen.

a) Addiert man zur Hälfte einer Zahl die Zahl 12, bekommt man das Doppelte der Zahl.

b) Wenn du zum dritten Teil einer Zahl 12 addierst, erhältst du das Dreifache der Zahl.

c) Addiert man zum Siebenfachen einer Zahl 3, so erhält man das Achtfache der Zahl vermindert um 4.

d) Subtrahiert man 28 vom Achtfachen einer gesuchten Zahl, so erhält man 36.

e) Wenn man vom Sechsfachen einer Zahl 10 subtrahiert, so erhält man das Vierfache der Zahl.

115 Bestimme die gesuchten Zahlen.

a) Die Summe zweier Zahlen ist 50. Die erste ist um 6 größer als die zweite.

b) Die Summe dreier Zahlen ist 76. Die erste ist um 9 und die zweite um 7 größer als die dritte.

116 Bestimme die jeweiligen Gewinne.

a) Luis und Yannik teilen sich einen Wettgewinn von 24 € auf.
Luis bekommt dabei doppelt so viel wie Yannik.

b) Marie, Lisa und Mats teilen sich einen Lottogewinn von 70 € auf.
Marie bekommt doppelt so viel wie Lisa und Mats 10 € mehr als Lisa.

117 Bei einer Bürgermeisterwahl wurden 98 024 Stimmen abgegeben.
Davon waren 209 ungültig. Frau Bayer erhielt 11 906 Stimmen mehr als Frau Adam.
Frau Carlo erhielt 29 327 weniger als Frau Adam.
Wie viele Stimmen entfielen auf die einzelnen Kandidatinnen?

118 Torsten, Stefan und Markus liefern nach einer Spendensammlung zusammen 32,60 € ab.
Stefan hat in seiner Büchse 1,40 € mehr als Torsten,
Markus 2,10 € weniger als Torsten.
Welchen Betrag hat jeder erzielt?

Interaktive Aufgaben

1. Satz wählen
2. Gleichung aufstellen und lösen

4 Funktionale Zusammenhänge

Proportionale und antiproportionale Zuordnungen

Beim Thema Zuordnungen unterscheidet man:
- proportionale Zuordnungen (je **mehr**…, desto **mehr**…)
- antiproportionale Zuordnungen (je **mehr**…, desto **weniger**…)
- nicht proportionale Zuordnungen (weder proportional noch antiproportional, z. B. Mengenrabatt, Alter und Größe eines Menschen)

Merke

Proportionale Zuordnungen
- Bei einer proportionalen Zuordnung gilt: Zum **Doppelten (Dreifachen, …)** einer Größe gehört das **Doppelte (Dreifache, …)** einer anderen Größe.
- Der **Graph** einer proportionalen Zuordnung im Koordinatensystem ist eine Gerade, die durch den Ursprung (0 | 0) verläuft.

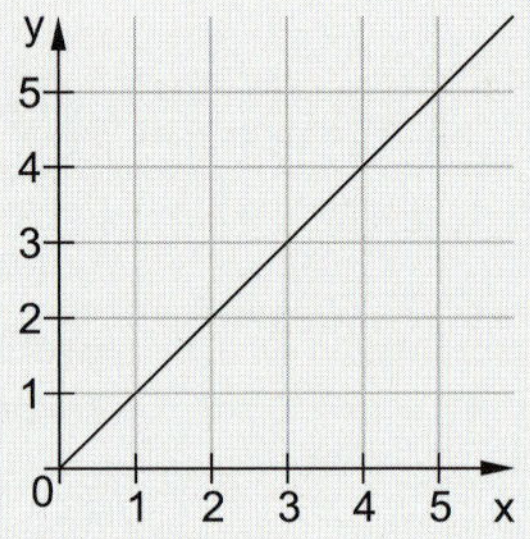

Beispiele

1. Aus einem Wasserhahn tropfen in fünf Stunden 7,5 Liter Wasser. Wie viele Liter Wasser tropfen in sieben Stunden aus diesem Hahn?

Lösung:

	Zeit [h]	Wasser [ℓ]	
:5	5	7,5	:5
·7	1	1,5	·7
	7	10,5	

Dreisatz:
Berechne zuerst, wie viele Liter in **einer Stunde** aus dem Hahn tropfen, und dann, wie viele Liter es in sieben Stunden sind.

In sieben Stunden tropfen 10,5 Liter aus dem Hahn.

2. Frau Dehn legt bei gleichbleibender Geschwindigkeit mit ihrem Auto in fünf Stunden 450 km zurück. Zeichne mithilfe der Tabelle ein passendes Diagramm.

Zeit [h]	1	2	3	4	5
Strecke [km]	90	180	270	360	450

Lösung:

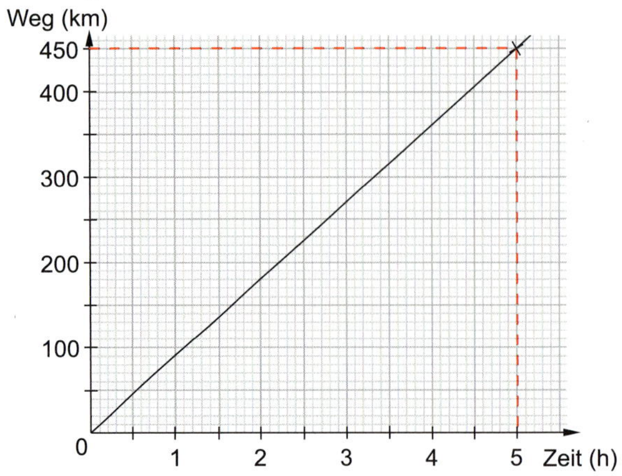

Trage einzelne Werte in das Koordinatensystem ein und verbinde die einzelnen Punkte.
Da es sich um eine proportionale Zuordnung handelt, müssen die Punkte auf einer Geraden liegen.
Außerdem muss die Gerade im Ursprung beginnen.

Aufgaben

119 An einem Obststand zahlt man für 1 kg Orangen 3,00 €.

a) Fülle die Tabelle aus.

Gewicht [kg]	1	2	3	4	5
Preis [€]					

b) Zeichne den dazugehörigen Graphen in ein Koordinatensystem.

120 Fülle die Tabellen aus.

Menge [kg]	Preis [€]
4	4,80
1	1,20
6	7,20
8	9,60
12	14,40

Liter [ℓ]	Preis [€]
50	75
1	1,5 €
30	45 €
15	22,5
60	86 €

Stück	Preis [€]
5	12,50
1	
3	
	15
4	

121 Betrachte die beiden Angebote. Für welchen Stand würdest du dich entscheiden?

Stand A

3 kg Kartoffeln
3,60 €

Stand B

5 kg Kartoffeln
6,50 €

Merke

Antiproportionale Zuordnungen

- Bei einer antiproportionalen Zuordnung gilt: Zum **Doppelten (Dreifachen, …)** einer Größe gehört die **Hälfte (ein Drittel, …)** einer anderen Größe.
- Der **Graph** einer antiproportionalen Zuordnung im Koordinatensystem ist eine Kurve, die sich den beiden Achsen annähert, sie aber nie berührt.

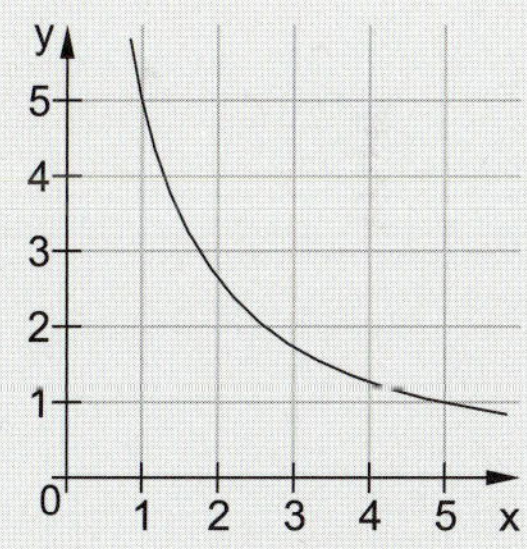

Beispiele

1. Nach einem Konzert benötigen 18 Helferinnen und Helfer vier Stunden, um die Halle sauber zu machen. Wie lange bräuchten zwölf Helferinnen und Helfer?

Lösung:

	Helfer*innen	Zeit [h]	
:9	18	4	·9
·6	2	36	:6
	12	6	

Dreisatz:
Bei antiproportionalen Zuordnungen wird auf der einen Seite **dividiert**, auf der anderen Seite **multipliziert**. Rechne geschickt.

Zwölf Helferinnen und Helfer benötigen sechs Stunden.

2. Für die Erneuerung der Schulhausfassade benötigen zwei Malerinnen und Maler 30 Tage. Zeichne mithilfe der Tabelle ein passendes Schaubild.

Maler*innen	1	2	3	4	5	6	10
Tage	60	30	20	15	12	10	6

Lösung:

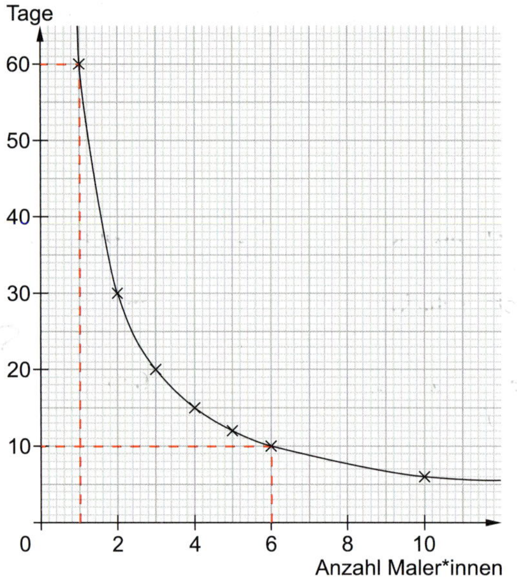

Trage die Werte in das Koordinatensystem ein und verbinde die einzelnen Punkte.

Da es sich um eine antiproportionale Zuordnung handelt, liegen die Punkte auf einer Kurve.

Aufgaben

122 Vervollständige die Tabellen der antiproportionalen Zuordnungen und zeichne jeweils den dazugehörigen Graphen im Koordinatensystem.

Anzahl Lkw	Fahrten pro Lkw
6	15
9	
5	

Gruppengröße	Anzahl der Gruppen
5	6
	5
	10

Arbeiter*innen	Anzahl der Tage
	9
9	3
6	

123 Ein Futtervorrat für 24 Pferde reicht 25 Tage.

a) Bestimme, wie lange der Futtervorrat für 30 Pferde reicht.

b) Für wie viele Pferde reicht der Futtervorrat 40 Tage?

124 Welche der Zuordnungen ist proportional, welche antiproportional, welche keins von beiden? Kreuze an und begründe deine Entscheidung.

	proportional	antiproportional	nicht proportional
Alter eines Menschen – Schnelligkeit	☐	☐	☐
Anzahl der Pumpen – Dauer Füllvorgang	☐	☐	☐
Anzahl der Liter – Preis	☐	☐	☐

Entscheide bei der Bearbeitung der folgenden Aufgaben immer zuerst, ob eine proportionale oder antiproportionale Zuordnung vorliegt.

125 Sieben Schokoladenriegel kosten 3,50 €.
Berechne den Preis für fünf Schokoladenriegel der gleichen Sorte.

126 Drei Bagger ziehen einen Graben in 60 Stunden.
Wie lange brauchen fünf Bagger für die Arbeit?

127 Vier Maschinen erledigen einen Auftrag in neun Stunden.
Berechne die Zeit, die sechs Maschinen brauchen.

128 Beim Bau eines Tunnels schafft eine Maschine in vier Stunden 120 cm.

a) Wie viele Meter schafft eine Maschine in neun Stunden?

b) Berechne die Arbeitszeit, wenn der Tunnel 60 m lang werden soll.

129 Ein quaderförmiges Schwimmbecken wird gefüllt. Nach 90 Minuten steht das Wasser 30 cm hoch.
Nach wie vielen Minuten ist das Schwimmbecken auf eine Höhe von 1,70 m gefüllt?

130 Herr Düce bezahlt für 1 100 ℓ Heizöl 1 320 €.

a) Frau Demir bestellt 1 400 ℓ Heizöl.
Berechne ihre Kosten.

b) Familie Perschke bezahlt genau 960 €.
Wie viele Liter Heizöl wurden geliefert?

131 Ein 3 m langes Stück Elektrokabel wiegt 240 g.

a) Wie schwer ist ein Bund mit 50 m Elektrokabel?

b) Wie viele Meter Elektrokabel sind auf einem Bund, der 38 kg wiegt?

132 Zur Umgestaltung einer Parkanlage brauchen drei Gärtnerinnen und Gärtner acht Tage.

a) Berechne die Arbeitszeit für zwei Personen.

b) Die Arbeiten sollen nach sechs Tagen abgeschlossen sein.
Wie viele Personen müssen eingesetzt werden?

133 Der Kilometerpreis bei der Deutschen Bahn AG beträgt ca. 30 Cent.

a) Ergänze die fehlenden Zahlen in der Tabelle.

Länge (km)	5	12	15	24	30
Fahrpreis (€)					

b) Zeichne die Zuordnung in ein Koordinatensystem.

c) Kennzeichne den Fahrpreis für 20 km in der Zeichnung.

134 Zur Aufschüttung eines Lärmschutzwalls benötigen drei Radlader zwölf Arbeitstage. Berechne zuerst die Gesamtgröße und dann die fehlenden Werte in der Tabelle.

Radlader	1	2	3	4	9	12	18	36
Tage			12					

135 Wenn Anja im Urlaub täglich 7,50 € von ihrem Taschengeld ausgibt, reicht es für 14 Tage. Das Taschengeld ist bereits nach zehn Tagen ausgegeben.
Wie viel hat sie durchschnittlich pro Tag verbraucht?

136 Ein Kegelverein mietet für einen Ausflug einen Bus.
Wenn 54 Personen mitfahren, zahlt jede Person 35 €.

a) Es fahren nur 45 Personen mit.
Berechne den Fahrpreis pro Person.

b) Wie viele Personen fahren mit, wenn der Fahrpreis pro Person 30 € beträgt?

137 Für eine Fahrstrecke von 350 km benötigt Herr Breu mit seinem Auto 28 Liter Benzin.

a) Mit wie vielen Litern Benzin muss er für eine Fahrstrecke von 270 km rechnen?

b) Herr Breu verbrauchte 35 Liter Benzin.
Berechne die zurückgelegte Strecke.

138 In einem Wohnhaus werden im Winter täglich 60 Liter Heizöl verbraucht. Bei diesem Verbrauch reicht der Vorrat für 140 Tage.

a) Wie lange reicht der Vorrat, wenn täglich 75 Liter verbraucht werden?

b) Berechne, wie viele Liter täglich verbraucht werden dürfen, wenn der Vorrat 150 Tage reichen soll.

139 Das Steinhuder Meer ist endlich einmal wieder zugefroren und zum Schlittschuhlaufen freigegeben. Doch Nico darf mit seinen zwei Freunden die Eisfläche erst betreten, wenn der gesamte See vom Schnee befreit ist. Die neun Arbeiterinnen und Arbeiter, die den Schnee räumen, versprechen, in vier Stunden fertig zu sein.
Nico und seine Freunde überlegen: Wann wäre die Eisfläche frei, wenn sie mithelfen würden?

140 Um einen 90-minütigen Film zu streamen, benötigt man bei mittlerer Qualität ca. 450 MB Datenvolumen.

a) Berechne das benötigte Datenvolumen, wenn der Film eine Stunde dauert.

b) Wie lange kann Lizzy auf der achtstündigen Urlaubsfahrt mit einem Datenvolumen von 2,25 GB Filme streamen?

1 000 MB = 1 GB

Interaktive Aufgaben

1. Joghurt
2. Parkett
3. Langstreckenläufer
4. Tabelle
5. Renovierung

Lineare Funktionen

Merke

Lineare Funktion

- Eine **Funktion** ist eine **Zuordnung**, bei der jedem x-Wert **genau ein** y-Wert zugeordnet wird.
- **Lineare Funktionen** sind besondere Zuordnungen, deren **Funktionsgraph** eine **Gerade** ist.
- Eine lineare Funktion lässt sich durch folgende **Funktionsgleichung** darstellen:

$$y = \mathbf{m}x + \mathbf{b}$$

Steigung der Geraden (Bestimmung über Steigungsdreieck) — m

y-Achsenabschnitt (Schnittstelle des Graphen mit der y-Achse) — b

- Für die Steigung m gilt:
  m > 0 ⇒ Die Gerade **steigt** von links nach rechts.
  m = 0 ⇒ Die Gerade ist eine **Parallele zur x-Achse**.
  m < 0 ⇒ Die Gerade **fällt** von links nach rechts.

Beispiele

1. Ein Taxi-Unternehmen verlangt eine Grundgebühr von 2,00 €.
Für jeden gefahrenen Kilometer werden 1,50 € berechnet.
Gib die Funktionsgleichung für den Preis einer Taxifahrt in Abhängigkeit von den gefahrenen Kilometern an und zeichne den Funktionsgraphen in ein Koordinatensystem.

Lösung:

Funktionsgleichung:
$y = 1{,}5x + 2$

pro Kilometer 1,50 € ⇒ $m = 1{,}5$
Grundgebühr 2,00 € ⇒ $b = 2$

Wertetabelle:

x	0	1	2	3	4
y	2	3,5	5	6,5	8

Eine Wertetabelle hilft dir beim Zeichnen des Graphen. Setze in die Funktionsgleichung für x verschiedene Werte ein und berechne $f(x) = y$.

Graph:

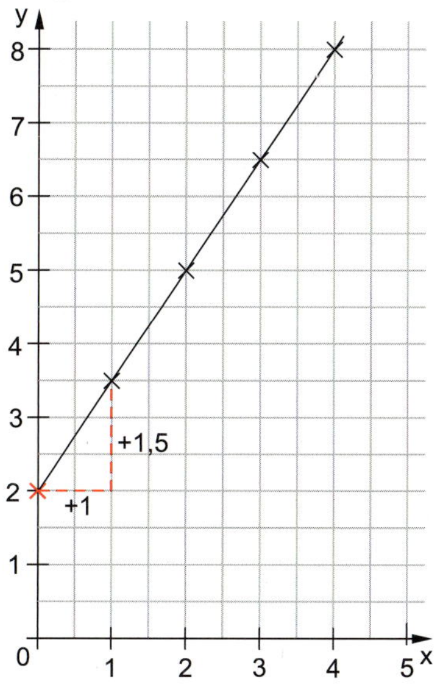

Zeichne die Wertepaare in ein Koordinatensystem.

Du kannst den Verlauf des Graphen auch mithilfe des y-Achsenabschnitts $b = 2$ und der Steigung $m = 1{,}5$ ermitteln. Zeichne dazu ein **Steigungsdreieck** ein.

Steigung 1,5 bedeutet: Gehe eine Längeneinheit nach rechts und 1,5 Längeneinheiten nach oben.

Zeichne in diesem Beispiel die Gerade nicht links über die y-Achse hinaus, denn die Anzahl der gefahrenen Kilometer kann nicht negativ werden.

2. Ordne den abgebildeten Graphen jeweils die richtige Funktionsgleichung zu.

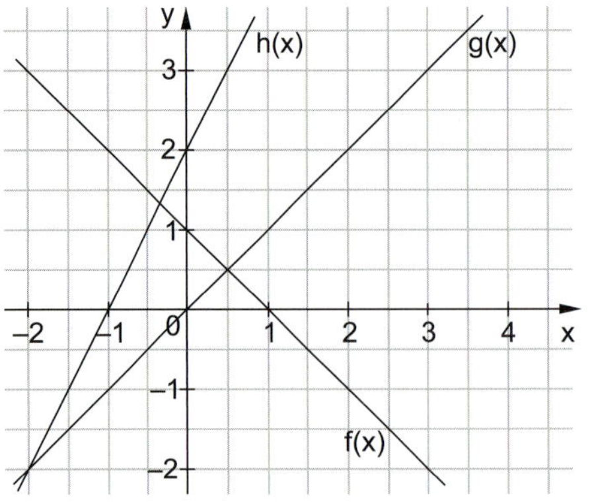

I $y=2x+2$
II $y=x$
III $y=-x+1$

Lösung:

$f(x)=-x+1$	III	Der Graph fällt. $\Rightarrow$ $m<0$ Schnittpunkt mit der y-Achse bei 1. $\Rightarrow$ $b=1$
$g(x)=x$	II	Der Graph steigt. $\Rightarrow$ $m>0$ Die Gerade verläuft durch den Ursprung. $\Rightarrow$ $b=0$
$h(x)=2x+2$	I	Der Graph steigt. $\Rightarrow$ $m>0$ Schnittpunkt mit der y-Achse bei 2. $\Rightarrow$ $b=2$

Aufgaben

141 Um einen E-Scooter zu mieten, kann man zwischen verschiedenen Anbietern wählen:

Role ON	*Grundgebühr 1 €*	Preis pro Minute 0,20 €
FuniX	*Grundgebühr 0 €*	Preis pro Minute 0,25 €

a) Stelle die Funktionsgleichungen für die beiden Tarife auf.

b) Stelle die beiden Funktionen in einem Koordinatensystem dar.
x-Achse: 1 cm entspricht 2 min; y-Achse: 1 cm entspricht 1 €

c) Bei wie vielen Minuten sind die Fahrkosten bei beiden Anbietern gleich?

d) Marie möchte zehn Minuten fahren.
Gib an, welcher E-Scooter für sie günstiger ist.

142 Welche Funktionsgleichung passt zu welchem Graphen? Begründe deine Entscheidung jeweils in einem Satz.

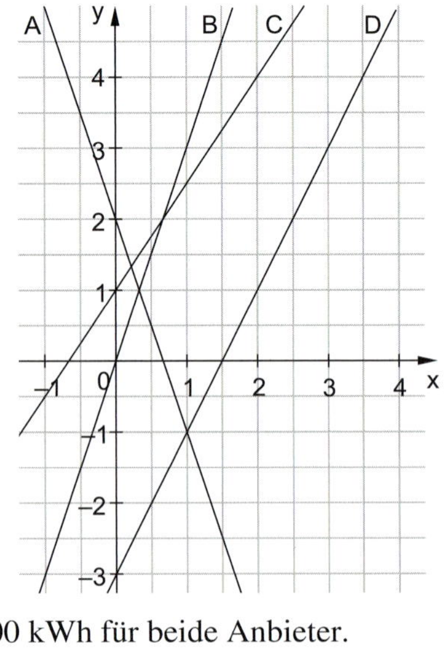

☐ $y=3x+2$ ☐ $y=2x-3$
☐ $y=-1,5x+1$ ☐ $y=2x$
☐ $y=3x$ ☐ $y=-3x+2$
☐ $y=1,5x+1$ ☐ $y=0,5x+1$

143 Familie Küster hat einen jährlichen Stromverbrauch von ca. 3 500 kWh (Kilowattstunden). Die Familie hat die Auswahl zwischen zwei Stromanbietern:

Anbieter EVI: 50 € Grundgebühr pro Jahr; 40 ct pro kWh

Anbieter OStrom: 100 € Grundgebühr pro Jahr; 35 ct pro kWh

a) Stelle die Funktionsgleichungen für die Tarife auf.

b) Berechne die jährlichen Kosten für 3 000 kWh und 4 000 kWh für beide Anbieter.

c) Welchen Stromanbieter würdest du Familie Küster empfehlen? Begründe.

144 Zeichne die Graphen der folgenden Funktionen mithilfe der Wertetabelle.

x	–3	–2	–1	0	1	2	3
a) $y=3x+1$							
b) $y=-2x+4$							
c) $y=0{,}5x-3$							

145 Lege ein Koordinatensystem an und zeichne durch folgende Punkte jeweils eine Gerade. Bestimme die dazugehörigen Funktionsgleichungen.

a) A(–1 | –4,5); B(2 | 0) b) C(–1 | 3); D(1 | –3)

146 Eine 5 cm hohe Geburtstagskerze wird angezündet.

a) Ergänze die Wertetabelle.

Zeit (min)	0	2	4	6	8	10
Höhe (cm)		4	3		1	

b) Zeichne den Graphen in ein Koordinatensystem und stelle die Funktionsgleichung auf.

c) Nach wie vielen Minuten ist die Kerze abgebrannt?

d) Die Kerze wird nach vier Minuten ausgeblasen und nach einer Minute wieder angezündet. Zeichne den neuen Verlauf im Koordinatensystem ein.

147 a) Bestimme jeweils die Funktionsgleichung der drei Graphen im Koordinatensystem.

b) Was fällt dir auf?

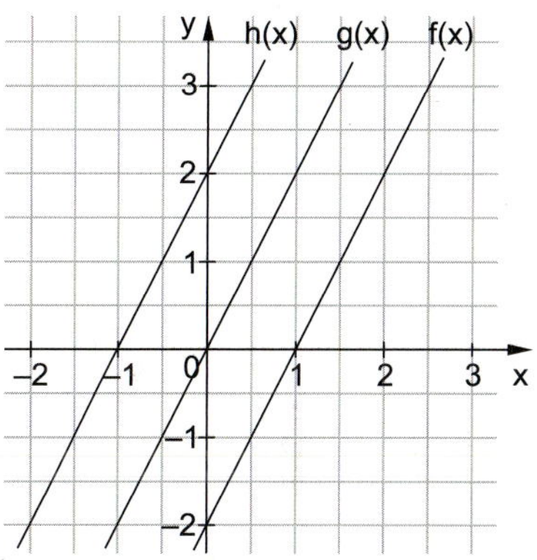

148 Welche der angegebenen Punkte liegen auf dem Graphen der Funktion $y=2x-3$? Begründe deine Entscheidung.

A(1 | 5) B(2 | 7)

C(–1 | –5) D(5 | 7)

E(–3 | –3) F(12 | 21)

149 Ein hochwertiger Parkettboden kostet 60 € pro m^2. Zu dem Preis kommen noch Versandkosten von 40 € dazu.

a) Stelle eine passende Funktionsgleichung auf.

b) Erstelle eine Wertetabelle für 5 m^2, 10 m^2, 15 m^2, 20 m^2 und 25 m^2.

c) Zeichne den dazugehörigen Graphen.

150 Gib jeweils den Schnittpunkt der beiden Funktionen an.

a) $y=3x$
$y=2x+2$

b) $y=-x+4$
$y=x-2$

Interaktive Aufgaben

1. Gerade zuordnen I
2. Gerade zeichnen I
3. Funktion zuordnen I
4. Gerade zuordnen II
5. Gerade zeichnen II
6. Funktion zuordnen II
7. Wasserrohrbruch

Weg-Zeit-Diagramme

Merke

> **Weg-Zeit-Diagramm**
> In einem Weg-Zeit-Diagramm kann man die benötigte **Zeit** und die zurückgelegte **Strecke** übersichtlich darstellen und ablesen.
> Die **Geschwindigkeit** kann aus diesen beiden Werten bestimmt werden.

Beispiel

Betrachte das nebenstehende Weg-Zeit-Diagramm der Fahrzeuge A und B.

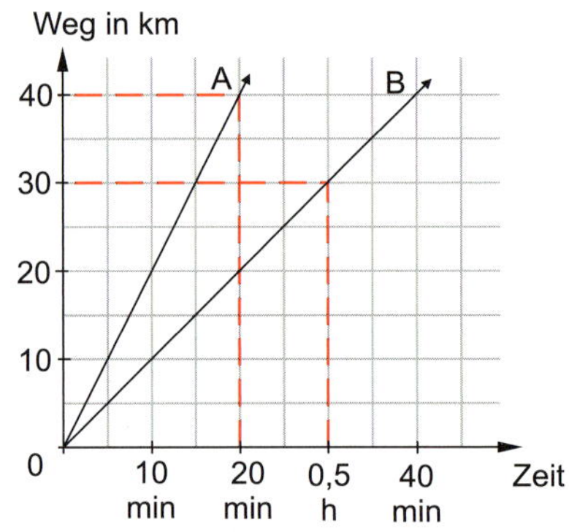

a) Welche Strecke legt Fahrzeug A in 20 Minuten zurück?
Lösung:
Fahrzeug A legt in 20 Minuten 40 km zurück.

b) Wie lange braucht Fahrzeug B für eine Strecke von 30 km?
Lösung:
Fahrzeug B braucht für 30 km eine halbe Stunde (30 Minuten).

c) Gib an, welches Fahrzeug schneller fährt, und begründe.
Lösung:
Fahrzeug A ist schneller, der Graph verläuft steiler als der von Fahrzeug B.

d) Gib die Geschwindigkeit von Fahrzeug B an.
Lösung:
Fahrzeug B legt bei gleichbleibender Geschwindigkeit in einer Stunde 60 km zurück. Es fährt also 60 km/h.

Die Geschwindigkeit wird in km pro h (km/h) angegeben.

Aufgaben

151

Beantworte folgende Fragen zum Diagramm.

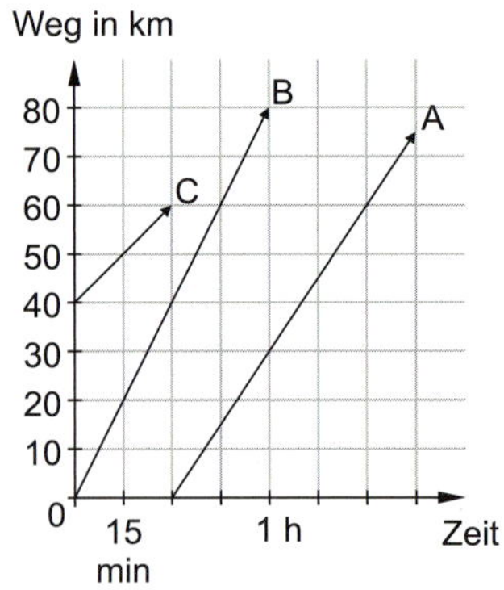

a) Wie viele Minuten nach C fährt A ab?
b) Welche Strecke legen die Fahrzeuge jeweils zurück?
c) Welches Fahrzeug fährt am schnellsten? Begründe.
d) B startet um 9:00 Uhr.
Um wie viel Uhr hat er 40 km zurückgelegt?
e) Stelle für B die Funktionsgleichung auf.
f) Wie weit ist B 15 Minuten nach der Abfahrt von C entfernt?

152

Matteo und Leila fahren mit gleichbleibender Geschwindigkeit auf der Autobahn.

a) Ergänze die fehlenden Werte in der Tabelle.

	10 min	20 min	30 min	40 min	50 min	60 min
Matteo	15 km					
Leila	20 km					

b) Erstelle ein Weg-Zeit-Diagramm.
c) Bestimme die Geschwindigkeiten (in km/h) der beiden.

153 Beantworte folgende Fragen zum Diagramm.

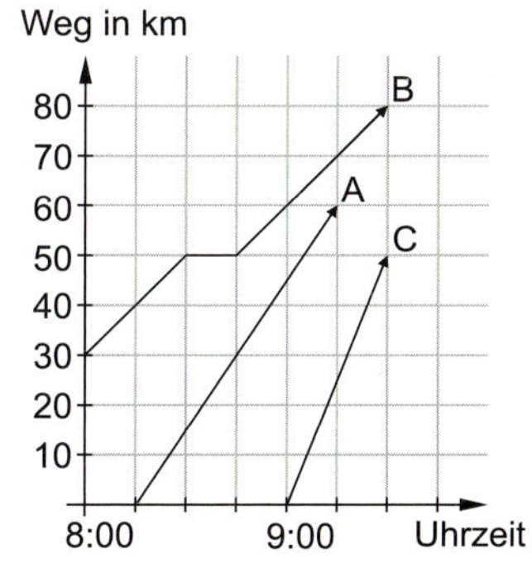

a) Wann fährt Fahrzeug A ab?
Wann macht Fahrzeug B eine Pause?
Wie lange dauert die Pause?
Fährt Fahrzeug B vor oder nach der Pause schneller?

b) Wie viele Minuten nach A fährt C ab?

c) Gib die Geschwindigkeiten der Fahrzeuge A und C an.

d) Ergänze die fehlenden Werte in der Tabelle.

	8:00 Uhr	8:15 Uhr	8:30 Uhr	8:45 Uhr	9:00 Uhr	9:15 Uhr	9:30 Uhr
A			15 km				
B	30 km						
C							

e) Gib die Fahrzeiten und die zurückgelegten Strecken der Fahrzeuge an.

f) Wie viele km haben A und B jeweils um 8:45 Uhr zurückgelegt?

154 Bei einer Wanderung macht Mika jeweils nach 3 km und 6 km eine 10-minütige Pause. Nach 8 km ist er am Ziel seiner Wanderung. Er geht immer im gleichen Tempo.

a) Ergänze die fehlenden Werte in der Tabelle. Beachte dabei die Pausen.

Strecke	1 km	2 km	3 km	4 km	5 km	6 km	7 km	8 km
Zeit	12 min							

b) Erstelle ein passendes Weg-Zeit-Diagramm.

Merke

Füllgraphen
Werden Gefäße gleichmäßig mit Wasser befüllt, kann man den Vorgang in einem Wasserstand-Fülldauer-Diagramm darstellen.

Beispiel

Die abgebildeten Gefäße werden gleichmäßig mit Wasser befüllt.
Stelle den Vorgang in einem Wasserstand-Fülldauer-Diagramm dar.

Lösung:

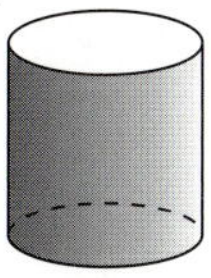

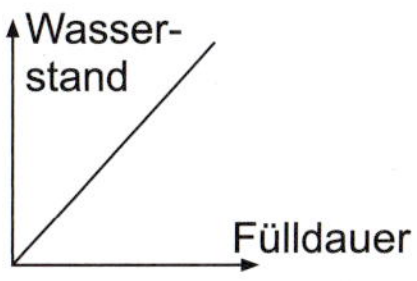

Der Wasserstand nimmt gleichmäßig zu, da das Gefäß gerade nach oben verläuft.

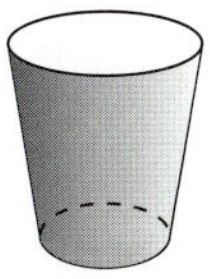

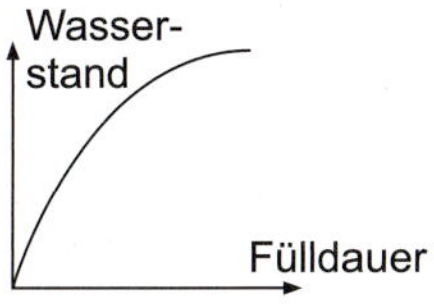

Der Wasserstand steigt erst schnell, dann immer langsamer, weil das Gefäß nach oben hin breiter wird.

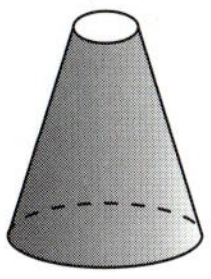

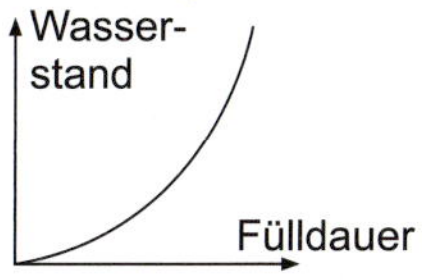

Der Wasserstand steigt erst langsam, dann immer schneller, weil das Gefäß nach oben hin schmaler wird.

Aufgaben

155 In alle Gefäße wird gleichmäßig Wasser eingefüllt.
Ordne die Schaubilder den entsprechenden Gefäßen zu und begründe deine Entscheidung.

a) 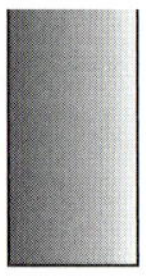
b) 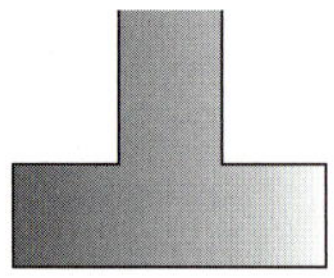
c) 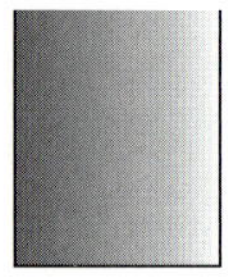
d) 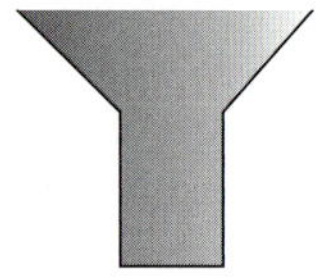

I 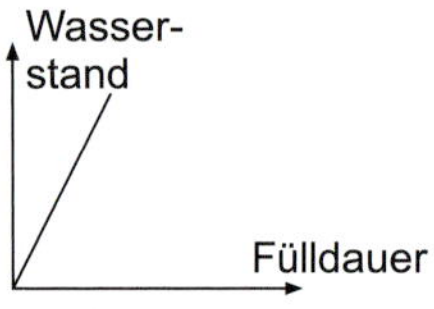

II 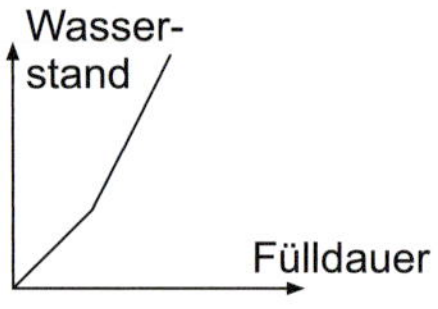

III 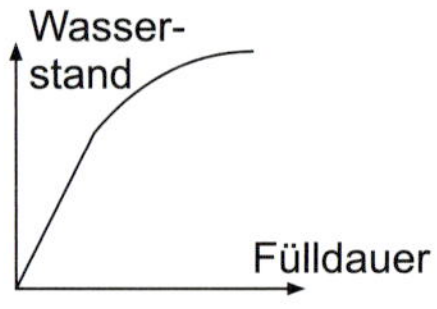

IV 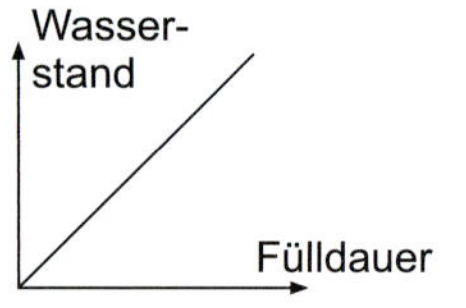

156 Zeichne zu den Graphen die passenden Gefäße.

a) 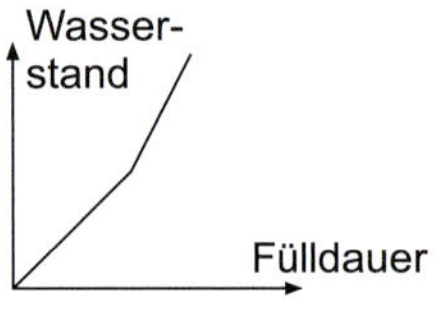

b) 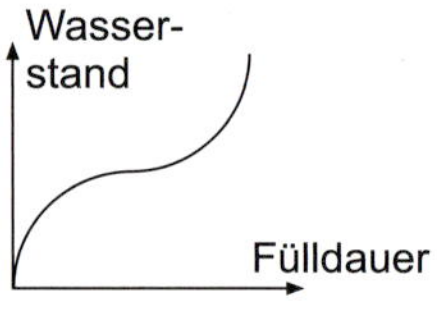

c) 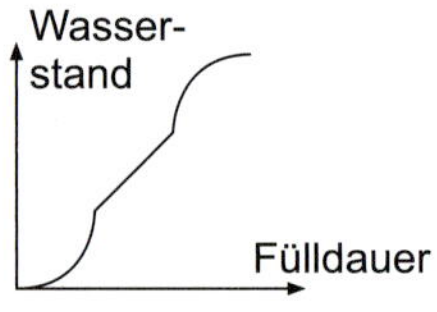

157 Erstelle zu den Gefäßen die passenden Füllgraphen. Beschrifte die Achsen.

a) 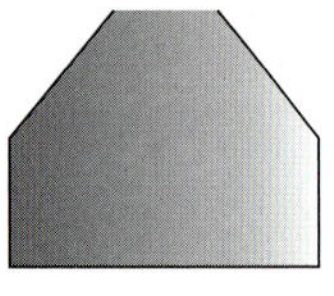
b) 
c) 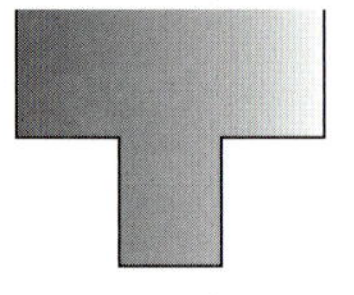

158 Welcher Graph passt zu welcher Geschichte? Begründe und beschrifte die Achsen passend.

a) Ein Aufzug fährt in gleichmäßiger Geschwindigkeit nach unten.
b) Eine Packung Kaugummi wird jedes Jahr 3 ct teurer.
c) Auf einer Wanderung wird Julius am Ende immer langsamer.
d) Während eines Fußballspiels jubeln die Fans bei den zwei Toren sehr laut. Sonst ist es eher ruhig.

I 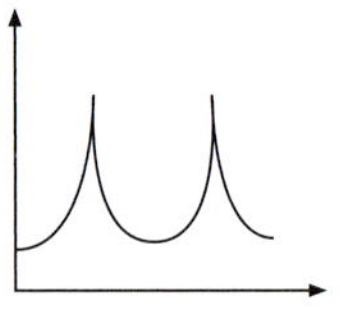
II 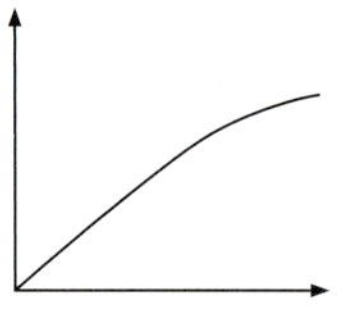
III 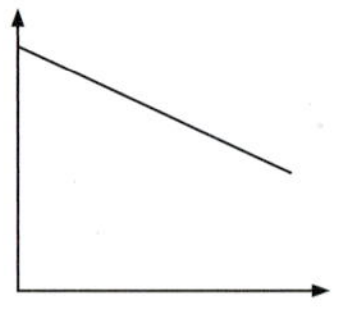

159 Erfinde zu den Diagrammen jeweils selbst eine passende Geschichte.

a) 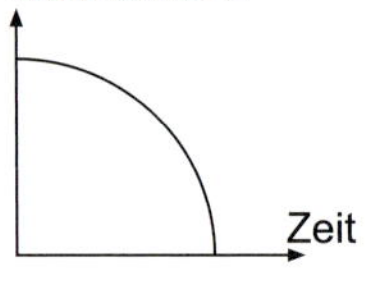

b) 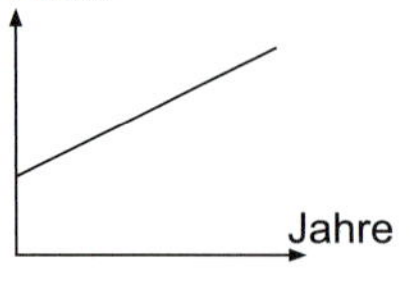

c) 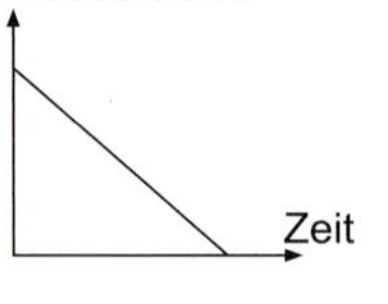

Interaktive Aufgaben

1. Joggen
2. Füllgraphen ausschließen
3. Füllgraphen zuordnen

5 Prozent- und Zinsrechnen

Prozentrechnen

Merke

Prozentrechnung

Beim Prozentrechnen benötigst du drei Begriffe:

- Der **Grundwert G** ist der Ausgangswert. Er entspricht immer 100 %.
- Der **Prozentwert W** ist ein Teil des Grundwerts.
- Der **Prozentsatz p %** bestimmt die Größe des Anteils.

Die Berechnung der einzelnen Werte erfolgt über den Dreisatz oder mithilfe folgender Formeln:

$W = G \cdot \frac{p}{100}$ $\quad G = W \cdot \frac{100}{p}$ $\quad p\,\% = \frac{W \cdot 100}{G}\,\%$

Beispiele

1. **Prozentwert W berechnen**

   Ein Pkw kostet 21 500 €. Bei Barzahlung gibt der Händler 4 % Rabatt. Wie viel Euro kann die Kundin sparen?

   Lösung:

   gegeben: Grundwert G = 21 500 €; Prozentsatz p% = 4 %
   gesucht: Prozentwert W

   Dreisatz:

	Prozent	Preis	
: 100	100 %	21 500 €	: 100
· 4	1 %	215 €	· 4
	4 %	860 €	

   Formel:

   $W = G \cdot \frac{p}{100}$

   $W = 21\,500\,€ \cdot \frac{4}{100} = 860\,€$

   Die Kundin kann bei Barzahlung 860 € sparen.

2. **Grundwert G berechnen**

   Ein Auszubildender spart jeden Monat 42,00 €. Das sind 12 % seines Lohns. Berechne die Höhe seines Monatslohns.

   Lösung:

   gegeben: Prozentwert W = 42 €; Prozentsatz p% = 12 %
   gesucht: Grundwert G

   Dreisatz:

	Prozent	Preis	
: 12	12 %	42,00 €	: 12
· 100	1 %	3,50 €	· 100
	100 %	350,00 €	

   Formel:

   $G = W \cdot \frac{100}{p}$

   $G = 42{,}00\,€ \cdot \frac{100}{12} = 350{,}00\,€$

   Er hat einen Monatslohn von 350,00 €.

3. **Prozentsatz p % berechnen**
Bei einer Fahrt ins Schullandheim können von 27 Kindern 3 Kinder wegen Krankheit nicht teilnehmen.
Gib in Prozent an.
Lösung:
gegeben: Grundwert G = 27 Kinder; Prozentwert W = 3 Kinder
gesucht: Prozentsatz p%

Dreisatz:

	Kinder	Prozent	
: 27	27	100 %	: 27
· 3	1	≈ 3,7 %	· 3
	3	≈ 11,1 %	

Formel:

$$p\,\% = \frac{W \cdot 100}{G}\,\%$$

$$p\,\% = \frac{3 \cdot 100}{27}\,\% \approx 11{,}1\,\%$$

Es konnten rund 11,1 % der Kinder nicht an der Fahrt teilnehmen.

Aufgaben

160 Berechne den Prozentwert im Kopf.

	a)	b)	c)	d)	e)	f)	g)	h)	i)	j)	k)
G	140	380	1 600	120	400	2 000	750	80	520	500	20
p %	10 %	5 %	25 %	4 %	9 %	75 %	200 %	150 %	300 %	500 %	850 %
W											

161 Berechne den Grundwert im Kopf.

	a)	b)	c)	d)	e)	f)	g)	h)	i)	j)	k)
p %	50 %	10 %	25 %	30 %	40 %	60 %	75 %	2,5 %	5 %	3 %	7 %
W	27 €	60 €	88 €	90 €	120 €	300 €	600 €	60 €	30 €	12 €	350 €
G											

162 Berechne den Prozentsatz im Kopf.

	a)	b)	c)	d)	e)	f)	g)	h)	i)	j)	k)
G	40 €	120 €	720 €	600 €	200 €	900 €	100 €	40 €	70 €	50 €	150 €
W	20 €	30 €	360 €	450 €	160 €	300 €	300 €	120 €	350 €	250 €	750 €
p %											

163 Mats bekommt bei einer Sonderaktion 12 % Rabatt auf ein E-Bike, das vorher 1 650 € gekostet hat.
Wie viel Geld spart er?

164 Beim Kauf einer Spielekonsole spart Tradie 48 €.
Das entspricht 8 % des Preises.
Wie viel bezahlt Tradie?

165 Johanna bekommt auf einen E-Scooter 60 € Rabatt.
Der Originalpreis betrug 390 €.
Wie viel Prozent spart Johanna?

166 Für ein Motorrad bezahlt ein Zweiradhändler im Einkauf 8 000 €. Er kann es für 9 600 € verkaufen.
Berechne den Preisaufschlag in Euro und Prozent.

167 Frau Mertens berichtet ihrer Klasse, dass die Mathearbeit sehr gut ausgefallen ist.

Note	1	2	3	4	5	6
Anzahl	4	10	6	3	5	0
Prozentwert						

a) Bestimme den Grundwert.
Tipp: Wie viele Schülerinnen und Schüler haben die Arbeit geschrieben?

b) Bestimme den prozentualen Anteil jeder Note. Runde auf ganze Prozent.

c) Stelle die prozentuale Verteilung in einem Balkendiagramm dar.

168 Ein Computer wird im Räumungsverkauf um 22 % herabgesetzt. Tina kauft das Gerät und spart dabei 176 €.

a) Berechne den Preis vor dem Räumungsverkauf.

b) Wie viel bezahlt Tina?

169 Frau Kling kauft eine Waschmaschine für 680 €. Durch einen Rabattcode spart sie 5 %.

a) Berechne die Ersparnis von Frau Kling in Euro.

b) Bestimme den neuen Preis der Waschmaschine.

170 Frau Grimm bestellt im Internet ein Notebook. Zu dem rechts abgebildeten Preis kommen noch 19 % Mehrwertsteuer hinzu.

a) Berechne die Höhe der Mehrwertsteuer.

b) Wie viel Euro muss Frau Grimm überweisen?

171 Herr Schuster erhält eine Zahnarztrechnung über 3 840 €.
Die Krankenversicherung übernimmt 80 % der Kosten.
Berechne den Betrag, der Herr Schuster selbst aufbringen muss.

172 Eine Gärtnerei hat eine Anbaufläche von 160 a.
Auf 40 a werden Blumen gezogen, auf 50 a wird Gemüse angebaut und auf der restlichen Fläche stehen Gewächshäuser.
Gib die Größe der Teilflächen in Prozent an.

173 Bernd möchte sich eine Digitalkamera kaufen. Der Preis der Kamera, die ihm am besten gefällt, beträgt 288,00 €. Da Bernd noch zögert, sagt die Verkäuferin:
„Ich verkaufe Ihnen die Kamera für 273,00 €,
dann haben Sie 5 % gespart.“
Stimmt die Aussage der Verkäuferin?
Begründe deine Antwort.

174 Frau Bauer kauft einen Fernsehsessel. Als Firmenangehörige erhält sie 15 % Personalrabatt und zahlt noch 331,50 €.
Berechne den ursprünglichen Preis.

175 Zum Schuljahresbeginn kauft eine Schule 120 Pakete Kopierpapier und 45 Packungen Kopierfolien.
Ein Paket Kopierpapier kostet 5 €, eine Packung Kopierfolien 30 €.
Der Händler gewährt folgenden Preisnachlass: Kopierpapier 18 %, Kopierfolien 12,5 %.
Berechne die Gesamtkosten für die Schule.

176 An den Bürgermeisterwahlen in diesem Jahr wurden 3 360 gültige Stimmen abgegeben. Zur Wahl standen drei Kandidatinnen.

a) Wie viele Stimmen bekam Kandidatin C?

b) Wie viel Prozent der gültigen Stimmen entfielen auf die einzelnen Kandidatinnen?

c) Insgesamt gingen 3 528 Bürgerinnen und Bürger zur Wahl.
Berechne den Anteil der ungültigen Stimmen in Prozent.

Wahlergebnis:

Kandidatin A:	1 344 Stimmen
Kandidatin B:	840 Stimmen
Kandidatin C:	_____ Stimmen

177 **Verwendung des monatlichen Einkommens der Familie Köpke (in Euro)**

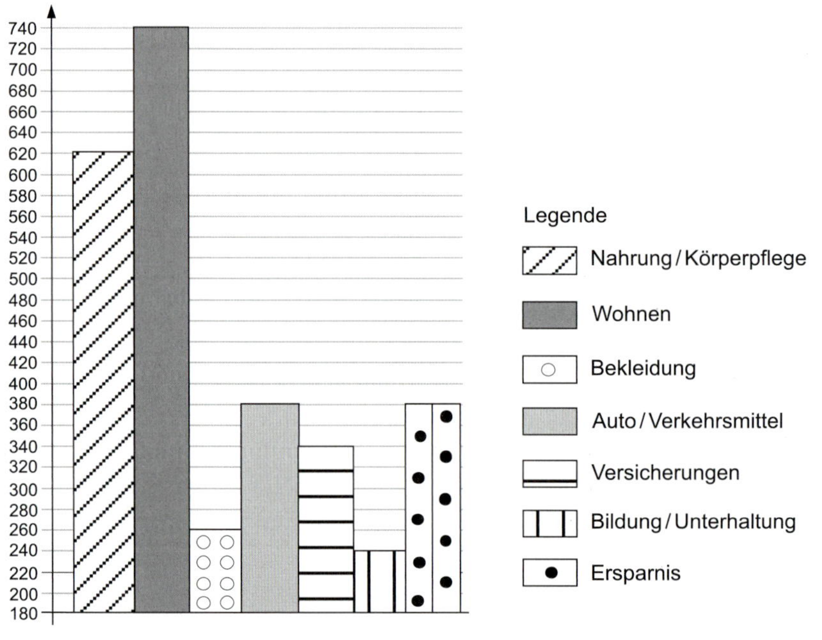

a) Gib an, wie viel Euro Familie Köpke insgesamt pro Monat zur Verfügung hat.

b) Wie viel Prozent des monatlichen Einkommens verbrauchte Familie Köpke für Nahrung/Körperpflege?

c) Wie viel Prozent des monatlichen Einkommens verbrauchte Familie Köpke insgesamt für Auto/Verkehrsmittel und Versicherungen?

178 Der Pay-TV Sender Media 8 sendet 40 % Spielfilme, 25 % Sport, 10 % Musik, 5 % Nachrichten und den übrigen Teil Serien.
Stelle die einzelnen Anteile in einem Kreisdiagramm dar.

179 Familie Kopp hatte vergangenen Monat folgende Ausgaben:

Wohnung / Heizung	Nahrung / Kleidung	Bildung / Freizeit	Auto / Verkehrsmittel	Gesundheit / Körperpflege	Sparen / Sonstiges
912 €	672 €	264 €	360 €	120 €	72 €

a) Wie hoch waren die monatlichen Gesamtausgaben?

b) Zeichne für die Ausgaben in Euro ein Säulendiagramm (1 cm ≙ 100 €).

c) Berechne die Anteile der einzelnen Ausgaben in Prozent.

d) Stelle das Ergebnis in einem Kreisdiagramm (r = 4 cm) dar.

180 Frau Becker fährt mit ihren beiden Kindern in den Urlaub. In ihrer Reisekasse befinden sich 2 500 €.

a) Berechne die einzelnen Ausgaben in Euro.

b) Zeichne für die Ausgaben ein Säulendiagramm (1 cm ≙ 100 €).

geplante Urlaubsausgaben

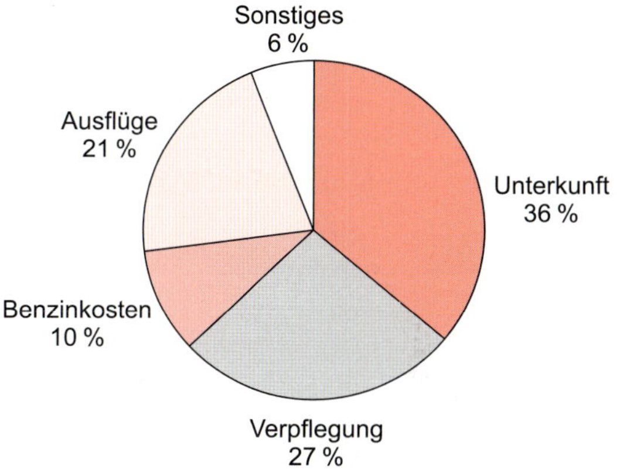

181 Bei einer Verkehrskontrolle wurden Mofas überprüft. Das Schaubild zeigt das Ergebnis der Kontrolle.

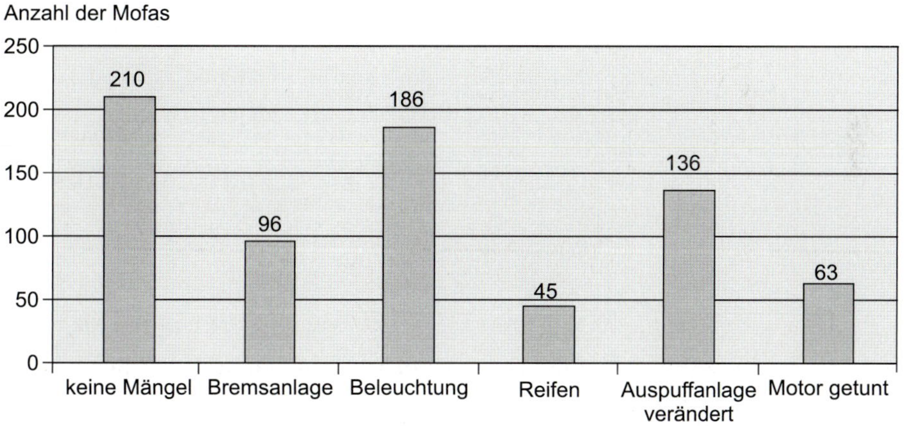

a) Wie viele Mofas wurden überprüft, wenn jedes Mofa maximal einen Mangel aufwies?

b) Berechne die prozentualen Anteile der Mängel.
Runde auf ganze Prozentsätze.

c) Stelle das Ergebnis der Kontrolle in einem Kreisdiagramm (r = 4 cm) dar.
Runde die Winkel auf ganze Grad.

Interaktive Aufgaben

1. Grundwert
2. Prozentsatz
3. Prozentwert
4. Verminderter Grundwert
5. Vermehrter Grundwert

Zinsrechnen⊕

Merke

Zinsrechnung

Die Zinsrechnung ist eine Anwendung der Prozentrechnung:

- Der **Grundwert G** heißt **Kapital K** und entspricht ebenfalls 100 %.
- Der **Prozentwert W** wird zu den **Zinsen Z**.
- Der **Prozentsatz p %** ist der **Zinssatz p %**. Er bezieht sich immer auf ein Jahr.

Die Berechnung der einzelnen Werte erfolgt wieder über den Dreisatz oder mit den entsprechenden Formeln:

$Z = K \cdot \frac{p}{100}$ $\quad K = Z \cdot \frac{100}{p}$ $\quad p\,\% = \frac{Z \cdot 100}{K}\,\%$

Beispiele

1. **Zinsen Z berechnen**

Frau Becker kauft ein gebrauchtes Auto zum Preis von 11 500 €. Sie finanziert den Betrag über die Autofinanzbank mit einem Zinssatz von 4,9 %.
Berechne die Höhe der jährlichen Zinsen.

Lösung:

gegeben: Kapital K = 11 500 €; Zinssatz p % = 4,9 %; gesucht: Zinsen Z

Dreisatz:

	Prozent	Zinsen	
: 100	100 %	11 500 €	: 100
· 4,9	1 %	115 €	· 4,9
	4,9 %	563,50 €	

Zinsformel:

$Z = K \cdot \frac{p}{100}$

$Z = 11\,500\text{ €} \cdot \frac{4{,}9}{100} = 563{,}50\text{ €}$

Sie bezahlt jährlich 563,50 € an Zinsen.

2. **Kapital K berechnen**

Levke spart für den Führerschein. Im letzten Jahr bekam sie 18 € Zinsen bei einem Zinssatz von 1,2 %. Bestimme die Höhe des Kapitals mit Zinsen.

Lösung:

gegeben: Zinsen Z = 18 €; Zinssatz p % = 1,2 %; gesucht: Kapital K

Dreisatz:

	Prozent	Zinsen	
: 1,2	1,2 %	18 €	: 1,2
· 100	1 %	15 €	· 100
	100 %	1 500 €	

Zinsformel:

$K = Z \cdot \frac{100}{p}$

$K = 18\text{ €} \cdot \frac{100}{1{,}2} = 1\,500\text{ €}$

Gesamtkapital: 1 500 € + 18 € = 1 518 €

3. **Zinssatz p % berechnen**

Damit Alan sein Kapital von 800 € für seine Ausbildung spart, verspricht ihm sein Vater 60 € Zinsen im Jahr. Wie viel Prozent sind das?

Lösung:

gegeben: Zinsen Z = 60 €; Kapital K = 800 €; gesucht: Zinssatz p %

Dreisatz:

	Zinsen	Prozent	
: 40	800 €	100 %	: 40
· 3	20 €	2,5 %	· 3
	60 €	7,5 %	

Zinsformel:

$p\,\% = \frac{Z \cdot 100}{K}\,\%$

$p\,\% = \frac{60\text{ €} \cdot 100}{800\text{ €}}\,\% = 7{,}5\,\%$

Die 60 € entsprechen einem Zinssatz von 7,5 %.

Aufgaben

182 Fülle die Tabelle aus. Runde die Zinssätze und die Eurobeträge auf zwei Dezimalstellen.

	a)	b)	c)	d)	e)	f)
Kapital	4 500 €	660 €		4 600 €	11 750 €	
Zinssatz	2,5 %		3,75 %	8,25 %		2,3 %
Jahreszinsen		99 €	315 €		470 €	2 645 €

183 Frau Berger erhält ein Darlehen in Höhe von 12 000 € zu einem Zinssatz von 3,5 %. Nach einem Jahr zahlt sie das Darlehen und die Zinsen zurück.
Berechne die Höhe der gesamten Rückzahlung.

184 Herr Götze nimmt bei seiner Hausbank ein Darlehen in Höhe von 25 000 € zu einem Zinssatz von 3,8 % auf. Bei der Kreditbank hätte er für das gleiche Darlehen jährlich 2 437,50 € Zinsen zahlen müssen.
a) Berechne die Zinsen, die Herr Götze jährlich an die Hausbank zahlen muss.
b) Welchen Zinssatz hätte Herr Götze bei der Kreditbank bekommen?

185 Welches Angebot ist günstiger?

Bank A: 50 000 € Darlehen
nach einem Jahr:
53 000 € Rückzahlung

Bank B: 50 000 € Darlehen
Zinssatz 4,5 %

186 Svenja hat zur Konfirmation insgesamt 500 € von ihren Verwandten und Freunden bekommen. Sie möchte den Betrag für fünf Jahre fest anlegen, um dann einen Zuschuss zum Führerschein zu haben.
Ihre Sparkasse hat ihr zwei Angebote gemacht:
Angebot 1: Fünf Jahre zu einem Festzins von 2,5 %. Die Zinsen werden mitverzinst.
Angebot 2: Im 1. und 2. Jahr jeweils 2,1 %, im 3. und 4. Jahr jeweils 2,5 % und im 5. Jahr sogar 5 %. Die Zinsen werden jeweils mitverzinst. Eine einmalige Bearbeitungsgebühr von 15 € wird nach Ablauf der fünf Jahre fällig.
Kannst du Svenja bei ihrer Entscheidung helfen? Begründe deine Meinung.

Interaktive Aufgaben
1. Auto
2. Erbe
3. Hausbank

Merke

Monats- und Tageszinsen
Bei der Berechnung der Monats- und Tageszinsen gilt folgende Vereinbarung:
1 Monat = 30 Tage
1 Jahr = 12 Monate = 360 Tage
Die Berechnung der Zinsen erfolgt entweder über die **Zinsen für ein Jahr** oder mithilfe folgender **Formel**:

$$Z = \frac{K \cdot p \cdot t}{100 \cdot 360}$$

Die Zeit t wird in der Regel in Tagen angegeben. Wenn die Zeit in Monaten gegeben ist, musst du die Zahl 360 in der Formel durch 12 (Monate) ersetzen.

Beispiele

1. Bis zum nächsten Urlaub kann Herr Deister für drei Monate 1 500 € zu einem Zinssatz von 3,8 % anlegen. Berechne die Zinsen, die er dafür erhält.
   Lösung:
   Berechnung der Jahreszinsen:
   $$Z = K \cdot \frac{p}{100} = 1\,500\,€ \cdot \frac{3{,}8}{100} = 57\,€$$
   Berechnung der Zinsen für drei Monate:
   $$57\,€ \cdot \frac{1}{4} = 14{,}25\,€$$
   Drei Monate sind ein Vierteljahr.
   oder:
   Berechnung der Zinsen mit der Formel:
   $$Z = \frac{K \cdot p \cdot t}{100 \cdot 12} = \frac{1\,500\,€ \cdot 3{,}8 \cdot 3}{100 \cdot 12} = 14{,}25\,€$$
   Herr Deister erhält nach drei Monaten 14,25 € Zinsen.

2. Frau Ziegler zahlt auf ein Sparkonto 7 200 € ein. Die Sparkasse bietet für Sparguthaben einen Zinssatz von 2 %. Nach 220 Tagen hebt Frau Ziegler das Guthaben und die angefallenen Zinsen ab. Wie viele Zinsen erhält sie für ihr Sparguthaben?
   Lösung:
   Berechnung der Jahreszinsen:

	Prozent	Zinsen	
: 100	100 %	7 200 €	: 100
· 2	1 %	72 €	· 2
	2 %	144 €	

   Berechnung der Zinsen für 220 Tage:

	Tage	Zinsen	
: 360	360	144 €	: 360
· 220	1	0,40 €	· 220
	220	88 €	

   oder:
   Berechnung der Zinsen mit der Formel:
   $$Z = \frac{K \cdot p \cdot t}{100 \cdot 360} = \frac{7\,200\,€ \cdot 2 \cdot 220}{100 \cdot 360} = 88\,€$$
   Frau Ziegler erhält 88 € Zinsen.

Aufgaben

⊕187 Berechne die fehlenden Werte in der Tabelle.

	a)	b)	c)	d)	e)	f)
K	2 500 €	500 €	750 €	1 800 €	20 000 €	1 200 €
p %	5 %	3 %	4,5 %	8 %	1,5 %	2,1 %
t	6 Monate	3 Monate	4 Monate	7 Monate	260 Tage	133 Tage
Z						

⊕188 Berechne die Zinsen für den Zeitraum.

a) Wie viel Zinsen bringen 5 780 € nach 112 Tagen bei einem Zinssatz von 3,5 %?
b) Wie viel Zinsen werden für 2 340 € nach zwei Monaten bei 4 % Verzinsung gezahlt?
c) Für 235 Tage wird ein Kredit in Höhe von 18 500 € zu 5 % in Anspruch genommen. Berechne die Zinsen.

Interaktive Aufgaben

- 4. Tageszins
- 5. Monatszins

6 Flächen- und Umfangsberechnung

Dreiecke

Merke

Allgemeines Dreieck

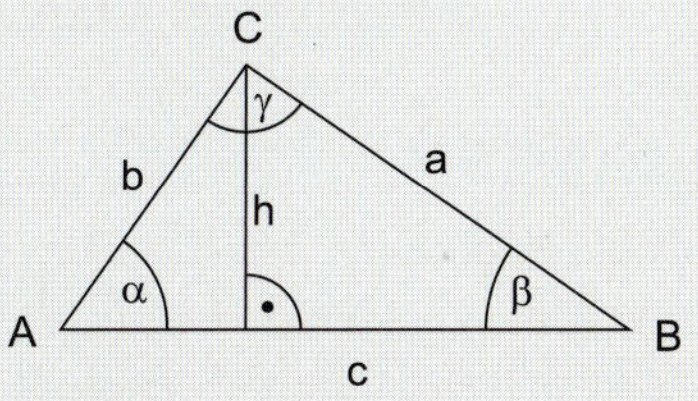

Die unten liegende Seite (hier: Seite c) heißt auch Grundseite g.

Umfang: $u = a + b + c$

Flächeninhalt: $A = \frac{g \cdot h_g}{2}$

Gleichschenkliges Dreieck

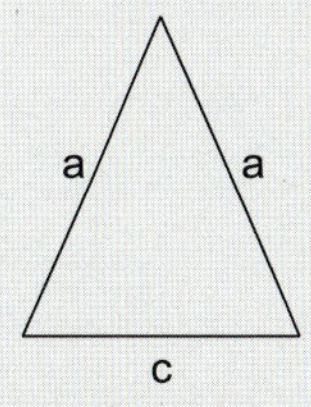

Gleichseitiges Dreieck

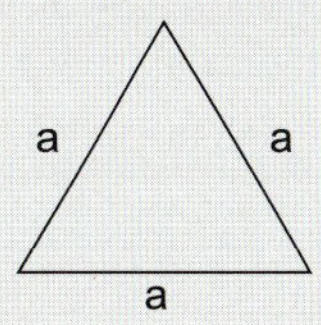

Beispiele

1. Die Grundseite eines Dreiecks ist 4,5 cm lang. Die Höhe beträgt 5 cm. Berechne den Flächeninhalt des Dreiecks.

   Lösung:

   $A = \frac{4{,}5\text{ cm} \cdot 5\text{ cm}}{2}$

   $A = 11{,}25\text{ cm}^2$

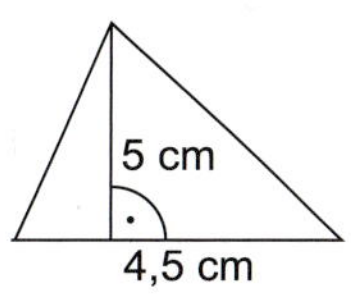

2. Ein Dreieck hat einen Flächeninhalt von 50 cm². Seine Grundseite ist 12,5 cm lang. Berechne die Höhe des Dreiecks.

   Lösung:

   $50\text{ cm}^2 = \frac{12{,}5\text{ cm} \cdot h}{2} \quad | \cdot 2$

   $100\text{ cm}^2 = 12{,}5\text{ cm} \cdot h \quad | : 12{,}5\text{ cm}$

   $8\text{ cm} = h$

Aufgaben

189 Berechne den Flächeninhalt und den Umfang der Dreiecke.

a)

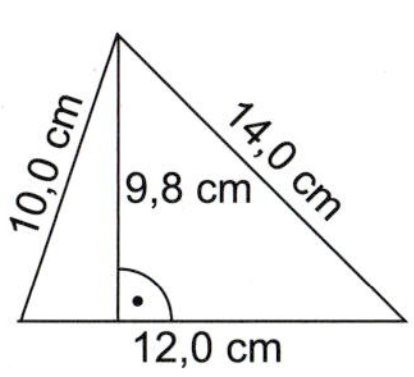

b)

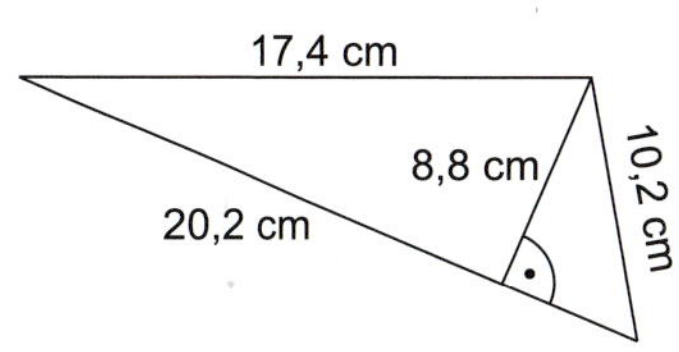

190 Berechne den Flächeninhalt der folgenden Dreiecke.

a) $a = 4{,}5$ cm; $h_a = 2{,}8$ cm
b) $b = 8{,}6$ m; $h_b = 22{,}0$ m
c) $c = 85$ dm; $h_c = 52$ dm
d) $a = 35$ cm; $h_a = 108$ mm

Merke

Rechtwinkliges Dreieck

Bei einem rechtwinkligen Dreieck nennt man die beiden Seiten, die den rechten Winkel einschließen, **Katheten**.
Die längste Seite des Dreiecks liegt dem rechten Winkel gegenüber. Sie heißt **Hypotenuse**.

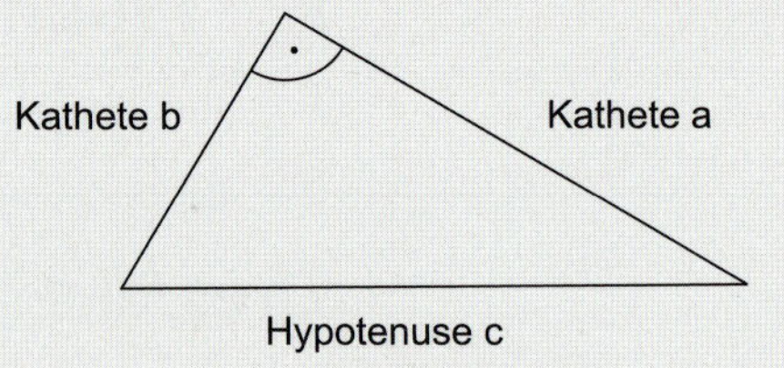

Merke

Der Satz des Pythagoras

In jedem **rechtwinkligen Dreieck** gilt:
Die Quadrate über den Katheten sind zusammen flächengleich zu dem Quadrat über der Hypotenuse.

$$a^2 + b^2 = c^2$$

Katheten-quadrat + Katheten-quadrat = Hypotenusen-quadrat

Die **Umkehrung** gilt ebenfalls:
Gilt der Satz des Pythagoras in einem Dreieck, ist das Dreieck rechtwinklig.

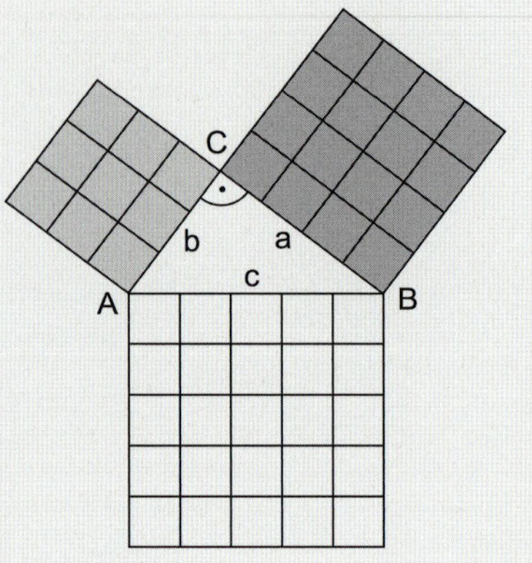

Beispiele

Berechne jeweils die dritte Seite im rechtwinkligen Dreieck.

1. gegeben: Kathete a = 8 cm; Kathete b = 6 cm
   gesucht: Hypotenuse c
   Lösung:

$$a^2 + b^2 = c^2$$
$$(8\text{ cm})^2 + (6\text{ cm})^2 = c^2$$
$$64\text{ cm}^2 + 36\text{ cm}^2 = c^2$$
$$100\text{ cm}^2 = c^2 \quad |\sqrt{\ }$$
$$10\text{ cm} = c$$

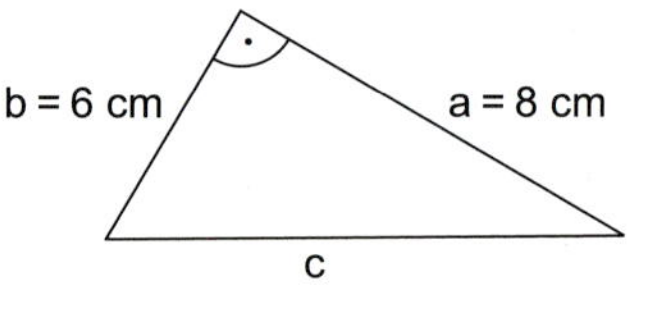

2. gegeben: Kathete a = 5 cm; Hypotenuse c = 13 cm
   gesucht: Kathete b
   Lösung:

$$a^2 + b^2 = c^2$$
$$(5\text{ cm})^2 + b^2 = (13\text{ cm})^2$$
$$25\text{ cm}^2 + b^2 = 169\text{ cm}^2 \quad |-25\text{ cm}^2$$
$$b^2 = 144\text{ cm}^2 \quad |\sqrt{\ }$$
$$b = 12\text{ cm}$$

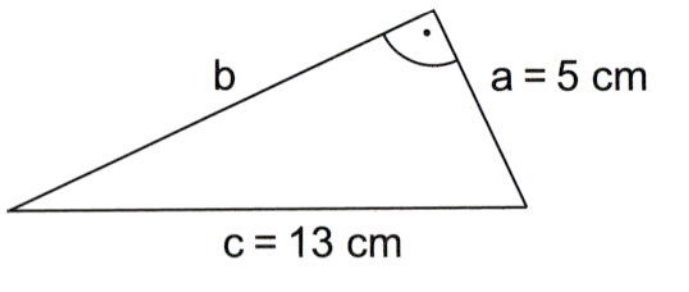

3. gegeben: Kathete y = 8 cm; Hypotenuse z = 17 cm
   gesucht: Kathete x
   Lösung:

$$x^2 + y^2 = z^2$$
$$x^2 + (8\text{ cm})^2 = (17\text{ cm})^2$$
$$x^2 + 64\text{ cm}^2 = 289\text{ cm}^2 \quad |-64\text{ cm}^2$$
$$x^2 = 225\text{ cm}^2 \quad |\sqrt{\ }$$
$$x = 15\text{ cm}$$

Die Seiten des Dreiecks müssen nicht unbedingt mit a, b und c benannt sein. Stelle den Satz des Pythagoras dann zunächst mit den richtigen Bezeichnungen auf.

Aufgaben

191 Berechne jeweils die fehlende Seite im rechtwinkligen Dreieck.

a)

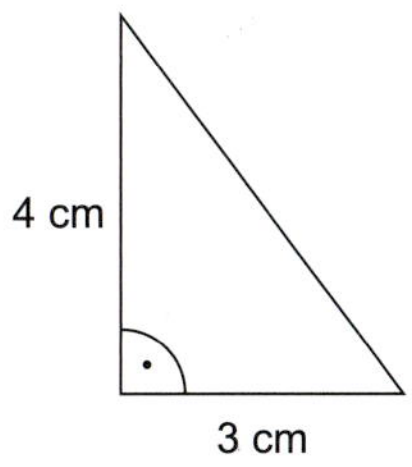

b)

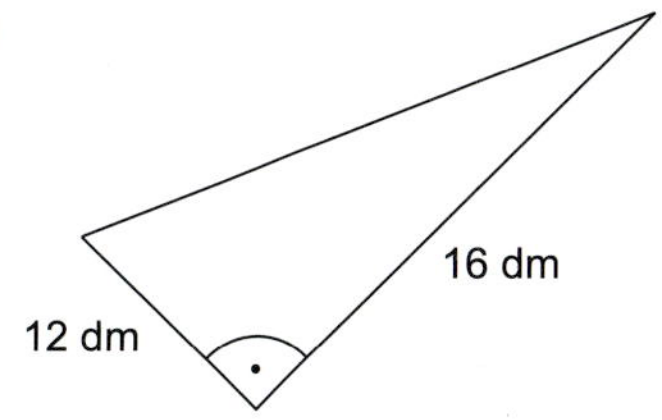

c)

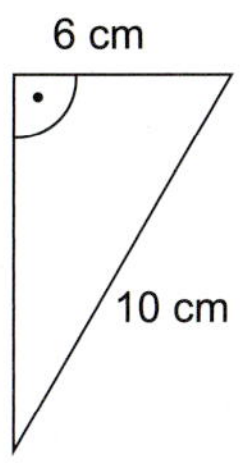

d)

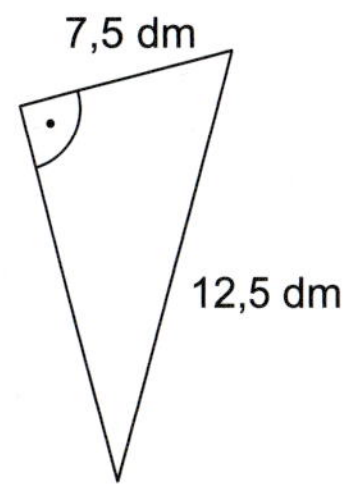

192 Ergänze die fehlenden Werte der rechtwinkligen Dreiecke.

	Kathete a	Kathete b	Hypotenuse c
a)	33 cm	56 cm	
b)	63 dm		65 dm
c)	6,5 cm		9,7 cm
d)		80 dm	89 dm
e)		11,2 m	11,3 m
f)	55 cm	48 cm	

193 Berechne für die gleichschenkligen Dreiecke jeweils den Flächeninhalt und den Umfang. Fehlende Werte kannst du mit dem Satz des Pythagoras berechnen.

a)

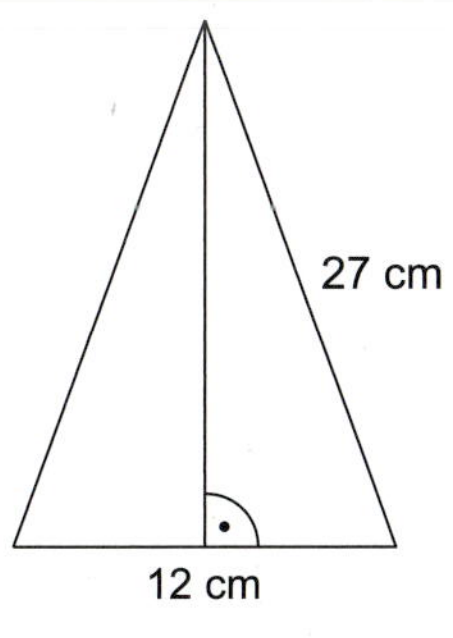

b)

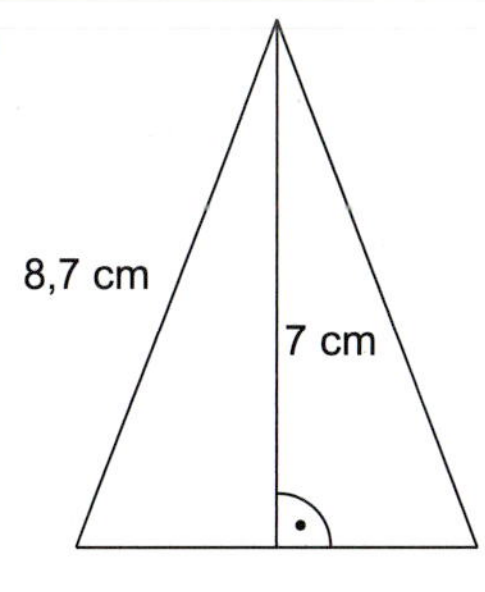

194 Prüfe, ob folgende Dreiecke rechtwinklig sind.

	Seitenlänge a	Seitenlänge b	Seitenlänge c
a)	4 cm	11 cm	13 cm
b)	18 m	24 m	30 m
c)	15 dm	20 dm	25 dm
d)	8 cm	15 cm	17 cm

195 Berechne die fehlenden Strecken (alle Maße in cm).
Runde die Ergebnisse auf eine Dezimalstelle.

a)

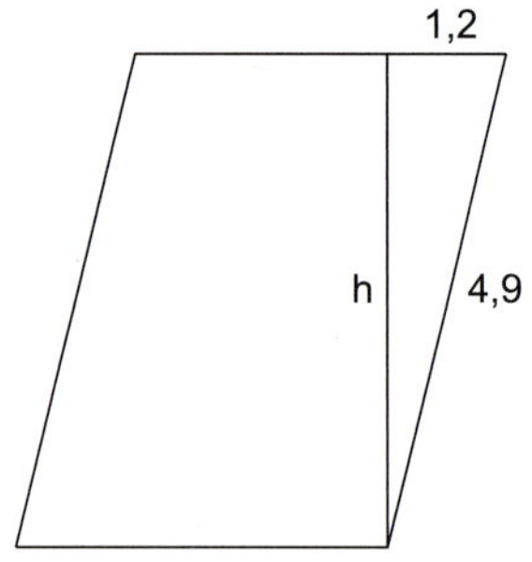

b)

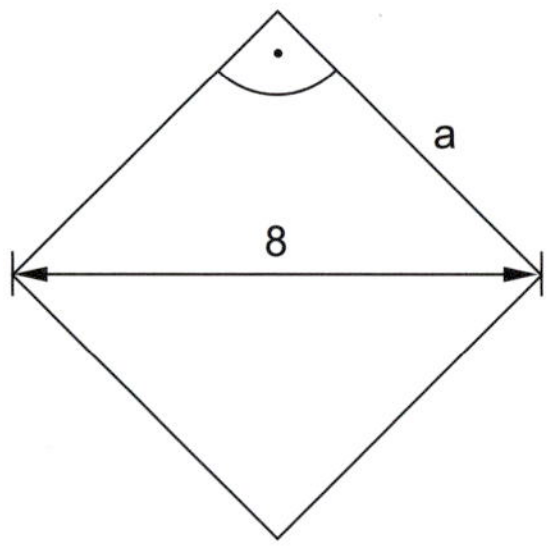

c)

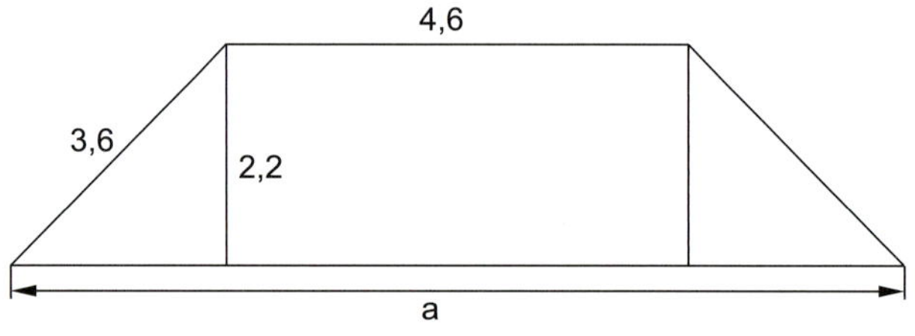

196 Ein 70 cm breiter Fernseher mit einer Bildschirmdiagonale von 81 cm ist bei Media Power im Angebot. Damit er in das Regal von Joel passt, darf er nur 45 cm hoch sein. Berechne, ob der Fernseher ins Regal passt. Erstelle zuerst eine Skizze.

197 Elke überlegt vor dem Umzug in die neue Wohnung, ob sie ihren großen quadratischen Spiegel durch die Badezimmertür bekommt.
Ihre Messungen ergeben, dass der Spiegel eine Kantenlänge von genau 2,20 m hat. Der Türausschnitt ist 2,10 m hoch und 0,80 m breit.

a) Ergänze die fehlenden Maße in der Zeichnung.

b) Überprüfe ob der Spiegel durch die Tür passt.

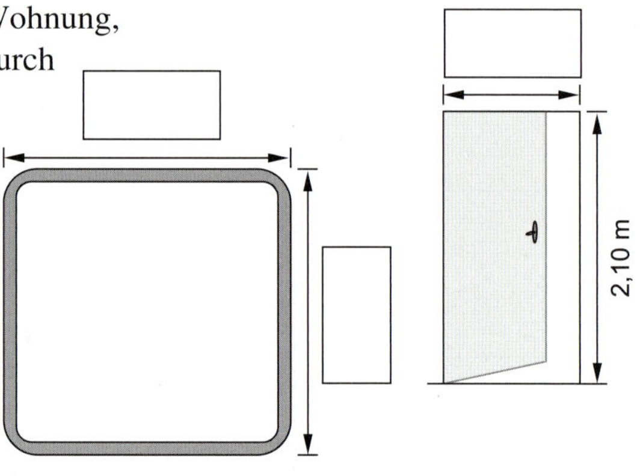

198 Versuche, mit zwölf Streichhölzern, die jeweils 10 cm lang sind, ein rechtwinkliges Dreieck zu legen. Zeichne im Maßstab 1 : 10.

199 Berechne jeweils zuerst die Flächendiagonale d_1, dann die Raumdiagonale d_2.
Runde jeweils auf eine Dezimalstelle.

a)

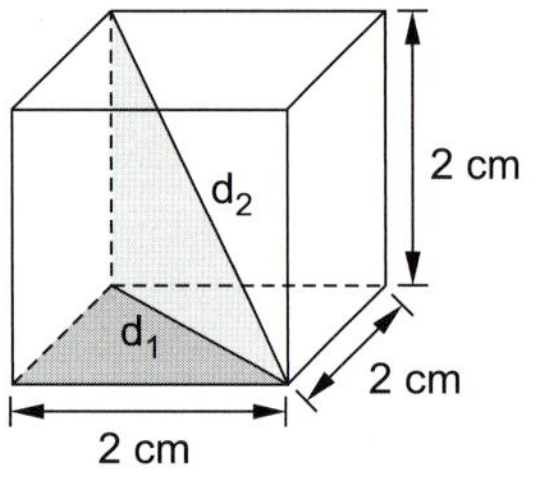

b)

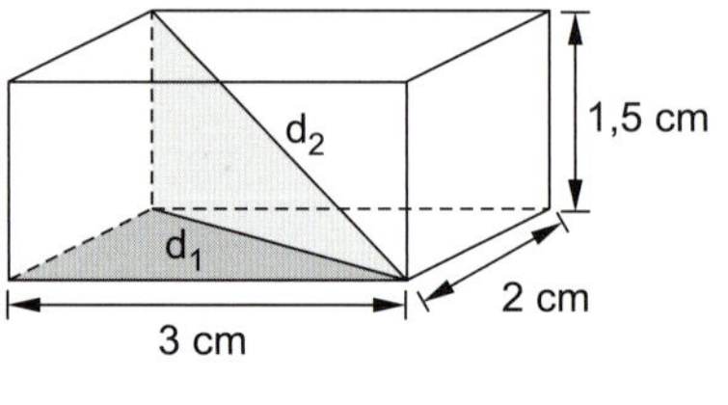

Interaktive Aufgaben

1. Dreieck
2. Hypotenuse bestimmen
3. Kathete bestimmen

Vierecke

Merke

Quadrat

Umfang: $u = a + a + a + a$

$u = 4 \cdot a$

Flächeninhalt: $A = a \cdot a$

$A = a^2$

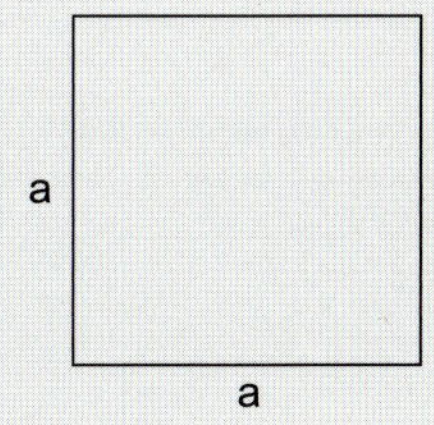

Beispiele

1. Die Länge einer Quadratseite beträgt 7,5 cm.
   Berechne den Umfang und den Flächeninhalt des Quadrats.
   Lösung:
   $A = 7{,}5\text{ cm} \cdot 7{,}5\text{ cm}$
   $A = 56{,}25\text{ cm}^2$
   $u = 4 \cdot 7{,}5\text{ cm}$
   $u = 30\text{ cm}$

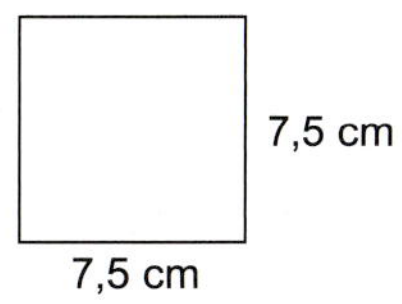

2. Ein Quadrat hat einen Flächeninhalt von $39{,}69\text{ cm}^2$.
   Berechne seinen Umfang.
   Lösung:
   $$A = a^2$$
   $$39{,}69\text{ cm}^2 = a^2$$
   $$a = \sqrt{39{,}69\text{ cm}^2}$$
   $$a = 6{,}3\text{ cm}$$
   $u = 4 \cdot 6{,}3\text{ cm}$
   $u = 25{,}2\text{ cm}$

   Berechne aus dem Flächeninhalt zuerst die Länge einer Seite.
   Dann kannst du den Umfang bestimmen.

Aufgaben

200 Berechne für die Quadrate die fehlenden Werte.
Runde, falls erforderlich, auf zwei Dezimalstellen.

	Seite a	Umfang u	Flächeninhalt A
a)	12 cm		
b)			121 cm^2
c)		77 cm	
d)	7,2 m		

201 Ein quadratisches Grundstück mit einem Flächeninhalt von 665 m^2 soll eingezäunt werden. Die Garageneinfahrt ist 4,50 m breit, das Gartentor 1,30 m.
Berechne, wie viele Meter Gartenzaun aufgestellt werden müssen.

202 Ein Zimmer mit einer quadratischen Grundfläche ($u = 17$ m) soll mit Teppichboden ausgelegt werden.
Ein Quadratmeter kostet 15,40 €, für einen Meter Randleiste fallen 8,90 € an.
Die Zimmertür ist 1,30 m breit.
Berechne die Gesamtkosten.

Merke

Rechteck

Umfang: $u = a + b + a + b$

$u = 2 \cdot a + 2 \cdot b$

$u = 2 \cdot (a + b)$

Flächeninhalt: $A = a \cdot b$

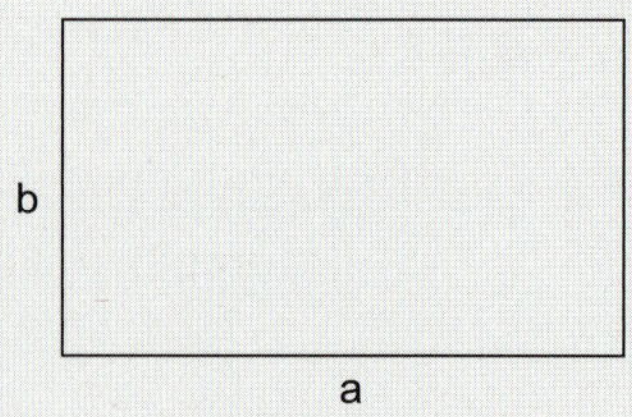

Beispiele

1. Ein Rechteck hat die Seiten $a = 4{,}5$ cm und $b = 7$ cm.
   Berechne den Flächeninhalt und den Umfang des Rechtecks.
   Lösung:
   $A = 4{,}5\text{ cm} \cdot 7\text{ cm}$
   $A = 31{,}5\text{ cm}^2$
   $u = 2 \cdot (4{,}5\text{ cm} + 7\text{ cm})$
   $u = 2 \cdot 11{,}5\text{ cm}$
   $u = 23\text{ cm}$

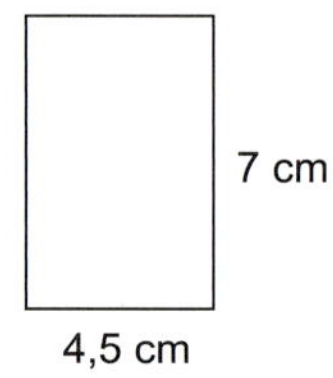

2. Ein Rechteck hat einen Umfang von 48 cm. Die Seite a ist 15 cm lang.
   Berechne die Länge der Seite b.
   Lösung:
   $u = 2 \cdot a + 2 \cdot b$
   $48\text{ cm} = 2 \cdot 15\text{ cm} + 2 \cdot b$
   $48\text{ cm} = 30\text{ cm} + 2 \cdot b \quad | - 30\text{ cm}$
   $18\text{ cm} = 2 \cdot b \quad | : 2$
   $9\text{ cm} = b$

   Stelle die Formel für den Umfang auf und setze $u = 48$ cm und $a = 15$ cm ein.
   Löse die Gleichung dann nach b auf.

Aufgaben

203 Berechne für die Rechtecke die fehlenden Werte.
Runde, falls erforderlich auf zwei Dezimalstellen.

	Seite a	Seite b	Umfang u	Flächeninhalt A
a)	4,5 dm	3,0 dm		
b)		16 cm		64 cm^2
c)		5,09 m	23,56 m	
d)	23 m			35,9 m^2

204 Auf einem Firmengelände mit rechteckiger Grundfläche soll Rasen ausgerollt werden.

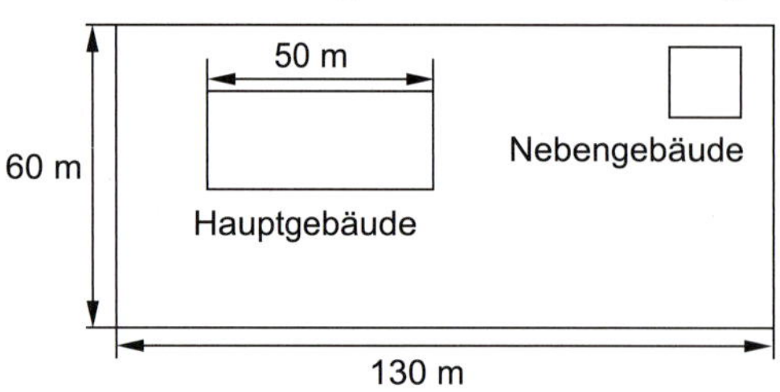

Skizze nicht maßstabsgetreu

Wie viele Quadratmeter Rasen werden benötigt, wenn man das Hauptgebäude (rechteckige Grundfläche mit $u = 160$ m) und das Nebengebäude (quadratische Grundfläche mit $a = 30$ m) berücksichtigt?

Merke

Parallelogramm

Winkel: $\alpha = \gamma$
$\beta = \delta$

Umfang: $u = a + b + a + b$
$u = 2 \cdot a + 2 \cdot b$

Flächeninhalt: $A = g \cdot h$

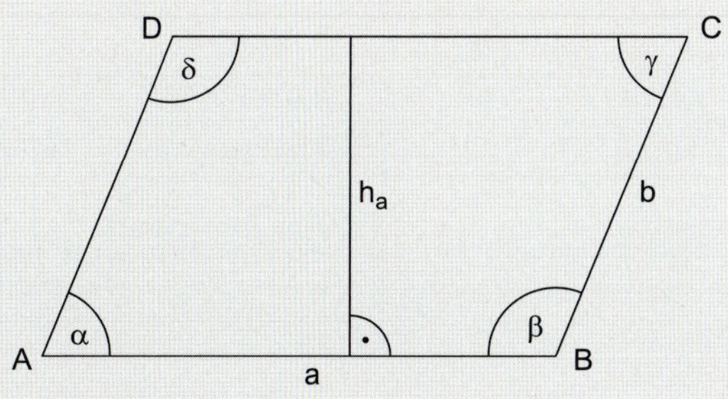

Beispiele

1. Gegeben ist ein Parallelogramm mit den Maßen $a = 5{,}5$ cm und $h_a = 3$ cm. Berechne seinen Flächeninhalt.
   Lösung:
   $A = 5{,}5\ \text{cm} \cdot 3\ \text{cm}$
   $A = 16{,}5\ \text{cm}^2$

2. Welche Höhe h hat eine Parallelogramm mit dem Flächeninhalt $A = 116{,}85\ \text{cm}^2$ und der Grundseite $g = 12{,}3$ cm?
   Lösung:
   $$A = g \cdot h$$
   $$116{,}85\ \text{cm}^2 = 12{,}3\ \text{cm} \cdot h \quad |:12{,}3\ \text{cm}$$
   $$h = 9{,}5\ \text{cm}$$
   Stelle die Formel für den Flächeninhalt auf und setze die gegebenen Werte ein. Löse die Gleichung dann nach h auf.

Aufgaben

205 Berechne die fehlenden Werte für ein Parallelogramm.
Runde, falls erforderlich, auf zwei Dezimalstellen.

	Grundseite g	Höhe h	Flächeninhalt A
a)	4,5 cm		246,4 cm²
b)		66 dm	46,2 m²
c)	45 cm	150 mm	
d)	3,7 m	0,8 m	

206 Berechne den Flächeninhalt der folgenden Figuren.
Tipp: Bestimme fehlende Werte mit dem Satz des Pythagoras.

a) 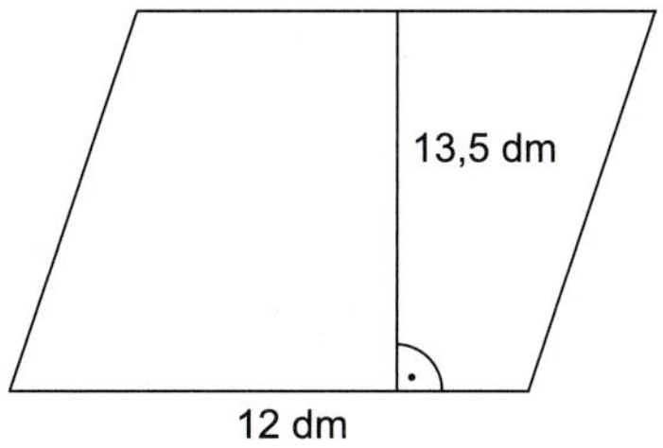

b) 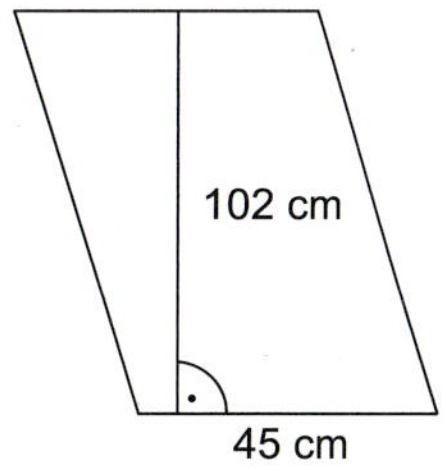

c) 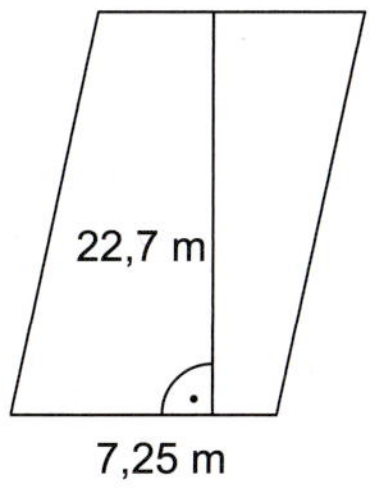

d) 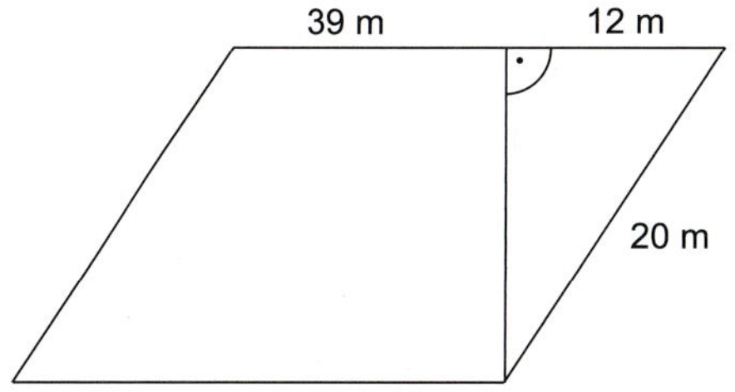

Merke

Trapez⊕

a parallel c

Umfang: $u = a + b + c + d$

Flächeninhalt: $A = \frac{a + c}{2} \cdot h$

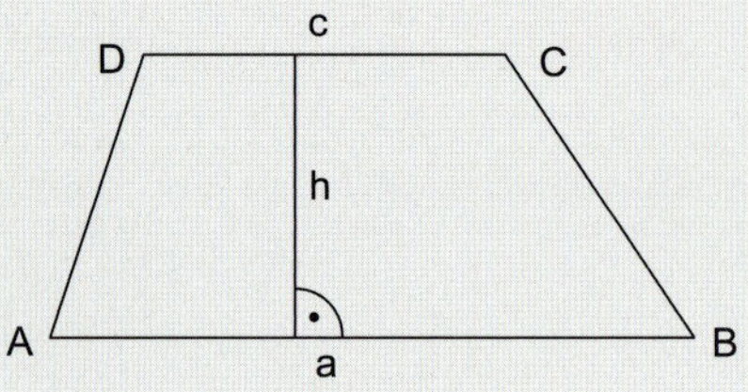

Beispiele

1. Berechne den Flächeninhalt eines Trapezes mit folgenden Maßen:
   a = 5 cm; c = 9 cm; h = 4 cm

   Lösung:

   $A = \frac{5\text{ cm} + 9\text{ cm}}{2} \cdot 4\text{ cm}$

   $A = \frac{14\text{ cm}}{2} \cdot 4\text{ cm}$

   $A = 7\text{ cm} \cdot 4\text{ cm}$

   $A = 28\text{ cm}^2$

2. Ein Trapez mit den Grundlinien a = 8 cm und c = 6 cm hat einen Flächeninhalt von 49 cm². Bestimme die Höhe des Trapezes.

   Lösung:

   Stelle die Formel für den Flächeninhalt auf und setze die gegebenen Werte ein. Löse die Gleichung dann nach h auf.

   $A = \frac{a + c}{2} \cdot h$

   $49\text{ cm}^2 = \frac{8\text{ cm} + 6\text{ cm}}{2} \cdot h$

   $49\text{ cm}^2 = \frac{14\text{ cm}}{2} \cdot h$

   $49\text{ cm}^2 = 7\text{ cm} \cdot h \quad |: 7\text{ cm}$

   $7\text{ cm} = h$

Aufgaben

⊕207 Berechne die fehlenden Werte der Trapeze.
Runde, falls erforderlich, auf zwei Dezimalstellen.

	Seite a	Seite c	Höhe h	Flächeninhalt A
a)	10 dm		11 dm	330 dm²
b)	5,4 cm	9,9 cm		55,46 cm²
c)	88,4 cm	45,6 cm		9,10 dm²
d)	45,6 m	168,4 m	93,2 m	

⊕208 Berechne jeweils den Flächeninhalt der Trapeze (Kästchenlänge = 3 cm).

a)

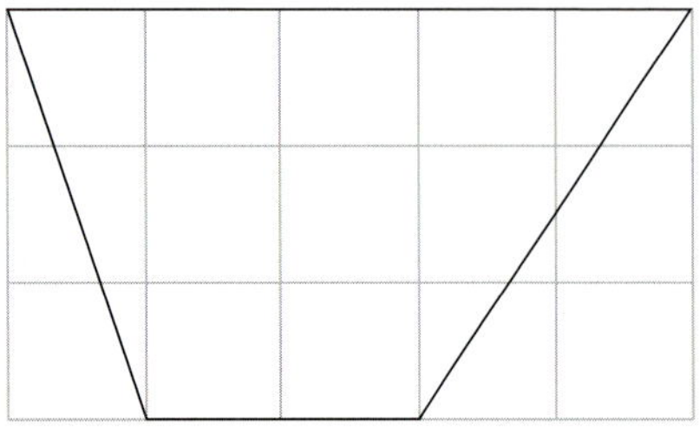

b)

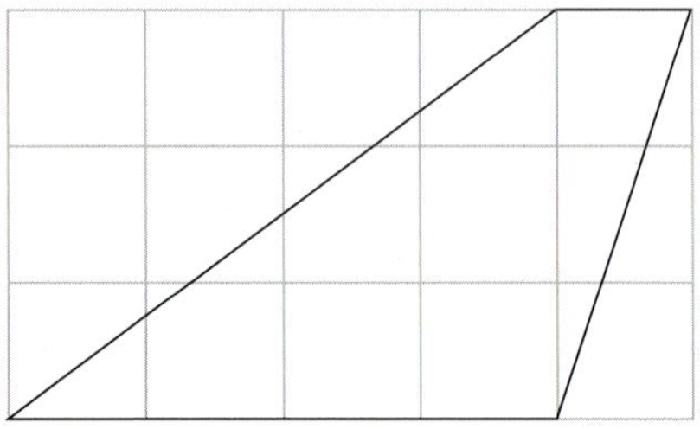

⊕209 Berechne jeweils den Flächeninhalt und den Umfang der gleichschenkligen Trapeze. Fehlende Werte kannst du mit dem Satz des Pythagoras berechnen.
Runde alle Ergebnisse, auch Zwischenergebnisse, auf eine Dezimalstelle.

a)

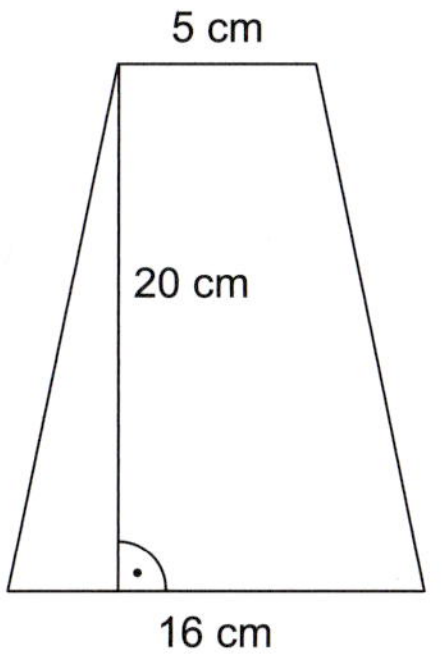

b)

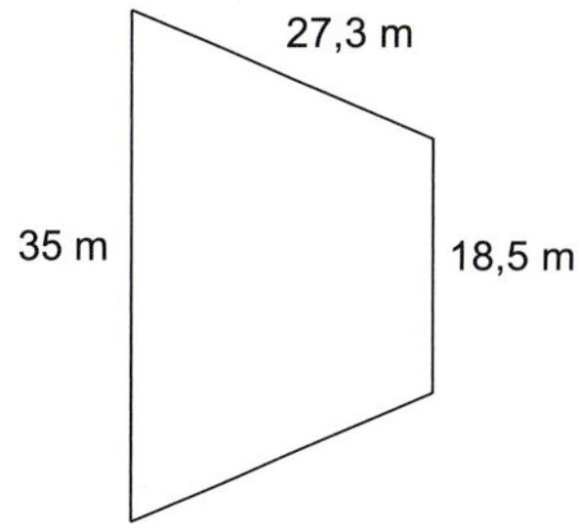

⊕210 Ein Landwirt überlegt, die Weide mit den abgebildeten Maßen zu kaufen:

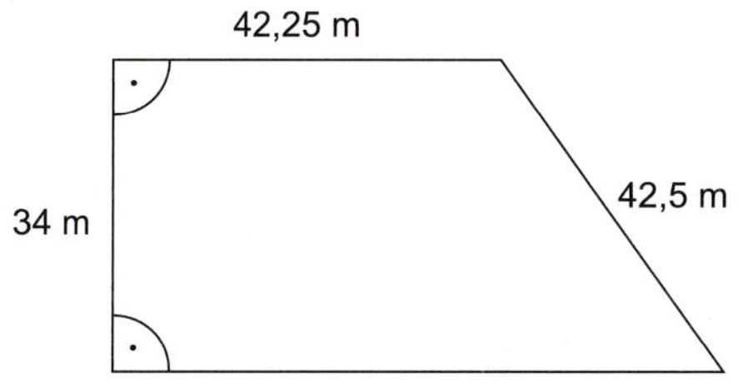

a) Bestimme die Größe der Weidefläche. Trage dazu in der Skizze oben ein, wie du bei der Berechnung vorgehst.
b) Bestimme den Umfang der Weidefläche.
c) Wie viel Geld muss der Landwirt insgesamt für den Kauf einplanen, wenn ein Quadratmeter Weidefläche 25 € und ein Meter Zaun 35 € kosten?

211 Kreuze die zutreffenden Eigenschaften an.

	nur 2 Seiten parallel	2 Paare paralleler Seiten	nur je 2 gleich lange Seiten	4 gleich lange Seiten	achsensymmetrisch
Quadrat					
Rechteck					
Parallelogramm					
symmetrisches Trapez					
Raute 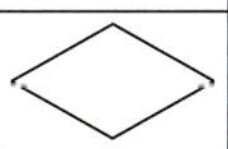					
Drachenviereck 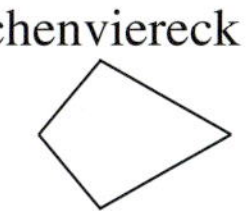					

212 Kreuze die zutreffenden Aussagen an. Begründe jeweils kurz.

- ☐ Jedes Quadrat ist auch ein Rechteck.
- ☐ Ein Parallelogramm ist ein spezielles Rechteck.
- ☐ Ein Quadrat ist ein spezielles Parallelogramm.
- ☐ Jedes Parallelogramm ist auch ein Trapez.
- ☐ Jedes Quadrat ist auch eine Raute.

Interaktive Aufgaben

1. Rechteck
2. Parallelogramm
3 Trapez

Kreis

Merke

Kreis
Durchmesser: $d = 2 \cdot r$
Umfang: $u = 2 \cdot \pi \cdot r$
$u = \pi \cdot d$
Flächeninhalt: $A = \pi \cdot r \cdot r$
$A = \pi \cdot r^2$

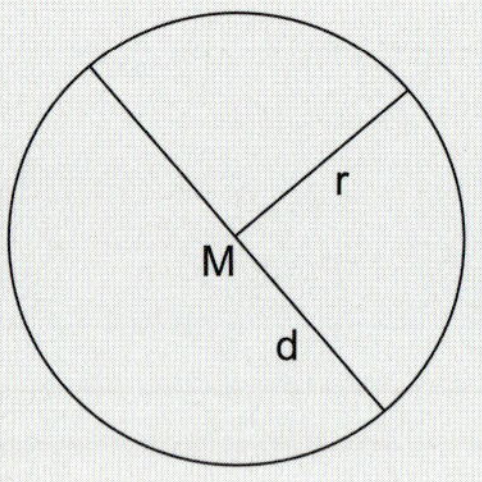

TIPP

Im Folgenden wird immer mit **$\pi = 3{,}14$** gerechnet. Falls du mit dem Wert aus dem Taschenrechner rechnest, erhältst du abweichende Ergebnisse.

Beispiel

Berechne den Flächeninhalt und den Umfang eines Kreises mit dem Radius $r = 6{,}7$ cm.
Lösung:

$A = \pi \cdot (6{,}7\ \text{cm})^2$
$A = 3{,}14 \cdot 44{,}89\ \text{cm}^2$
$A = 140{,}9546\ \text{cm}^2 \approx 141\ \text{cm}^2$

$u = 2 \cdot \pi \cdot 6{,}7\ \text{cm}$
$u = 2 \cdot 3{,}14 \cdot 6{,}7\ \text{cm}$
$u = 42{,}076\ \text{cm} \approx 42{,}1\ \text{cm}^2$

Aufgaben

213 Berechne die fehlenden Werte für einen Kreis und runde auf zwei Dezimalstellen.

	Radius r	Durchmesser d	Umfang u	Flächeninhalt A
a)	3,9 m			
b)		4 cm		
c)				195 cm²
d)			5,65 m	

214 Berechne den Flächeninhalt und den Umfang der grauen Flächen.
Runde auf zwei Dezimalstellen.

a)

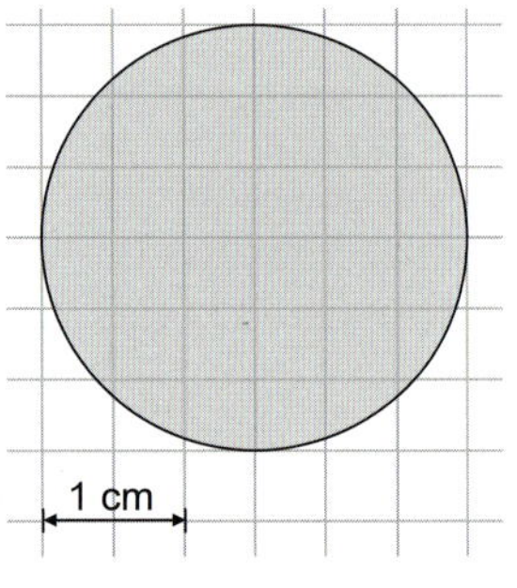

b)

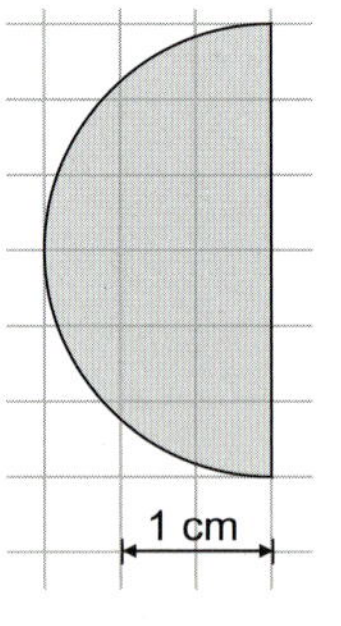

c)

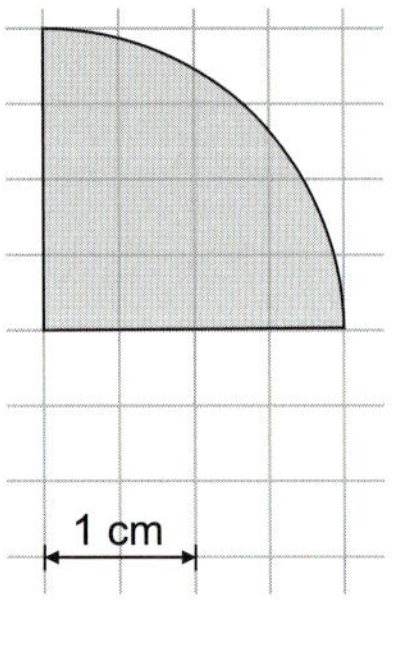

d)

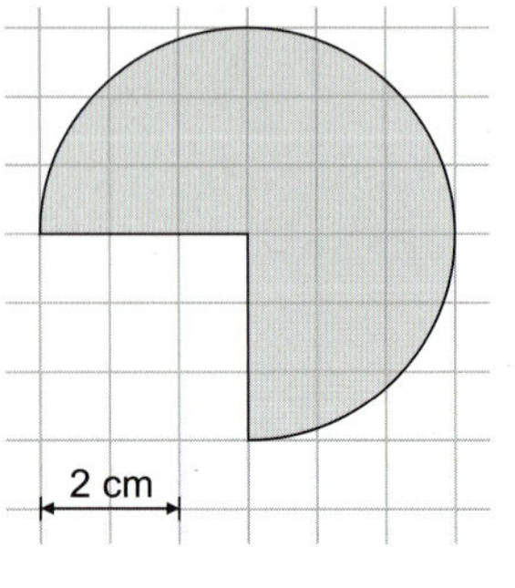

215 Der Stundenzeiger einer Kirchturmuhr ist 3,5 m lang, der Minutenzeiger 4 m.
Berechne den Weg, den die Spitzen der beiden Zeiger jeweils in 24 Stunden zurücklegen.

216 Herr Müller braucht neue Winterreifen für sein Auto.

a) Berechne den Umfang eines Reifens (r = 32 cm). Runde auf ganze Meter.

b) Nach 35 000 km sind die Reifen abgefahren.
Wie viele Umdrehungen hat ein Reifen bis dahin gemacht?

217 Eine Ziege ist mit einem 6,50 m langen Strick an einem Pflock festgebunden.

a) Berechne die Fläche, die die Ziege abgrasen kann.

b) Überlege, ob die Ziege die doppelte Fläche abgrasen kann, wenn der Strick auf 13 m verlängert wird.

218 Katrin will für ihren Tisch eine Tischdecke nähen, die jeweils 20 cm herabhängen soll. Sie wird die Tischdecke aus einem quadratischen Stück Stoff schneiden.

a) Berechne die Menge an Stoff, die sie mindestens kaufen muss.

b) Gib den Verschnitt in Prozent an.

b) Katrin will die Tischdecke mit einer Borte versehen.
Ein laufender Meter der ausgewählten Borte kostet 6,25 €.
Berechne den Preis für die Borte.

219 Die Pizzeria Bella Italia hat folgende Mittagsangebote.

Pizzeria Bella Italia – Mittagsangebot

	klein Ø 20 cm	mittel Ø 30 cm	groß Ø 35 cm
Pizza Funghi	4,40 €	5,10 €	6,20 €
Pizza Hawaii	6,20 €	6,90 €	7,40 €
Pizza Margherita	4,70 €	5,30 €	5,50 €
Pizza Napoli	4,30 €	6,30 €	6,60 €

a) Sarah hat Geburtstag und kauft für ihre Party zwei große Pizzas Hawaii, eine mittlere Pizza Margherita, ein kleine Pizza Napoli und eine mittlere Pizza Funghi.
Berechne den Gesamtpreis.

b) Murat bezahlt die Pizzas für sich und seine Freunde. Auf seiner Rechnung steht ein Gesamtpreis von 12,16 €. Er sagt zum Kellner: „Da muss ein Rechenfehler vorliegen."
Hat Murat recht? Begründe.

c) Kevin isst eine große und eine kleine Pizza. Jürgen isst zwei mittlere Pizzas.
Berechne, wer mehr Pizza gegessen hat.

d) Gib an, um wie viel Prozent die Fläche der mittleren Pizza größer ist als die der kleinen Pizza.

e) Der Pizzabäcker möchte eine quadratische Pizza backen, die denselben Flächeninhalt haben soll wie die mittlere Pizza.
Berechne die Seitenlänge der quadratischen Pizza.

Interaktive Aufgaben

1. Torwand
2. Kamerawagen

Berechnungen an zusammengesetzten Flächen

Merke

Flächeninhalt und Umfang zusammengesetzter Figuren

- Den **Flächeninhalt** einer zusammengesetzten Figur berechnet man, indem man die Figur zuerst in **bekannte Teilflächen aufteilt**. Berechne den Flächeninhalt der Teilflächen einzeln und **addiere** dann die Ergebnisse.
- Für die Berechnung des **Umfangs** einer zusammengesetzten Fläche werden nur die Längen der **äußeren Seitenlängen** dieser Flächen addiert.

Beispiel

a) Berechne den Flächeninhalt der zusammengesetzten Figur.

b) Berechne den Umfang der zusammengesetzten Figur.

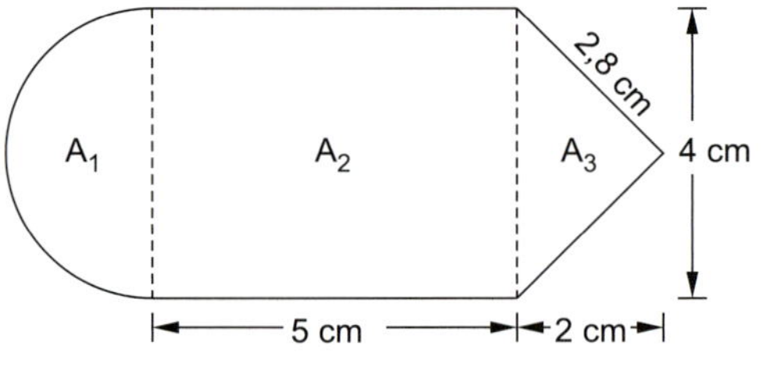

Lösung:

a) $A_1 = \frac{1}{2} \cdot \pi \cdot r^2$

$A_1 = \frac{1}{2} \cdot 3{,}14 \cdot (2\text{ cm})^2$

$A_1 = 6{,}28\text{ cm}^2$

$A_2 = a \cdot b$

$A_2 = 5\text{ cm} \cdot 4\text{ cm}$

$A_2 = 20\text{ cm}^2$

$A_3 = \frac{g \cdot h}{2}$

$A_3 = \frac{4\text{ cm} \cdot 2\text{ cm}}{2}$

$A_3 = 4\text{ cm}^2$

$A_{gesamt} = A_1 + A_2 + A_3$

$A_{gesamt} = 6{,}28\text{ cm}^2 + 20\text{ cm}^2 + 4\text{ cm}^2$

$A_{gesamt} = 30{,}28\text{ cm}^2$

Die Figur wird in einen Halbkreis (A_1), ein Rechteck (A_2) und ein Dreieck (A_3) zerlegt.

b) $u = \text{Halbkreisbogen} + 5\text{ cm} + 2{,}8\text{ cm} + 2{,}8\text{ cm} + 5\text{ cm}$

$u = \frac{1}{2} \cdot \pi \cdot d + 10\text{ cm} + 5{,}6\text{ cm}$

$u = \frac{1}{2} \cdot 3{,}14 \cdot 4\text{ cm} + 10\text{ cm} + 5{,}6\text{ cm}$

$u = 6{,}28\text{ cm} + 10\text{ cm} + 5{,}6\text{ cm}$

$u = 21{,}88\text{ cm}$

Aufgaben

220 Bestimme den Flächeninhalt der Figuren (alle Maße in cm).

a)

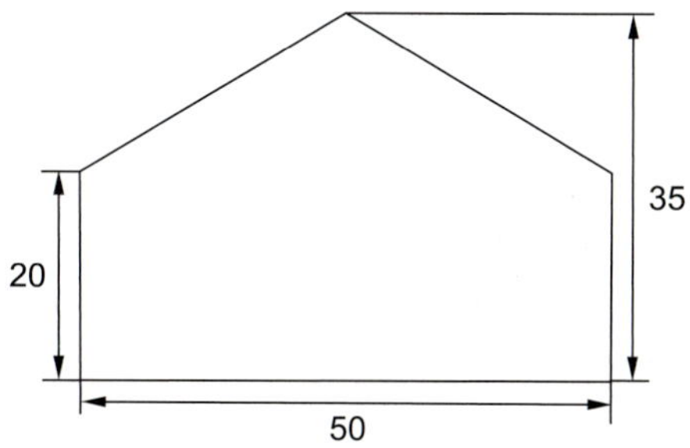

b)

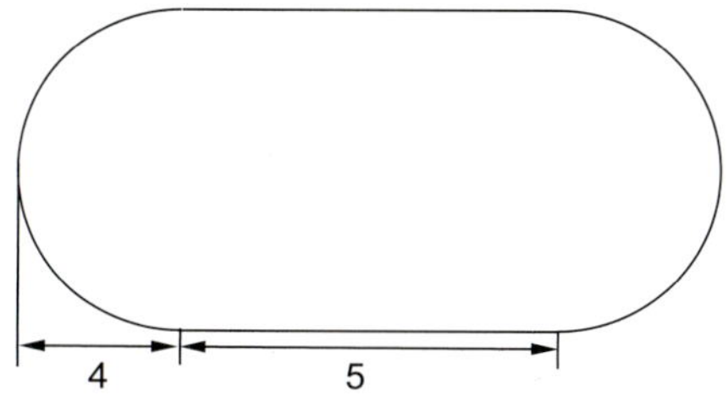

c)

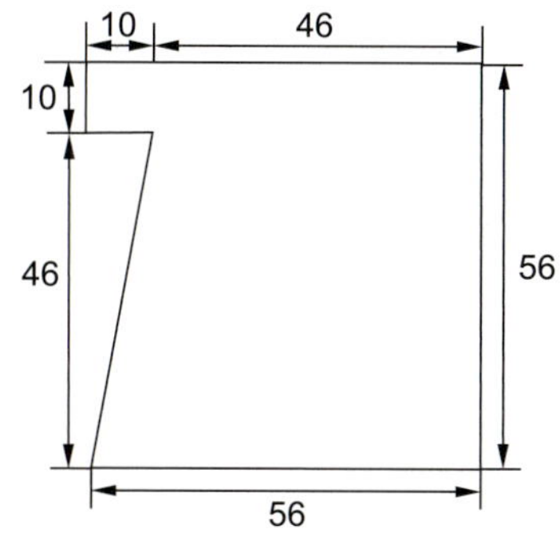

d)

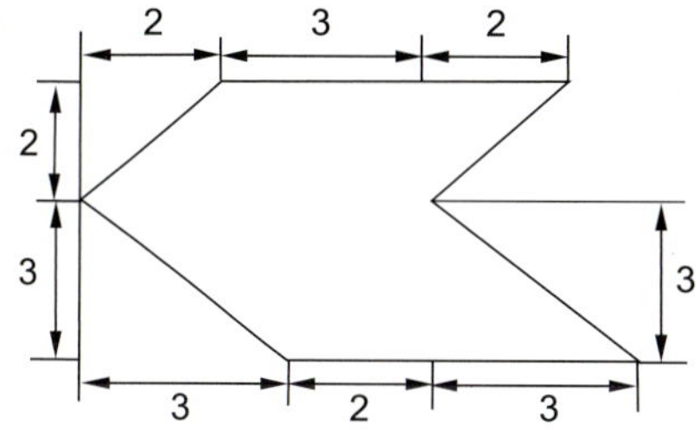

221 Welches Zimmer ist größer? Begründe rechnerisch.

a)

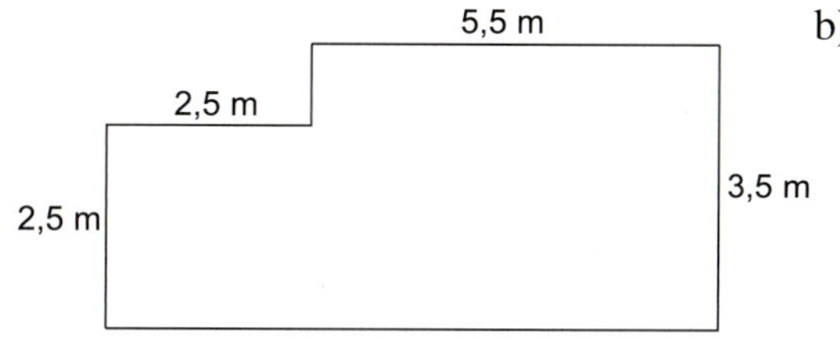

b)

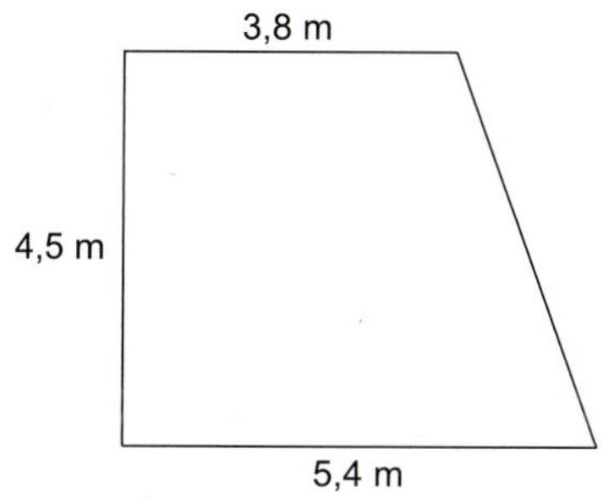

222 Zeichne folgende Punkte in ein Koordinatensystem ein und verbinde sie.
Berechne dann jeweils den Flächeninhalt und den Umfang der entstandenen Figuren.

a) A(3 | 0,5); B(5 | 3); C(5 | 5); D(4 | 6); E(2 | 6); F(1 | 5); G(1 | 3)

b) A(0 | 3,5); B(2,5 | 2,5); C(4 | 0); D(6 | 0); E(7,5 | 2,5); F(6 | 5); G(7,5 | 7); H(4 | 7); I(2,5 | 5)

223 Die Geschwister Emil und Felix spielen in der Wohnung Ball. Dabei geht der Kristallspiegel (siehe Skizze) zu Bruch.

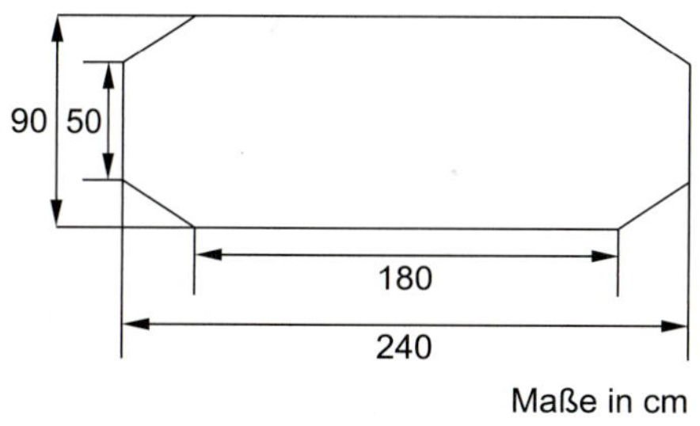

a) Der Glaser rechnet den Quadratmeter Kristallglas zu 298,00 € und seine Arbeit von $3\frac{1}{2}$ Stunden zu je 42,00 € pro Stunde. Berechne die Kosten für einen neuen Spiegel.

b) Wie teuer kommt der neue Spiegel, wenn noch 19 % Mehrwertsteuer berücksichtigt werden müssen?

224 Berechne zuerst die weiße und dann die graue Fläche.
Hinweis: Die Figur ist achsensymmetrisch.

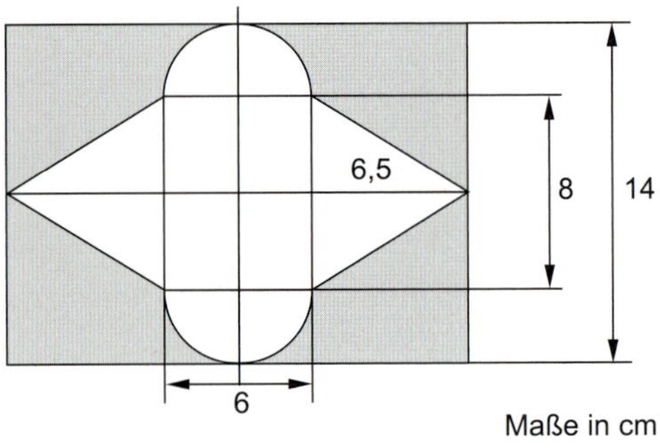

225 Der Stadtpark einer Stadt hat die Form eines rechtwinkligen Dreiecks mit den Seitenlängen 285 m, 380 m und 475 m.

a) Um den Stadtpark führt ein Weg.
Berechne die Gesamtlänge dieses Weges.

b) Berechne den Flächeninhalt des Stadtparks

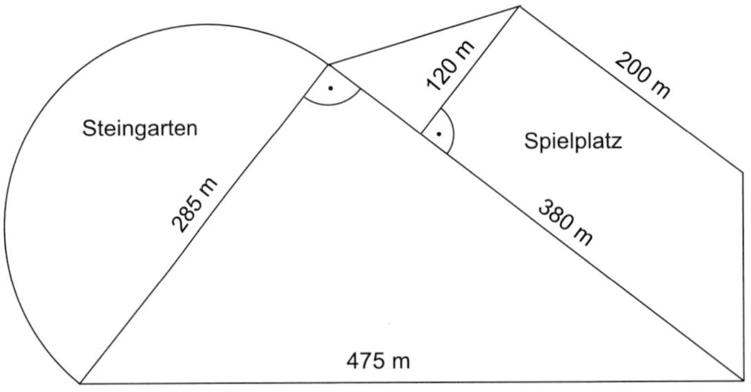

Der Stadtpark wird erweitert, wie in der Abbildung angegeben.

c) Berechne den Flächeninhalt des Spielplatzes.⊕

d) Berechne den Flächeninhalt des Steingartens.

e) Um wie viel Prozent nimmt die Fläche des Stadtparks durch die Erweiterung zu?⊕

226 Der Freizeitraum einer Schule hat nebenstehende Form. Die SMV hat beschlossen, im gesamten Raum Laminat zu verlegen.

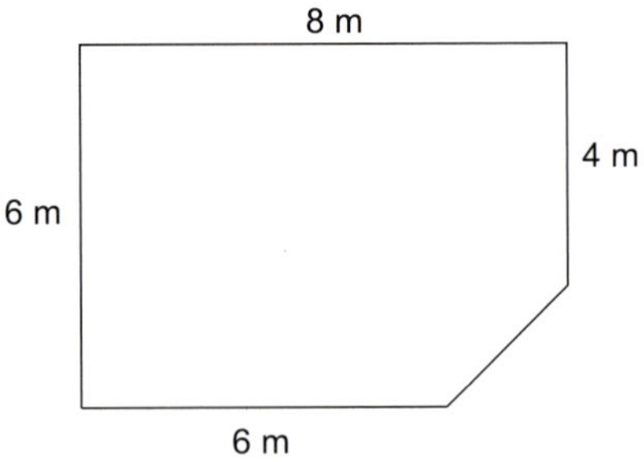

a) Zeichne den Grundriss des Freizeitraums im Maßstab 1 : 100.

b) Wie viele Quadratmeter Laminat müssen gekauft werden?

c) Berechne, wie viele Meter Fußleisten nötig sind.

d) Die Gesamtkonferenz hat Geld für einen Kicker (1,2 m × 1 m), einen Billardtisch (1 m × 2 m) und einen „Air-Hockey“-Tisch (1,5 m × 2 m) zugesagt.
Zeichne die drei Geräte maßstabsgetreu und sinnvoll in deinen Grundriss ein.

e) Damit der Laminatboden nicht gleich zerkratzt wird, sollen die drei Geräte auf Teppichstücken stehen.
Berechne die nötige Menge an Teppich.

227 Familie Bauer möchte im Erdgeschoss ihres Hauses den Boden erneuern.
Im Wohnzimmer soll für 30 € pro m^2 ein neuer Parkettboden verlegt werden.
Im WC, im Flur und in der Küche werden für 20 € pro m^2 Fliesen gelegt.
Im Arbeitszimmer soll Kork für 10 € pro m^2 verlegt werden.
Berechne die ungefähren Kosten für das gesamte Material.

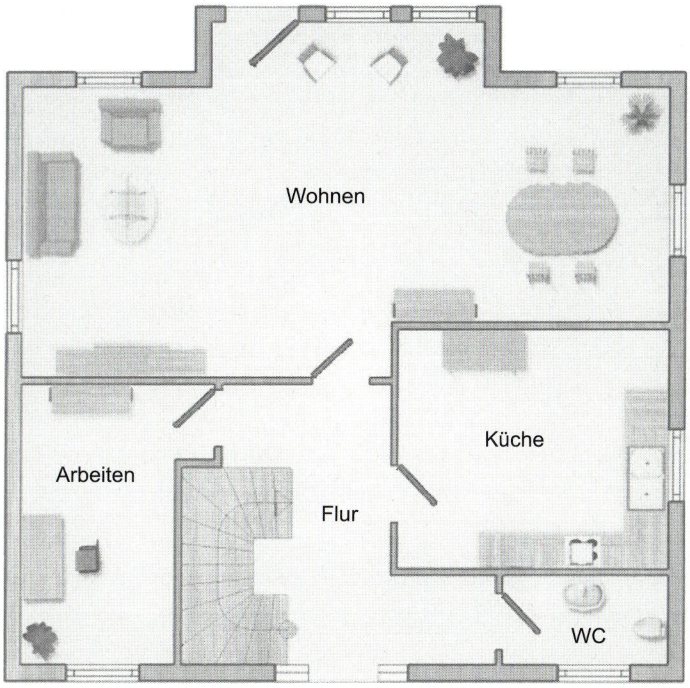

Maßstab 1 : 100

⊕228 Berechne die Fläche des Sparkassenschildes.
Achte auf einen nachvollziehbaren Lösungsweg.
Tipp: Schätze zuerst die Länge und die Höhe des Schildes. Ein Vergleich mit den beiden Männern hilft dir.

Interaktive Aufgaben

1. Zusammengesetzte Fläche
2. Zaun

7 Volumen- und Oberflächenberechnung

Würfel und Quader

Merke

Würfel

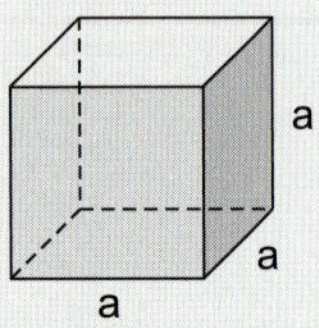

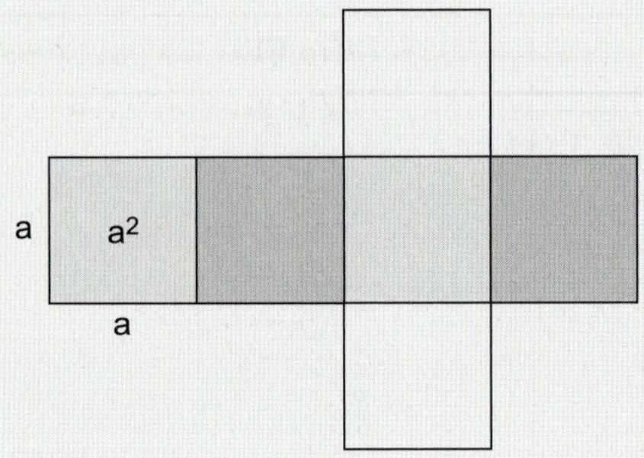

Volumen: $V = a \cdot a \cdot a$

$V = a^3$

Oberfläche: $O = 6 \cdot a \cdot a$

$O = 6 \cdot a^2$

Beispiele

1. Berechne das Volumen und die Oberfläche eines Würfels mit der Kantenlänge 7 cm.
   Lösung:
   $V = 7\text{ cm} \cdot 7\text{ cm} \cdot 7\text{ cm}$ $\quad$ $O = 6 \cdot 7\text{ cm} \cdot 7\text{ cm}$
   $V = 343\text{ cm}^3$ $\quad$ $O = 294\text{ cm}^2$

2. Ein Würfel hat eine Oberfläche von 150 cm^2.
   Wie lang ist eine Kante des Würfels?
   Lösung:
   $$O = 6 \cdot a^2$$
   $$150\text{ cm}^2 = 6 \cdot a^2 \quad |:6$$
   $$25\text{ cm}^2 = a^2 \quad |\sqrt{\ }$$
   $$a = 5\text{ cm}$$

Merke

Quader

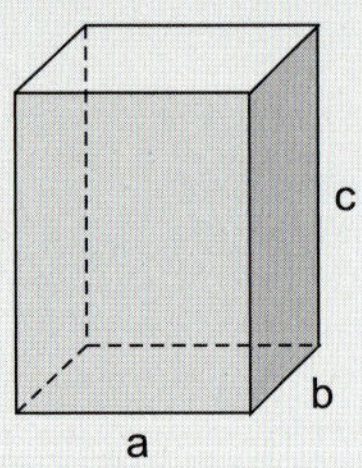

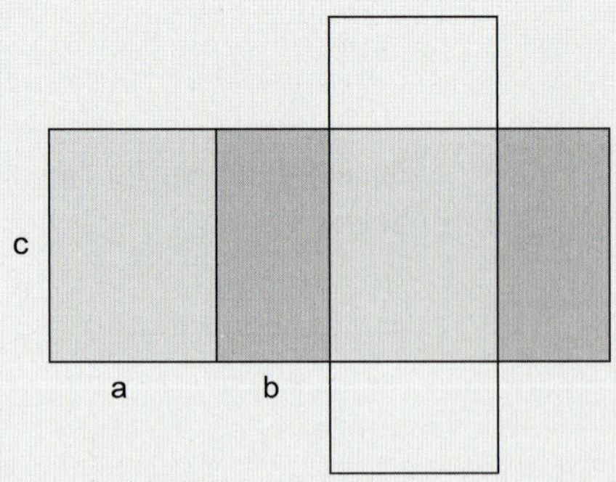

Volumen: $V = \mathbf{G} \cdot h_k$

$V = \mathbf{a \cdot b} \cdot c$

Oberfläche: $O = 2 \cdot a \cdot b + 2 \cdot a \cdot c + 2 \cdot b \cdot c$

$O = 2 \cdot (a \cdot b + a \cdot c + b \cdot c)$

Beispiele

1. Berechne das Volumen und die Oberfläche eines Quaders mit folgenden Maßen:
   a = 12 cm; b = 8 cm; c = 10 cm
   Lösung:
   $V = 12\text{ cm} \cdot 8\text{ cm} \cdot 10\text{ cm}$
   $V = 960\text{ cm}^3$

   $O = 2 \cdot 12\text{ cm} \cdot 8\text{ cm} + 2 \cdot 12\text{ cm} \cdot 10\text{ cm} + 2 \cdot 8\text{ cm} \cdot 10\text{ cm}$
   $O = 192\text{ cm}^2 + 240\text{ cm}^2 + 160\text{ cm}^2$
   $O = 592\text{ cm}^2$

2. Ein Quader hat ein Volumen von 720 cm^3. Seine Höhe beträgt 9 cm.
   Wie groß ist seine Grundfläche?
   Lösung:
   $V = G \cdot h_k$
   $720\text{ cm}^3 = G \cdot 9\text{ cm} \quad |:9\text{ cm}$
   $80\text{ cm}^2 = G$

Aufgaben

229 Berechne die Oberfläche und das Volumen der Würfel und Quader.

a)
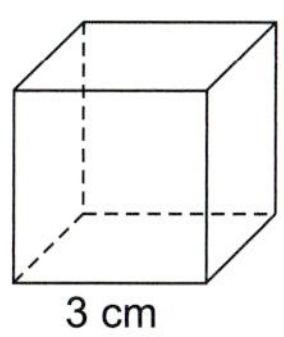

b)
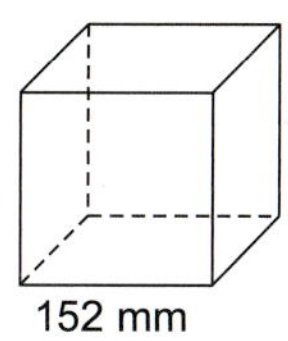

c)
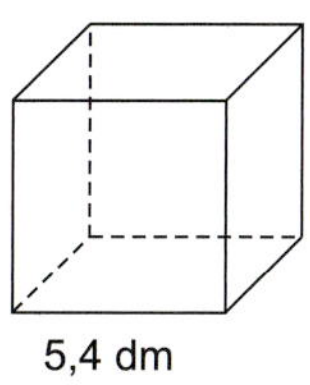

d)
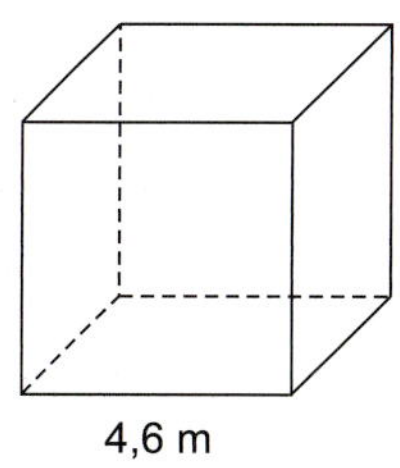

e)
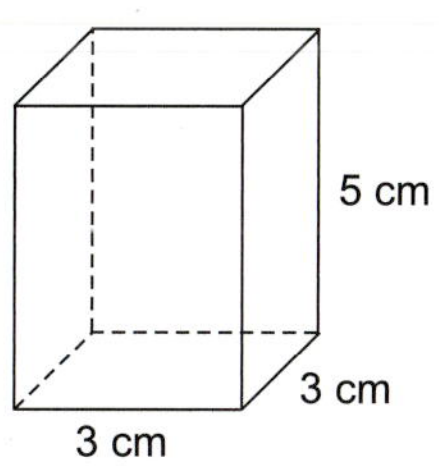

f)
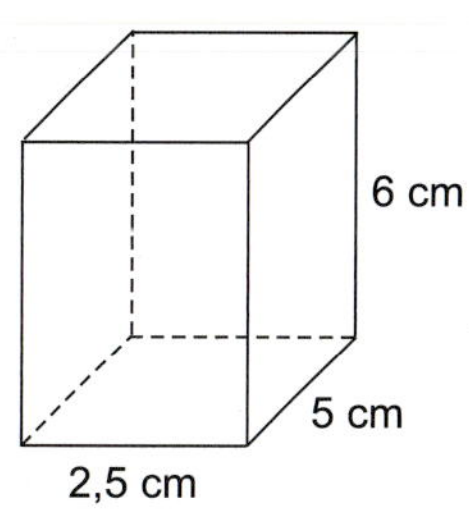

230 Ein Würfel hat eine Oberfläche von 384 cm^2.
Berechne sein Volumen.

231 Berechne die fehlenden Werte der folgenden Quader.
Achte auf die Einheiten. Runde, falls nötig, auf zwei Dezimalstellen.

	Seite a	Seite b	Seite c	Volumen V
a)	3 dm	6 dm	8 dm	
b)		10 cm	8 cm	400 cm^3
c)	16 cm		19 cm	$2\,128\text{ cm}^3$
d)	450 cm	3 dm	2 m	

232 Ein Quader hat eine quadratische Grundfläche von 9 cm² und eine Höhe von 24 cm.
a) Berechne das Volumen des Quaders.
b) Berechne die Oberfläche des Quaders.
c) Ein Würfel hat eine Oberfläche von 294 cm².
Berechne die Größe einer Fläche und dann die Kantenlänge des Würfels.

233 Das quaderförmige Schwimmbecken ist 25 m lang, 12 m breit und 1,80 m tief.

a) Berechne das Volumen des Schwimmbeckens.
b) Wie viele Liter Wasser passen in das Schwimmbecken?
Hinweis: 1 m³ = 1 000 Liter
c) Der Boden des Beckens ist gefliest.
Wie viele m² Fliesen wurden verlegt?
d) Die Wände des Schwimmbeckens wurden mit einer sehr stabilen Folie bedeckt.
Wie viele m² Folien waren dafür mindestens nötig?

234 Berechne das Volumen und die Oberfläche des Quaders sowie die Flächendiagonalen $\overline{AF}$, $\overline{BG}$ und $\overline{EG}$.

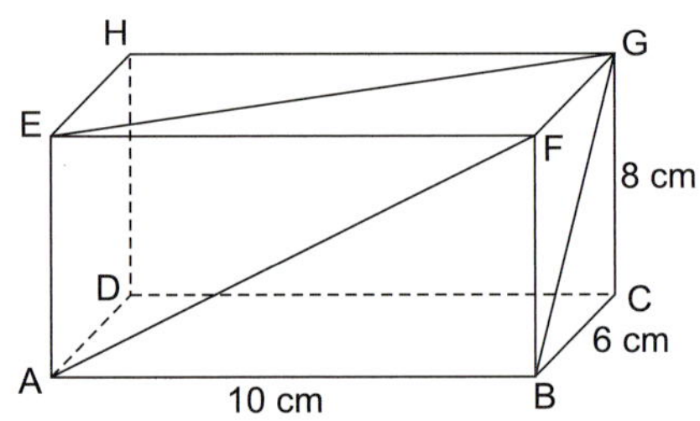

235 Eine Schokoladenfabrik stellt Bonbons in Würfelform mit einer Kantenlänge von 2 cm her. Mehrere dieser Bonbons sollen wiederum in einem großen Würfel verkauft werden. Welche Maße könnte ein solcher Würfel haben und wie viele Bonbons würden dann hineinpassen?
Gib drei mögliche Lösungen an.

236 Berechne jeweils das Volumen der zusammengesetzten Körper (alle Angaben in mm).

a)

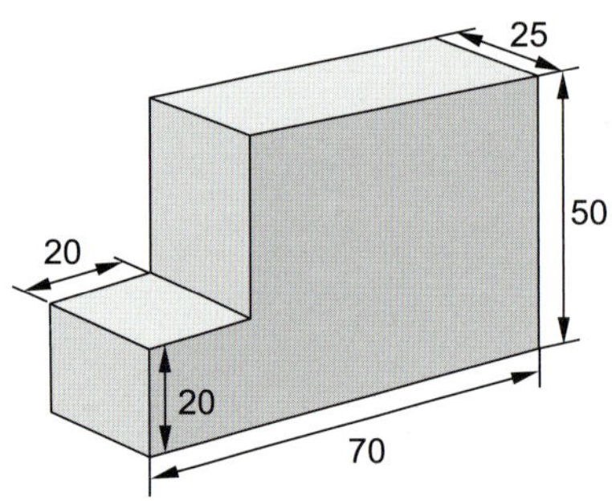

b)

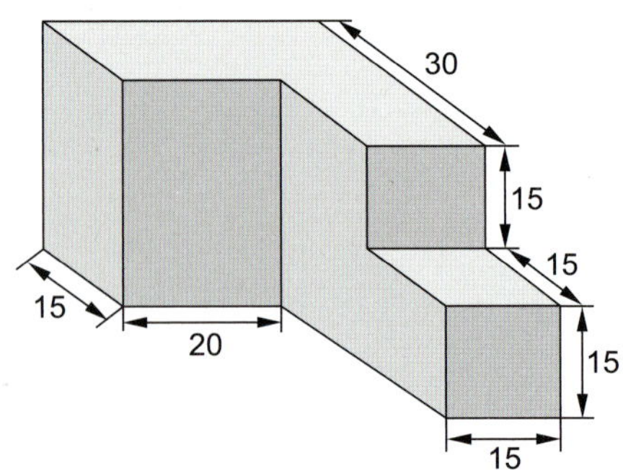

Interaktive Aufgaben

1. Würfel
2. Volumenberechnung am Quader
3. Oberflächenberechnung am Quader
4. Gartenerde
5. Quader erweitern

Prisma

Merke

Prisma

Prismen haben zwei **deckungsgleiche** parallele **Grundflächen G**. Der Abstand zwischen den beiden Flächen ist die **Körperhöhe h_k**.

Das **Volumen** berechnet man, indem man die Grundfläche **G** mit der Körperhöhe h_k multipliziert.

Man setzt dabei für die Grundfläche **G** die Formel der entsprechenden Fläche ein:

- **Dreieck** als Grundfläche: $G = \frac{g \cdot h_g}{2}$
- **Parallelogramm** als Grundfläche: $G = g \cdot h$
- **Trapez** als Grundfläche: $G = \frac{a+c}{2} \cdot h$

Merke

Formeln für Prismen

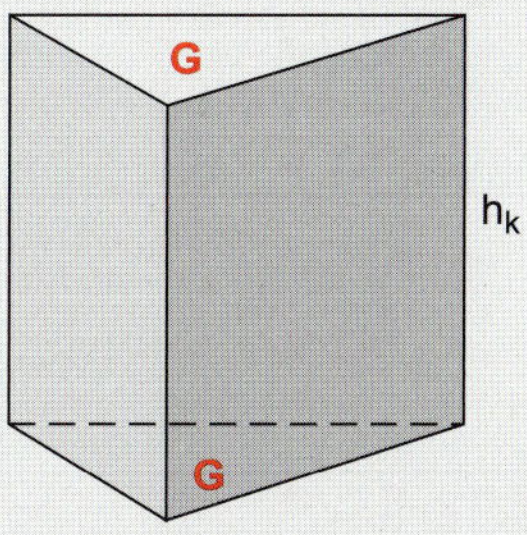

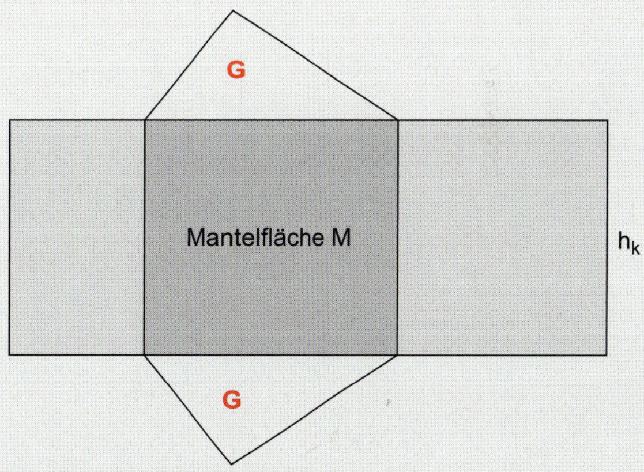

Volumen: $V = G \cdot h_k$

Mantelfläche: $M =$ Summe der Seitenflächen

$M = u_{\text{Grundfläche}} \cdot h_k$

Oberfläche: $O = 2 \cdot G + M$

Die angegebenen Formeln sind für alle geraden Prismen gültig.

Beispiele

1. Berechne das Volumen des Dreiecksprismas.

   Lösung:

   $V = G \cdot h_k$

   $V = \frac{c \cdot h_c}{2} \cdot h_k$

   $V = \frac{6\,\text{cm} \cdot 3\,\text{cm}}{2} \cdot 11\,\text{cm}$

   $V = 99\,\text{cm}^3$

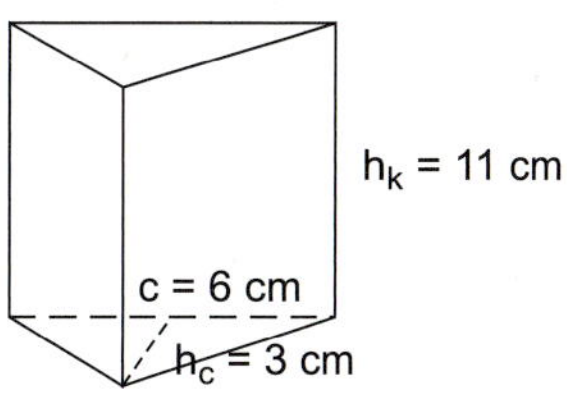

2. Berechne die Oberfläche des Dreiecksprismas aus Beispiel 1.

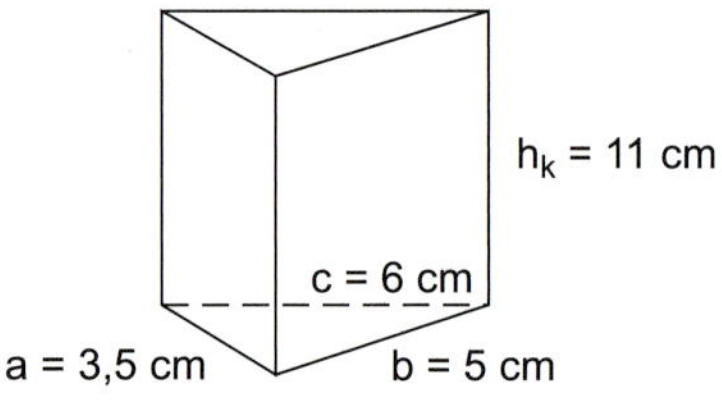

Lösung:

Berechnung der Grundfläche:

$G = \frac{c \cdot h_c}{2}$

$G = \frac{6\text{ cm} \cdot 3\text{ cm}}{2}$

$G = 9\text{ cm}^2$

Berechnung der Mantelfläche:

$M = u_{\text{Grundfläche}} \cdot h_k$

$M = (3{,}5\text{ cm} + 5\text{ cm} + 6\text{ cm}) \cdot 11\text{ cm}$

$M = 14{,}5\text{ cm} \cdot 11\text{ cm}$

$M = 159{,}5\text{ cm}^2$

Berechne den Umfang der Grundfläche und multipliziere ihn mit der Körperhöhe.

Berechnung der Oberfläche:

$O = 2 \cdot 9\text{ cm}^2 + 159{,}5\text{ cm}^2$

$O = 18\text{ cm}^2 + 159{,}5\text{ cm}^2$

$O = 177{,}5\text{ cm}^2$

Die Oberfläche setzt sich aus zweimal der Grundfläche und der Mantelfläche zusammen.

Aufgaben

237 Färbe zunächst jeweils die Grundflächen. Berechne dann das Volumen der Prismen.

a)

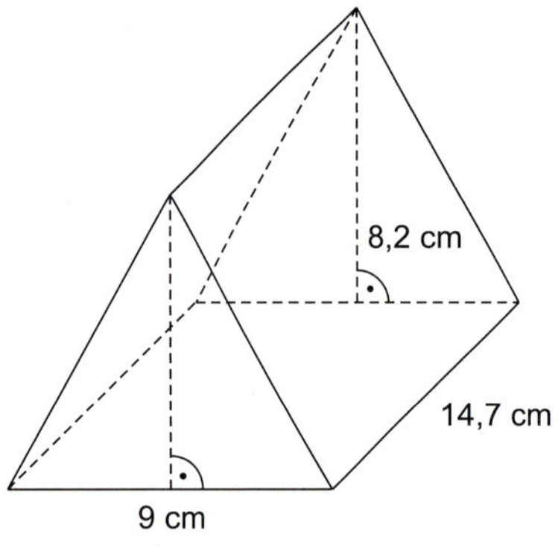

b)

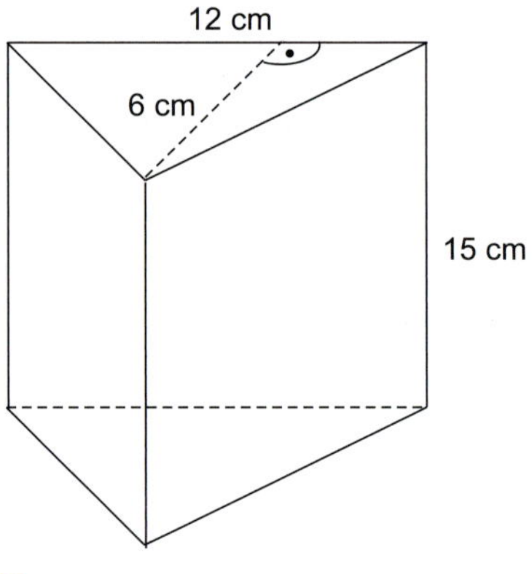

c)

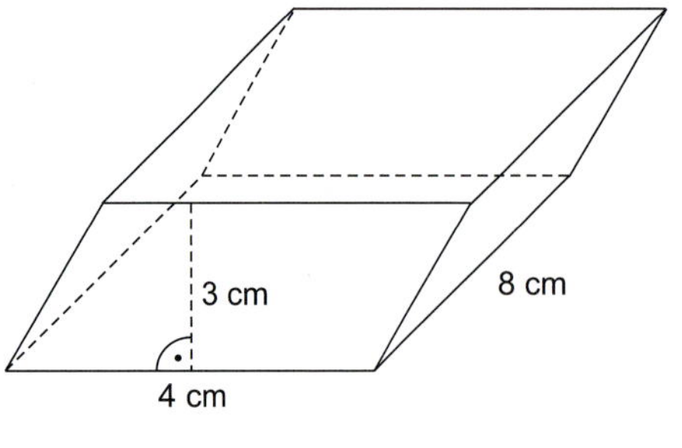

d) ⊕

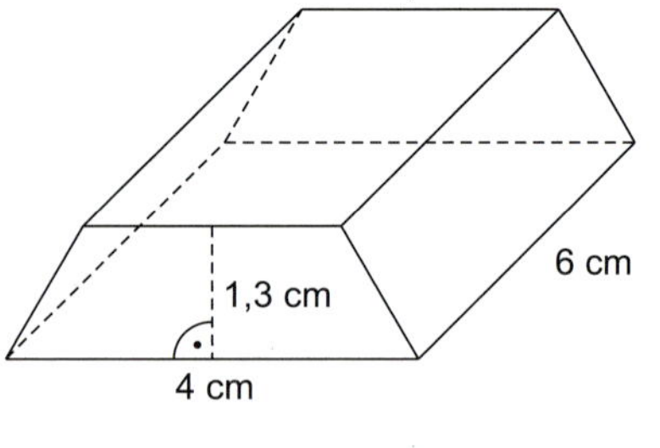

238 Berechne das Volumen und die Oberfläche für Prismen mit folgenden Grundflächen:

a) Dreieck: $a = 2{,}3$ cm; $b = 3{,}3$ cm; $c = 2{,}8$ cm; $h_c = 3$ cm; $h_k = 9$ cm

b) Parallelogramm: $a = c = 10$ cm; $b = d = 4{,}8$ cm; $h = 4$ cm; $h_k = 5{,}4$ cm

c) gleichschenkliges Trapez: $a = 45$ cm; $c = 20$ cm; $b = d = 37{,}2$ cm; $h = 35$ cm; $h_k = 19$ cm ⊕

239 Ein Dreiecksprisma hat eine Grundfläche von 32 cm^2 und ein Volumen von 160 cm^3. Berechne die Körperhöhe des Dreiecksprismas.

⊕240 Das rechteckige Schwimmbecken eines Hallenbades ist 25 m lang und 12,5 m breit. Der Boden des Beckens fällt von der einen Schmalseite zur anderen Schmalseite gleichmäßig von 1,2 m Tiefe auf 3,2 m ab.

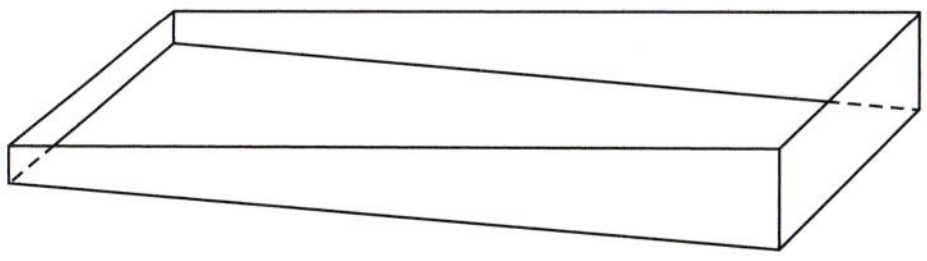

a) Wie viele m^3 Wasser fasst das Becken?

b) Wie viele Liter Wasser müssen in einer Minute abgepumpt werden, wenn das Becken in sechs Stunden leer sein soll?

Interaktive Aufgaben

1. Prisma mit dreieckiger Grundfläche
2. Goldbarren

Zylinder

Merke

Zylinder

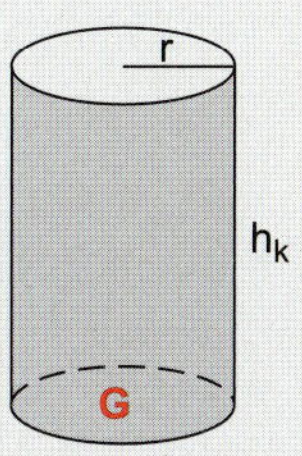

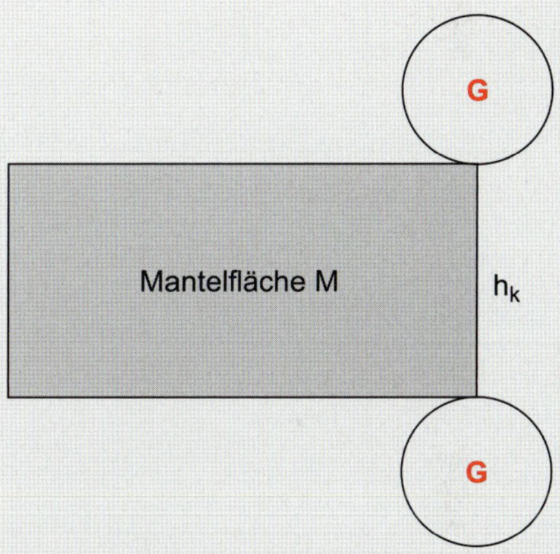

Volumen: $V = G \cdot h_k$

$V = \pi \cdot r^2 \cdot h_k$

Mantelfläche: $M = 2 \cdot \pi \cdot r \cdot h_k$

Oberfläche: $O = 2 \cdot G + M$

$O = 2 \cdot \pi \cdot r^2 + 2 \cdot \pi \cdot r \cdot h_k$

TIPP

Im Folgenden wird immer mit $\pi = 3{,}14$ gerechnet. Falls du mit dem Wert aus dem Taschenrechner rechnest, erhältst du abweichende Ergebnisse.

Beispiele

1. Gegeben ist ein Zylinder mit dem Radius $r = 7$ cm und der Körperhöhe $h_k = 18$ cm. Berechne das Volumen, die Mantelfläche und die Oberfläche des Körpers.

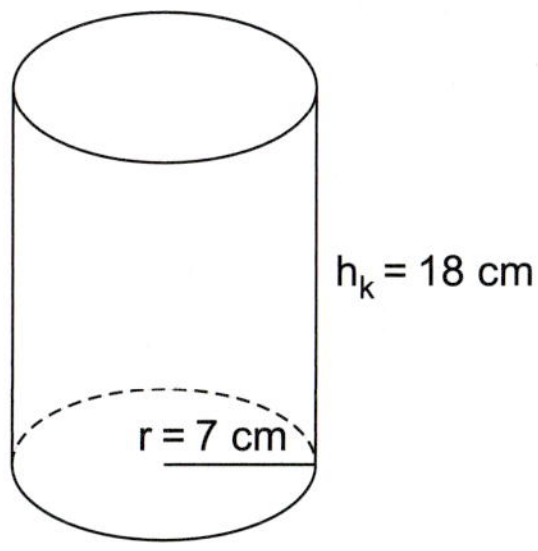

Lösung:

Berechnung Volumen:

$V = G \cdot h_k$

$V = \pi \cdot r^2 \cdot h_k$

$V = 3{,}14 \cdot (7 \text{ cm})^2 \cdot 18 \text{ cm}$

$V = 2\,769{,}48 \text{ cm}^3$

Berechnung Mantelfläche:
$M = 2 \cdot \pi \cdot r \cdot h_k$
$M = 2 \cdot 3{,}14 \cdot 7\ \text{cm} \cdot 18\ \text{cm}$
$M = 791{,}28\ \text{cm}^2$

Berechnung Oberfläche:
$O = 2 \cdot \mathbf{G} \quad + M$
$O = 2 \cdot \boldsymbol{\pi \cdot r^2} \quad + 791{,}28\ \text{cm}^2$
$O = 2 \cdot 3{,}14 \cdot (7\ \text{cm})^2 + 791{,}28\ \text{cm}^2$
$O = 307{,}72\ \text{cm}^2 \quad + 791{,}28\ \text{cm}^2$
$O = 1\,099\ \text{cm}^2$

2. Ein Zylinder hat eine Grundfläche von 78,5 cm² und ein Volumen von 628 cm³. Berechne die Körperhöhe h_k.
Lösung:
$V = G \cdot h_k$
$628\ \text{cm}^3 = 78{,}5\ \text{cm}^2 \cdot h_k \quad |:78{,}5\ \text{cm}^2$
$8\ \text{cm} = h_k$

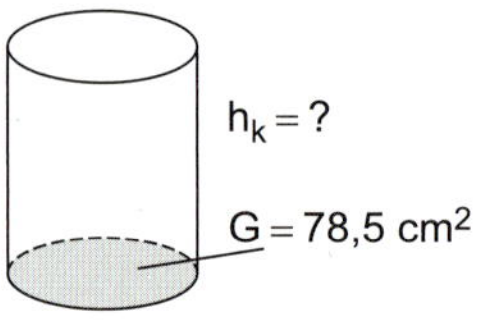

Aufgaben

241

a) Berechne das Volumen der beiden Dosen.
b) Berechne die Mantelfläche der beiden Dosen.
c) Berechne die Oberfläche der beiden Dosen.

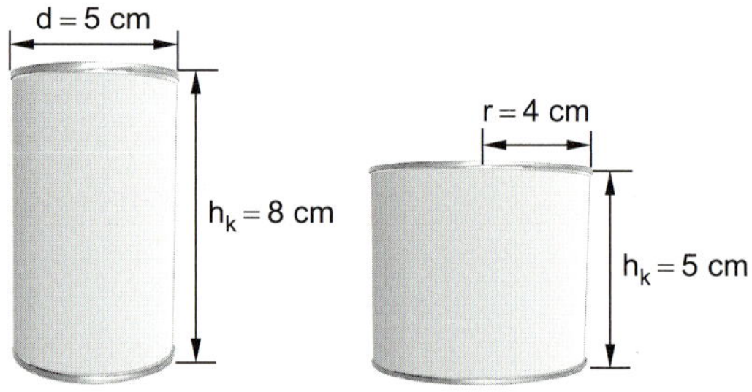

242

Berechne die fehlenden Werte der Zylinder. Runde auf zwei Dezimalstellen.

	Radius r	Grundfläche G	Höhe h_k	Volumen V	Mantelfläche M	Oberfläche O
a)	4,7 cm		12,3 cm			
b)	7,60 m			1 379,10 m³		
c) ⊕		24,6 cm²	42,8 cm			
d) ⊕			102,5 m	1 689,41 m³		

243

Ein Wasserglas hat eine Höhe von 12 cm und einen Radius von 4 cm.
a) Erstelle eine Skizze des Wasserglases.
b) Berechne das Volumen des Glases.
c) Wie hoch steht das Wasser im Glas, wenn 500 *mℓ* eingefüllt werden?
Hinweis: 1 cm³ = 1 *mℓ*
d) Wie viel *mℓ* Wasser passen noch in das Glas, wenn es bereits zu 60 % gefüllt ist?

244

Zu Werbezwecken soll eine Cola-Dose einen Radius von 5 cm und ein Fassungsvermögen von einem Liter haben. Berechne die Höhe der Dose.
Hinweis: 1 Liter = 1 dm³ = 1 000 cm³

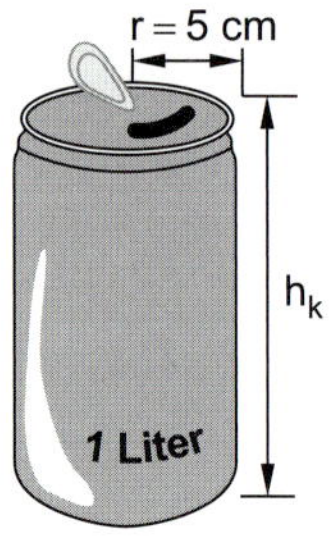

245 Das Volumen eines zylinderförmigen Tanks beträgt 100 000 Liter.
Die Grundfläche beträgt 6,25 m^2.

a) Berechne die Höhe des Tanks.
Hinweis: 1 000 Liter = 1 m^3

b) Bestimme den Radius des Tanks.⊕

246 Die Konservendose hat einen Radius von 5 cm und eine Höhe von 15 cm.

a) Berechne die Mantelfläche und das Volumen der Dose.

b) Elton behauptet, wenn man den Radius verdoppelt, verdoppelt sich auch das Volumen.
Hat Elton recht? Begründe durch eine Rechnung.

c) Martha behauptet, wenn man die Körperhöhe verdoppelt, verdoppelt sich auch das Volumen.
Hat Martha recht? Begründe durch eine Rechnung.

247 Die Firma Lotus hat eine Verpackung entwickelt, in die genau drei Fußbälle passen (siehe Skizze). Ein Fußball hat einen Durchmesser von 30 cm.

a) Ergänze die fehlenden Maße in der Zeichnung.

b) Wie viel Material benötigt man für die Verpackung mindestens?

c) Berechne das Volumen einer solchen Dreierpackung.

248 Auf einer Rolle befinden sich 250 m Kupferdraht. Der Draht hat einen Radius von 0,1 cm.
Berechne die Masse des Drahts, wenn 1 cm^3 9 g wiegt.

249 Berechne das Volumen der zusammengesetzten Körper (Maße in cm).

a)

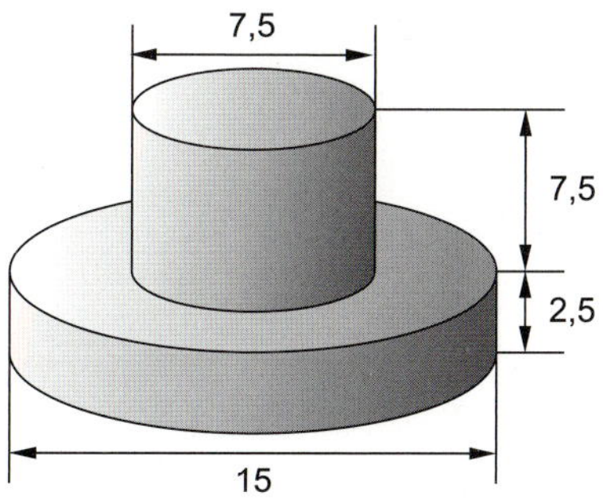

b)

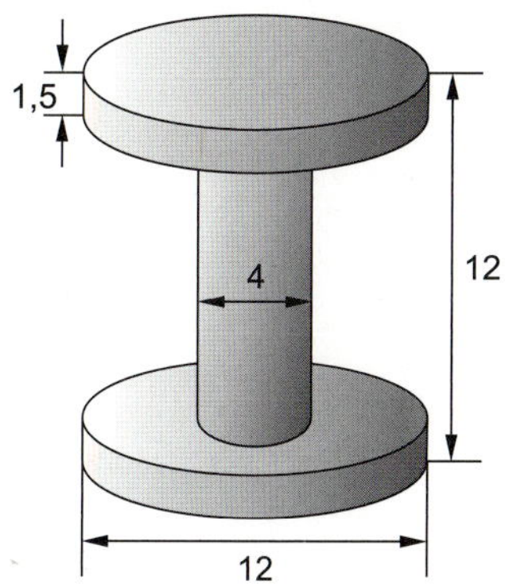

Interaktive Aufgaben

1. Zylinder
2. Kakaodose
3. Farbeimer

Pyramide⊕

Merke

Spitzkörper

Pyramiden und **Kegel** sind **Spitzkörper**. Spitze Körper haben keine Deckfläche, sondern nur eine Grundfläche.

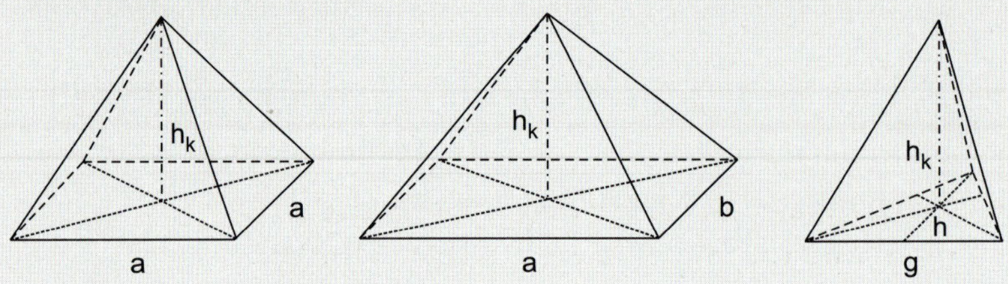

- **Volumen** eines Spitzkörpers: $V = \frac{1}{3} \cdot G \cdot h_k$
- **Oberfläche** eines Spitzkörpers: $O = G + M$

Bei einer **quadratischen Pyramide** ist die Grundfläche ein Quadrat. Der Mantel M besteht aus vier gleichschenkligen Dreiecken mit der Grundseite a und der Höhe h_a.

Merke

Quadratische Pyramide

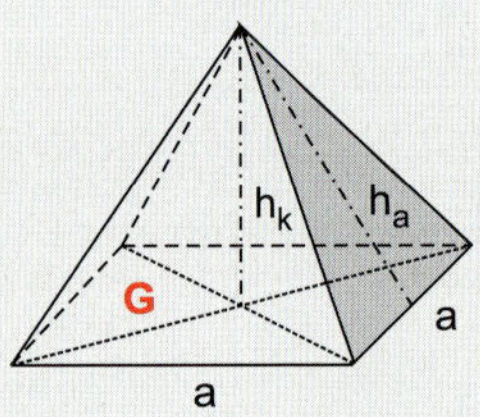

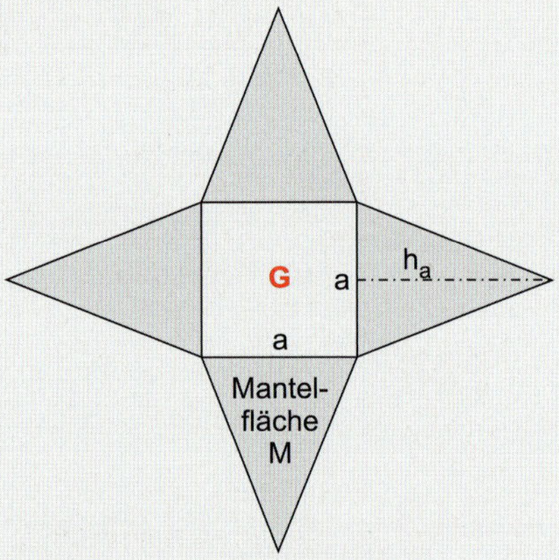

Volumen: $V = \frac{1}{3} \cdot \mathbf{G} \cdot h_k$

$V = \frac{1}{3} \cdot \mathbf{a^2} \cdot h_k$

Mantelfläche: $M = 2 \cdot a \cdot h_a$

Oberfläche: $O = \mathbf{G} + M$

$O = \mathbf{a^2} + 2 \cdot a \cdot h_a$

Beispiel

Berechne das Volumen und die Oberfläche einer quadratischen Pyramide mit der Grundkante a = 3 cm und der Körperhöhe $h_k = 4$ cm. Die Höhe h_a der Seitenflächen beträgt 4,3 cm.

Lösung:

$V = \frac{1}{3} \cdot (3\text{ cm})^2 \cdot 4\text{ cm}$

Setze a = 3 cm und $h_k = 4$ cm in die Volumenformel einer quadratischen Pyramide ein.

$V = \frac{1}{3} \cdot 9\text{ cm}^2 \cdot 4\text{ cm}$

$V = 12\text{ cm}^3$

$O = (3\,\text{cm})^2 + 2 \cdot 3\,\text{cm} \cdot 4{,}3\,\text{cm}$
$O = 9\,\text{cm}^2 + 25{,}8\,\text{cm}^2$
$O = 34{,}8\,\text{cm}^2$

Setze $a = 3$ cm und $h_a = 4{,}3$ cm in die Oberflächenformel einer quadratischen Pyramide ein.

Aufgaben

⊕250 Eine Pyramide ist 12 cm hoch. Eine Seite der quadratischen Grundfläche ist 4 cm lang.
Beschrifte die Skizze und berechne das Volumen der Pyramide.

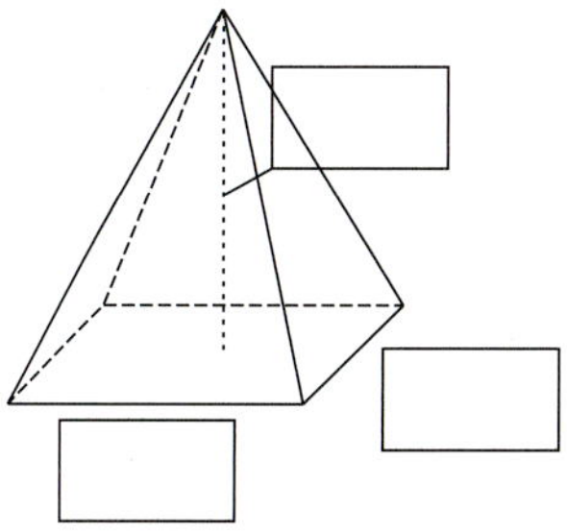

⊕251 Berechne die Oberfläche und das Volumen einer quadratischen Pyramide mit den folgenden Maßen:
$a = 5$ cm; $h_k = 7{,}5$ cm; $h_a = 7{,}9$ cm

⊕252 Berechne die fehlenden Werte für Pyramiden mit quadratischer Grundfläche.
Runde auf eine Dezimalstelle, wenn nötig.

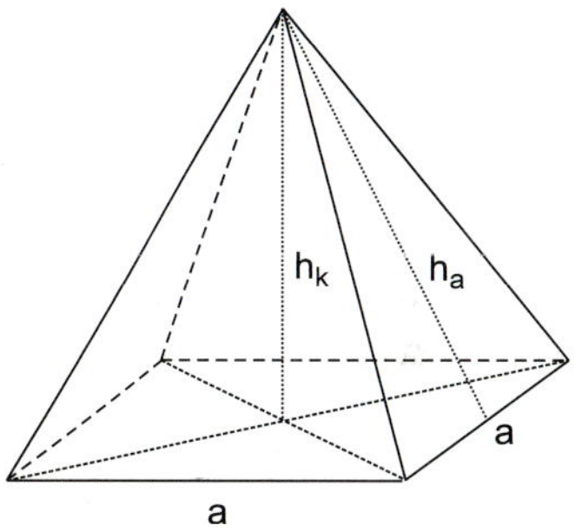

	Kante a	Körperhöhe h_k	Seitenhöhe h_a	Volumen V	Mantelfläche M
a)	10 cm	18 cm	18,7 cm		
b)		6,3 m	6,5 m	18,9 m^3	
c)	5,6 dm	7,2 dm	7,75 dm		
d)	14 cm			517,4 cm^3	296,8 cm^2

⊕253 Die Cheopspyramide von Gizeh hatte bei ihrer Erbauung eine Grundfläche von etwa 56 644 m^2 und ein Volumen von etwa 2 768 003 m^3.
Wie hoch war die Pyramide bei ihrer Erbauung?

⊕254 Berechne das Volumen der rechts abgebildeten Pyramide mit rechteckiger Grundfläche.

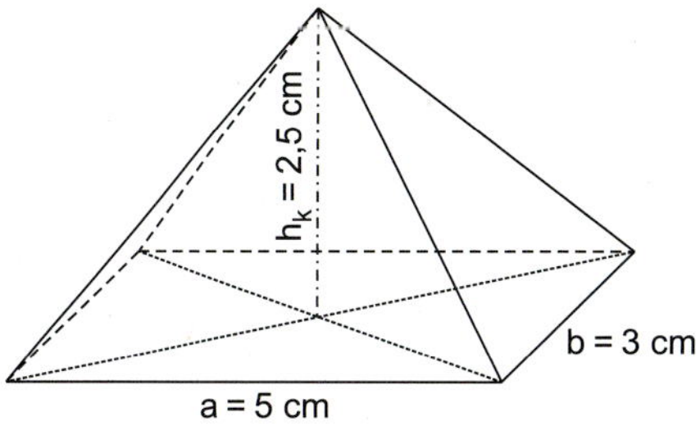

⊕255 Eine Kerze hat die Form einer Pyramide mit einem gleichseitigen Dreieck als Grundfläche.
Wie viel Kubikzentimeter Wachs benötigt man zur Herstellung der Kerze?

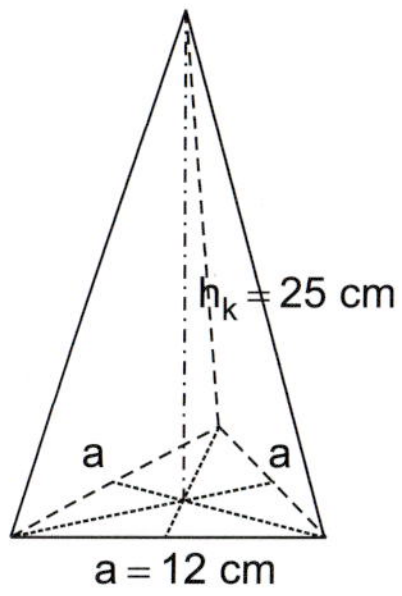

Interaktive Aufgaben

1. Volumen quadratische Pyramide
2. Volumen rechteckige Pyramide
3. Höhe quadratische Pyramide

Berechnungen an zusammengesetzten Körpern

Merke

Zusammengesetzte Körper und Hohlkörper

- Ist ein komplexer Körper aus bekannten Grundkörpern **zusammengesetzt**, entspricht sein Volumen der **Summe** der Volumen der einzelnen Grundkörper.
- Wird ein Körper aus einem anderen ausgeschnitten (**Hohlkörper**), berechnet sich das Volumen als die **Differenz** der Grundkörper.
- Verbindungsflächen zwischen den Teilkörpern zählen **nicht** zur Oberfläche.

Beispiel

Berechne das Volumen und die Oberfläche des abgebildeten Körpers. Zerlege ihn dazu in bekannte Teilkörper (alle Maße in cm).

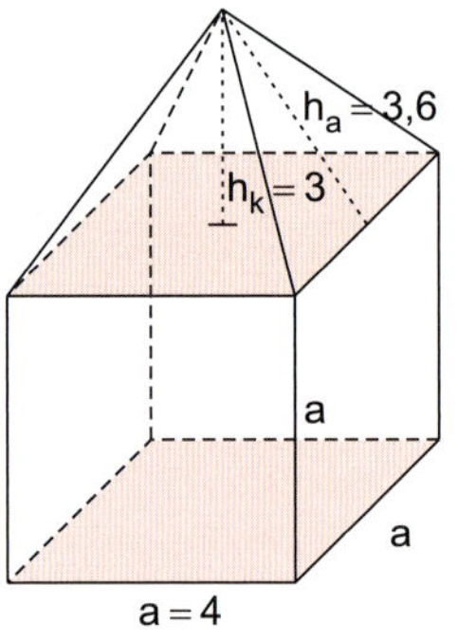

Lösung:

Volumen:

$V = V_{Würfel} + V_{Pyramide}$

$V = a^3 + \frac{1}{3} \cdot a^2 \cdot h_k$

$V = (4\text{ cm})^3 + \frac{1}{3} \cdot (4\text{ cm})^2 \cdot 3\text{ cm}$

$V = 64\text{ cm}^3 + 16\text{ cm}^3$

$V = 80\text{ cm}^3$

Oberfläche:

$O = 5 \cdot a^2 + 4 \cdot \frac{a \cdot h_a}{2}$

$O = 5 \cdot (4\text{ cm})^2 + 4 \cdot \frac{4\text{ cm} \cdot 3,6\text{ cm}}{2}$

$O = 80\text{ cm}^2 + 28,8\text{ cm}^2$

$O = 108,8\text{ cm}^2$

Zur Oberfläche gehören hier die vier Seitendreiecke der Pyramide und fünf Quadrate des Würfels. Die Grundfläche der Pyramide und die obere Fläche des Würfels zählen **nicht** zur Oberfläche des zusammengesetzten Körpers.

Aufgaben

256 Berechne das Volumen der skizzierten Körper.

a)

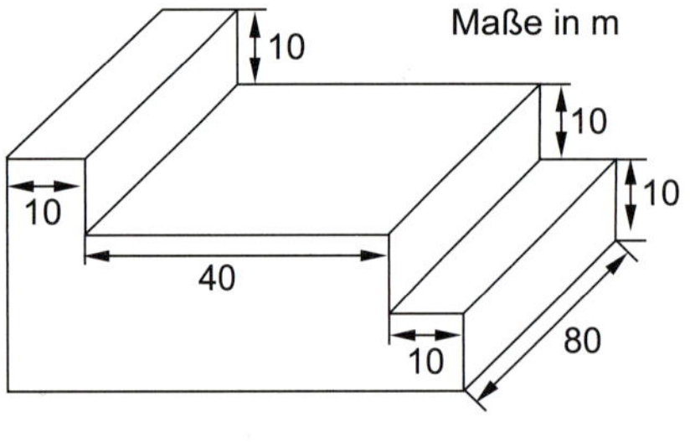

b)

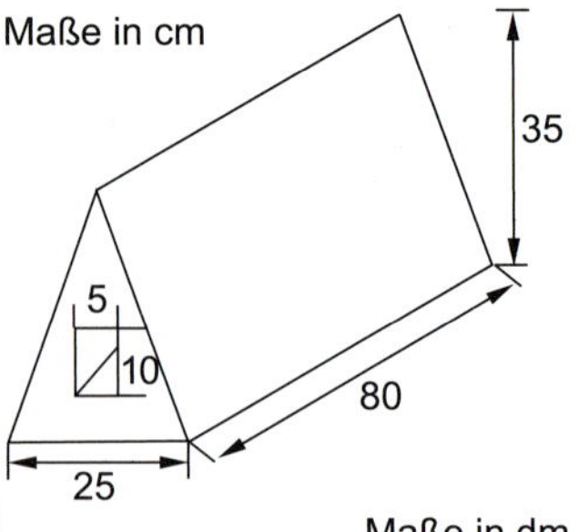

c)

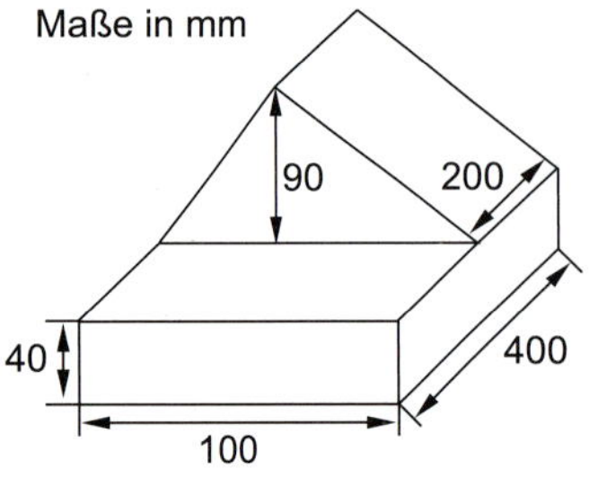

d) ⊕

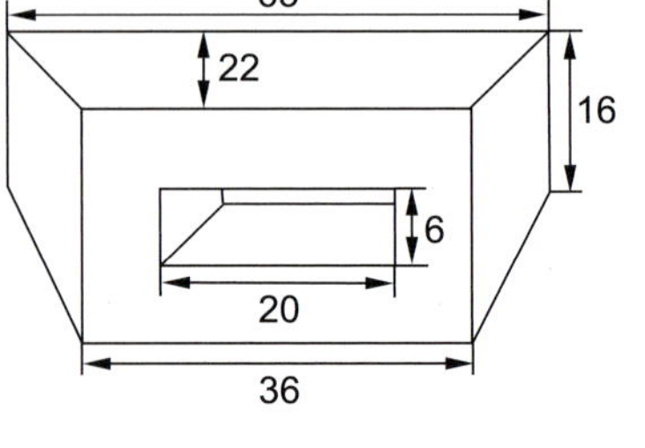

257 Berechne das Volumen der skizzierten Körper (alle Maße in cm).

a)

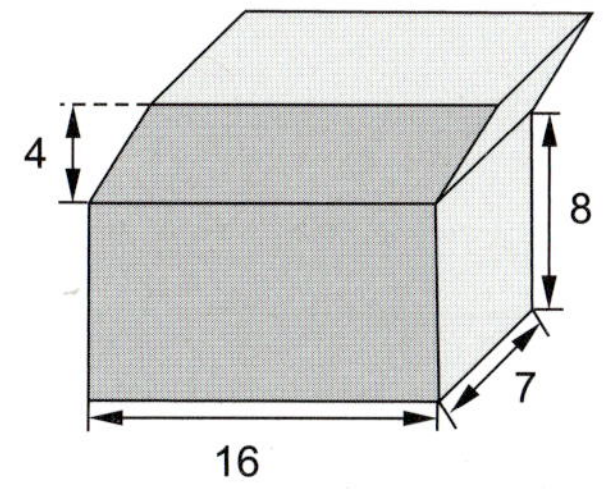

b)

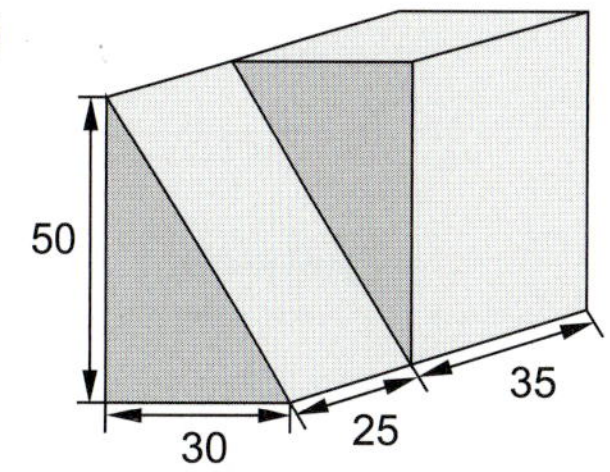

258 Marcel stellt Bauklötze übereinander.

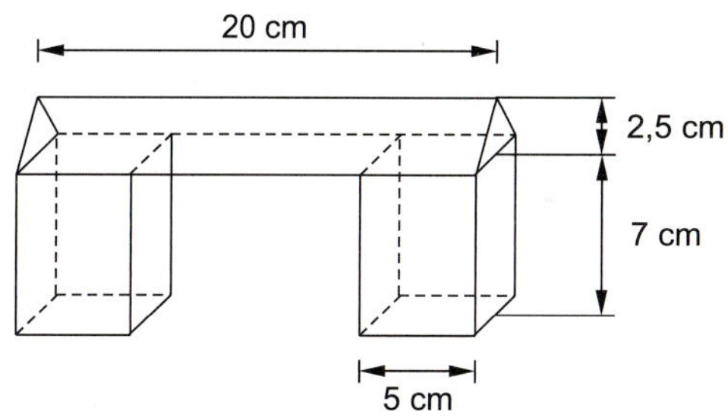

a) Berechne das Gesamtvolumen der beiden gleich großen Quader mit quadratischer Grundfläche.

b) Berechne das Volumen des Dreiecksprismas.

c) Marcel schiebt einen Klotz zwischen die Säulen, der an allen Seiten bündig abschließt. Gib die Maße (Länge, Breite und Höhe) an, die der Klotz haben muss.

259 Ein Aluminiumwürfel mit der Kantenlänge $a = 32$ cm wird durchbohrt (siehe Skizze). Der Durchmesser des Lochs beträgt $d = 18$ cm.

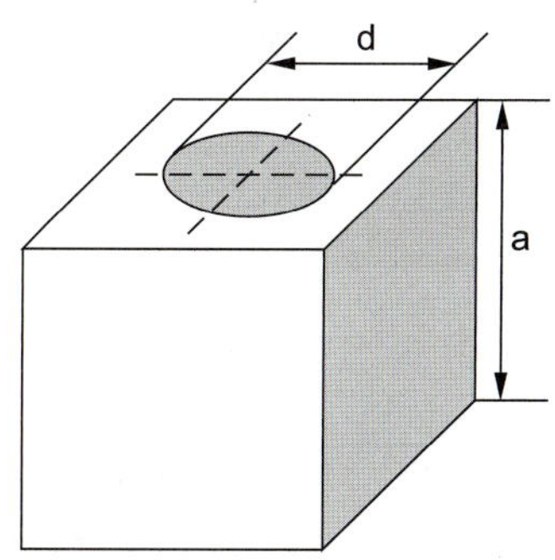

a) Bestimme das Volumen des Hohlkörpers.

b) Wie schwer ist der Aluminiumwürfel nach der Bearbeitung, wenn 1 000 cm^3 des Materials 2,6 kg wiegen?

⊕260 Im Technikunterricht werden Bauklötze aus Holz hergestellt.

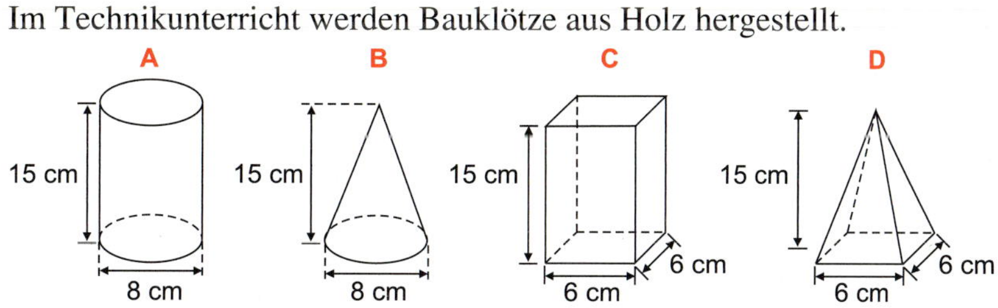

a) Benenne die geometrischen Körper A bis D.

b) Berechne das Volumen der Bauklötze A, C und D.

c) Tamara behauptet: „Das Volumen von Bauklotz D beträgt nur ein Drittel des Volumens von Bauklotz C."
Leon meint: „Das Volumen von Bauklotz A ist dreimal so groß wie das Volumen von Bauklotz B."
Stimmen die Aussagen? Begründe deine Antwort.

Interaktive Aufgaben

1. Zusammengesetzter Körper
2. Dämmung

8 Geometrisches Zeichnen

Winkel

Merke

Scheitelwinkel und Nebenwinkel

Für zwei sich schneidende Geraden gilt:

- Winkel, die sich gegenüberliegen, nennt man **Scheitelwinkel**. Scheitelwinkel sind gleich groß.
- Winkel, die nebeneinanderliegen, nennt man **Nebenwinkel**. Winkel und Nebenwinkel ergeben zusammen 180°.

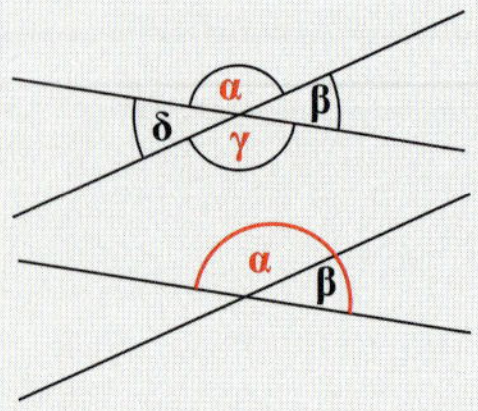

Beispiel

Zeichne zwei Geraden, die sich unter einem Winkel von 41° schneiden. Bestimme die restlichen Winkel an der Geradenkreuzung.

Lösung:

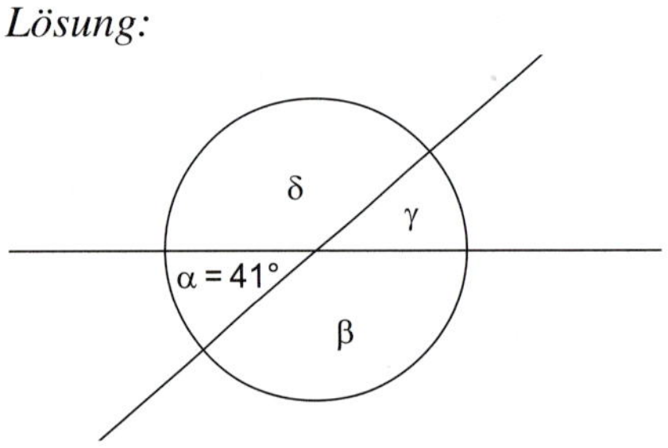

α und β sind Nebenwinkel:

$\alpha + \beta = 180°$

$41° + \beta = 180° \quad | -41°$

$\beta = 139°$

α und γ sind Scheitelwinkel: $\alpha = \gamma = 41°$

β und δ sind Scheitelwinkel: $\beta = \delta = 139°$

Aufgaben

261 Zeichne zwei sich schneidende Geraden. Benenne die entstandenen Winkel mit α, β, γ, δ.

a) Gib die Nebenwinkel von α an.

b) Gib alle Scheitelwinkel an.

262 Zwei Geraden schneiden sich unter einem Winkel von …

a) 30°.
b) 46°.
c) 90°.
d) 55°.

Zeichne jeweils die Geraden und bestimme die anderen Winkel an der Geradenkreuzung.

Merke

Winkelsumme im Dreieck

In jedem Dreieck beträgt die Summe aller Innenwinkel 180°.

Beispiel

Berechne in einem Dreieck mit $\alpha = 42°$ und $\beta = 108°$ den Winkel γ.

Lösung:

$42° + 108° + \gamma = 180° \qquad \alpha + \beta + \gamma = 180°$

$150° + \gamma = 180° \quad | -150°$

$\gamma = 30°$

Aufgabe 263

Berechne die fehlenden Winkel.

a)

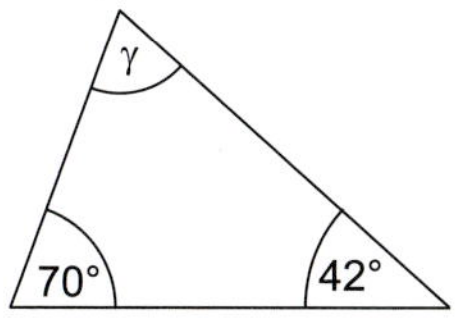

b)

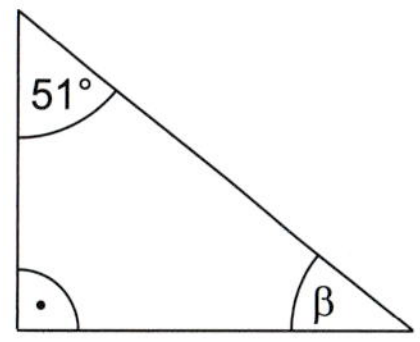

c)

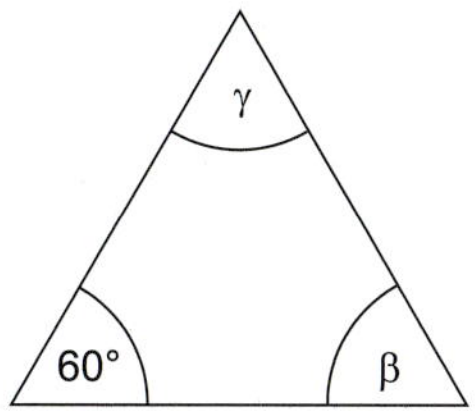

gleichseitig

d)

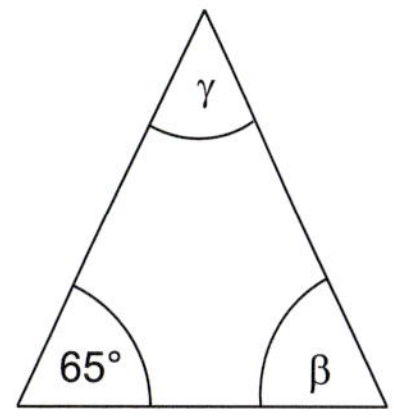

gleichschenklig

Merke

> **Winkelsumme im Viereck**
> In jedem Viereck beträgt die Summe aller Innenwinkel 360°.

Beispiel

Berechne γ.

Lösung:

$$\alpha + \beta + \gamma + \delta = 360^\circ$$
$$46^\circ + 88^\circ + \gamma + 104^\circ = 360^\circ$$
$$\gamma + 238^\circ = 360^\circ \quad | -238^\circ$$
$$\gamma = 122^\circ$$

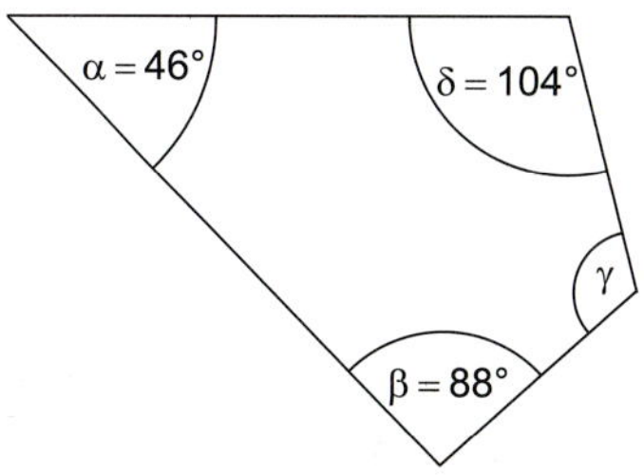

Aufgabe 264

Berechne die fehlenden Winkel.

a)

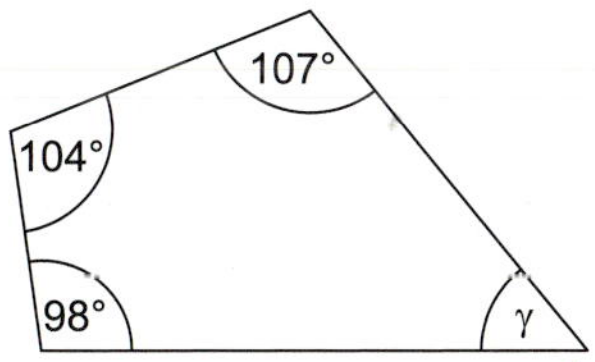

b)

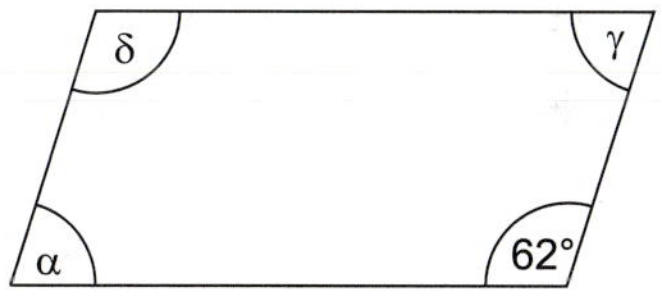

Parallelogramm

c)

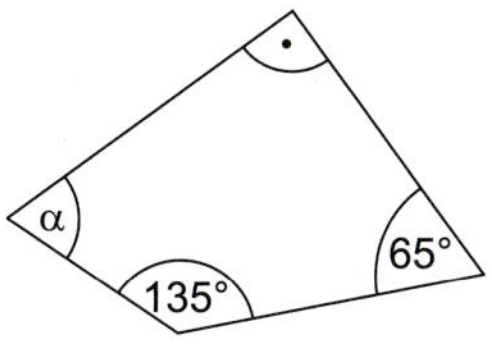

d)

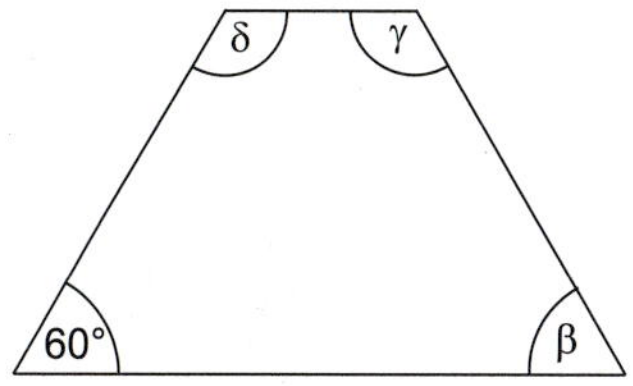

gleichschenkliges Trapez

Interaktive Aufgaben

1. Scheitel- und Nebenwinkel
2. Winkel bestimmen

Dreieckskonstruktionen

Merke

Dreieckskonstruktion mit drei Seiten (sss)⊕
Du kannst ein Dreieck eindeutig konstruieren, wenn die **drei Dreiecksseiten** gegeben sind.

Beispiel

Konstruiere das Dreieck ABC mit a=4 cm, b=7 cm und c=6 cm.
Lösung:
1. Schritt: **Planfigur**
Trage die gegebenen Werte in die Planfigur ein.

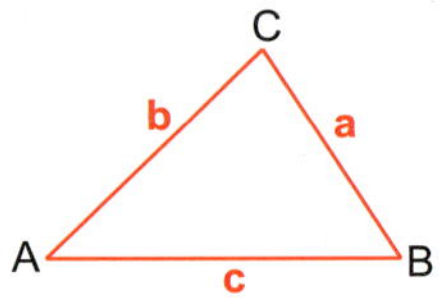

2. Schritt: **Konstruktionsbeschreibung**
- Strecke $\overline{AB} = c = 6$ cm zeichnen. Damit sind die Ecken A und B festgelegt.
- Kreisbogen um A mit dem Radius r=b=7 cm zeichnen.
- Kreisbogen um B mit dem Radius r=a=4 cm zeichnen.
- Der Schnittpunkt der beiden Kreisbögen ergibt die Ecke C.
- A und B mit C verbinden.

3. Schritt: **Konstruktion des Dreiecks**

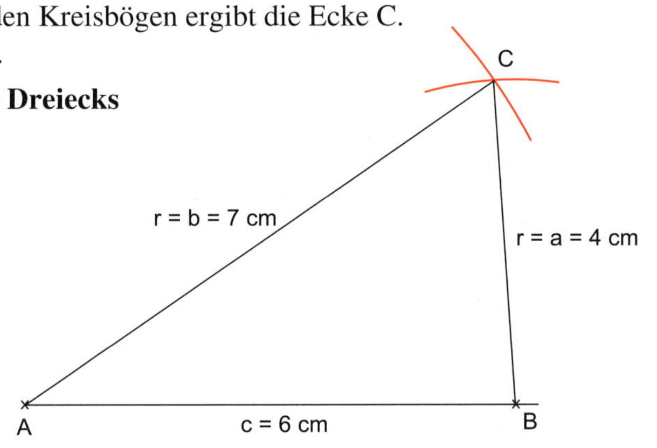

Aufgaben

⊕265 Konstruiere die Dreiecke nach der Planfigur.

a)

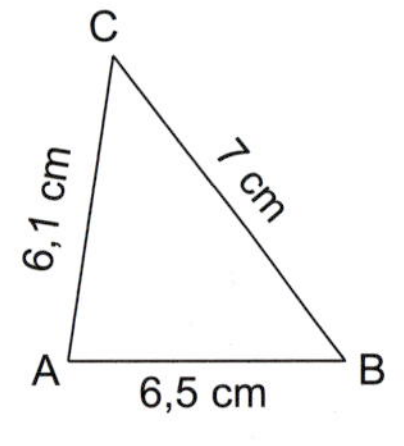

b)

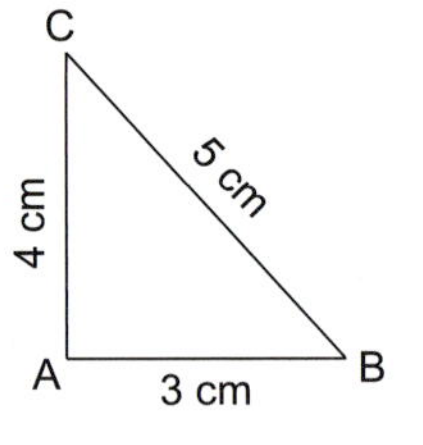

⊕266 Konstruiere die Dreiecke.

a) a=4 cm; b=5 cm; c=6 cm
b) a=8 cm; b=4,5 cm; c=10,2 cm
c) a=6 cm; b=7 cm; c=3 cm
d) a=5 cm; b=7,5 cm; c=3,5 cm

⊕267 Die drei Städte Hildesheim, Hannover und Braunschweig bilden auf der Landkarte ein Dreieck. Die Entfernung (Luftlinie) zwischen Hildesheim und Hannover beträgt 30 km. Die Entfernung zwischen Hildesheim und Braunschweig beträgt 40 km und die Entfernung zwischen Hannover und Braunschweig beträgt 50 km.

a) Fertige eine Planskizze des Dreiecks an.
b) Konstruiere das Dreieck im Maßstab 1:1 000 000.

Merke

Dreieckskonstruktion mit zwei Seiten und dem eingeschlossenen Winkel (sws)

Du kannst ein Dreieck eindeutig konstruieren, wenn die **zwei Dreiecksseiten** und der von den Seiten **eingeschlossene Winkel** gegeben sind.

Beispiel

Konstruiere das Dreieck ABC mit $b=5{,}5$ cm, $c=7$ cm und $\alpha=53°$.

Lösung:

1. Schritt: **Planfigur**

Trage die gegebenen Werte in die Planfigur ein.

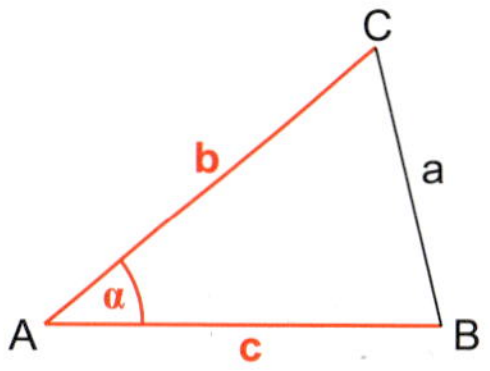

2. Schritt: **Konstruktionsbeschreibung**

- Strecke $\overline{AB} = c = 7$ cm zeichnen. Damit sind die Ecken A und B festgelegt.
- Den Winkel $\alpha=53°$ mit dem Geodreieck an Punkt A antragen.
- Kreisbogen um A mit dem Radius $r=b=5{,}5$ cm zeichnen.
- Der Schnittpunkt des Kreisbogens mit dem freien Schenkel von α ergibt die Ecke C.
- B mit C verbinden.

3. Schritt: **Konstruktion des Dreiecks**

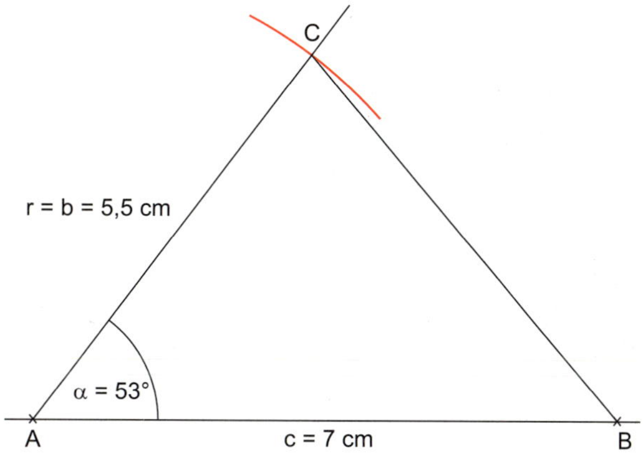

Aufgaben

268 Konstruiere die Dreiecke nach der Planfigur.

a)

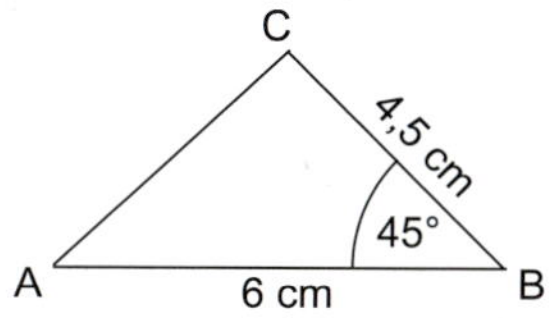

b)

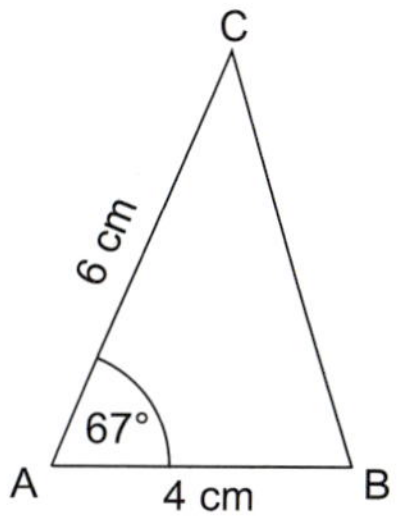

269 Konstruiere die Dreiecke.

a) $a=5{,}5$ cm; $b=4{,}5$ cm; $\gamma=65°$

b) $a=4{,}5$ cm; $c=8$ cm; $\beta=40°$

c) $b=4$ cm; $c=3{,}5$ cm; $\alpha=55°$

d) $a=b=5{,}5$ cm; $\gamma=35°$

Merke

Dreieckskonstruktion mit einer Seite und zwei Winkeln (wsw)
Du kannst ein Dreieck eindeutig konstruieren, wenn **eine Dreiecksseite** und **die beiden daran anliegenden Winkel** gegeben sind.

Beispiel

Konstruiere das Dreieck ABC mit $\alpha = 41°$, $\beta = 54°$ und $c = 9$ cm.
Lösung:
1. Schritt: **Planfigur**
Trage die gegebenen Werte in die Planfigur ein.

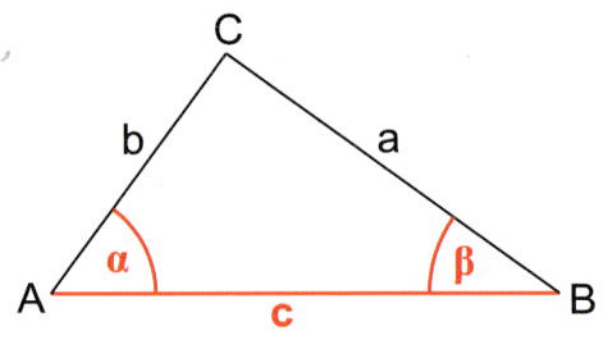

2. Schritt: **Konstruktionsbeschreibung**
- Strecke $\overline{AB} = c = 9$ cm zeichnen. Damit sind die Ecken A und B festgelegt.
- Den Winkel $\alpha = 41°$ mit dem Geodreieck an Punkt A antragen.
- Den Winkel $\beta = 54°$ mit dem Geodreieck an Punkt B antragen.
- Der Schnittpunkt der beiden freien Schenkel ergibt die Ecke C.

3. Schritt: **Konstruktion des Dreiecks**

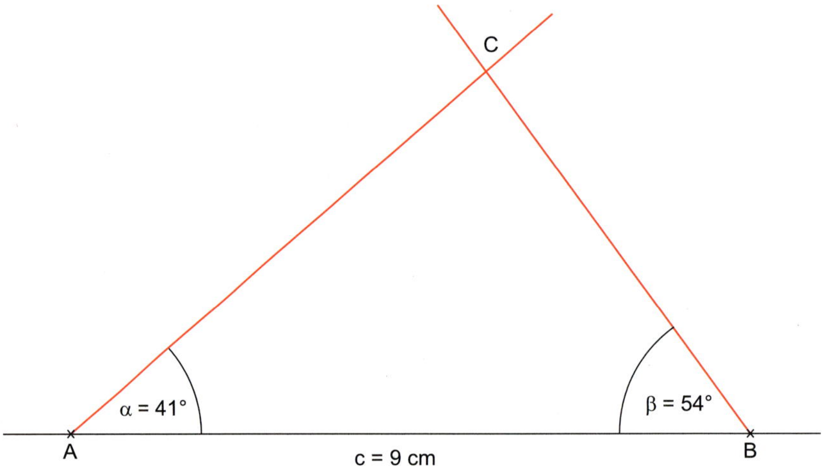

Aufgaben

270 Konstruiere die Dreiecke nach der Planfigur.

a)
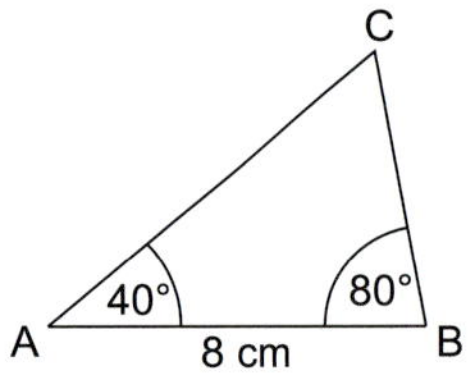

b)
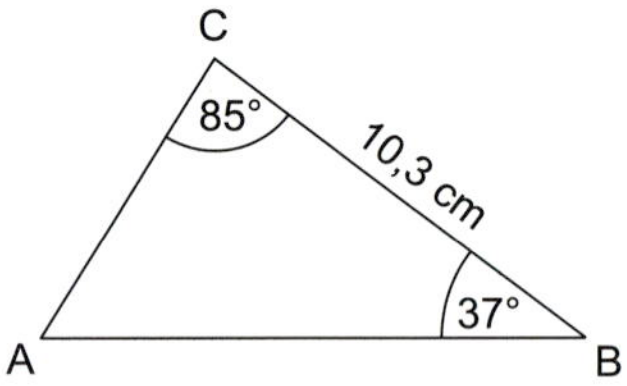

271 Konstruiere die Dreiecke.

a) $c = 6$ cm; $\alpha = 60°$; $\beta = 40°$

b) $a = 5{,}5$ cm; $\beta = 35°$; $\gamma = 65°$

c) $b = 6{,}5$ cm; $\alpha = 45°$; $\gamma = 35°$

d) $a = 4{,}5$ cm; $\beta = \gamma = 70°$

Interaktive Aufgabe

1. Konstruktion eines Dreiecks

Körper zeichnerisch darstellen

Merke

Schrägbilder

Mit einem Schrägbild kannst du einen Körper anschaulich darstellen.

- Alle Strecken, die parallel zur Zeichenebene liegen, werden in **wahrer Länge** gezeichnet.
- Schräg nach hinten laufende Kanten werden unter einem **Winkel von 45°** gezeichnet. Zudem werden diese Kanten **um die Hälfte verkürzt**.
- Verdeckte Kanten werden durch eine **gestrichelte Linie** dargestellt.

Beispiele

1. Zeichne das Schrägbild eines Quaders mit den Maßen $a = 3$ cm, $b = 1{,}5$ cm und $c = 1$ cm.

Lösung:

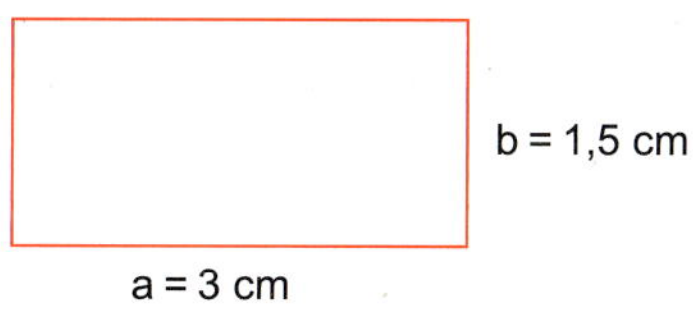

Zeichne zuerst die vordere Seite des Quaders.

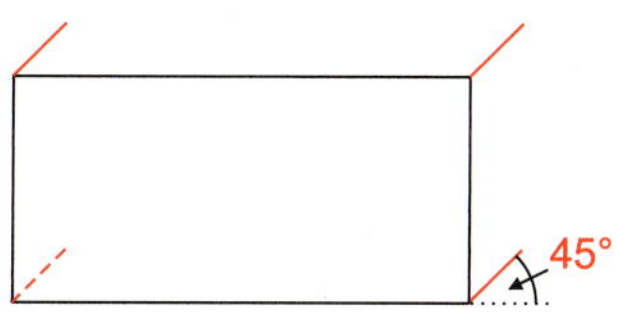

Zeichne nach hinten verlaufende Kanten unter einem Winkel von 45° und um die Hälfte verkürzt.

Verbinde die Streckenenden.
Achte darauf, verdeckte Kanten zu stricheln.

2. Zeichne die quadratische Pyramide mit $a = 2{,}6$ cm und $h_k = 2$ cm im Schrägbild.⊕

Lösung:

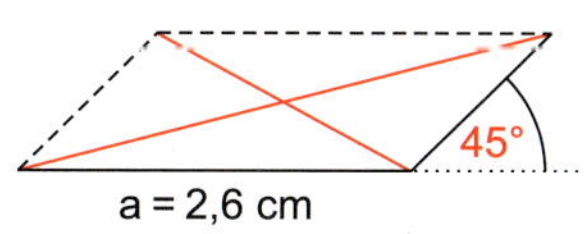

Beginne mit der Grundfläche und zeichne die Diagonalen als Hilfslinien ein.

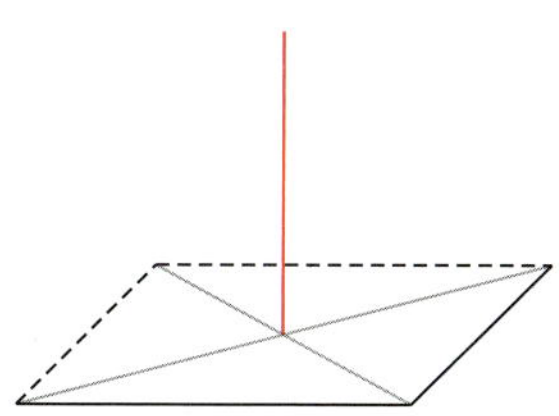

Errichte die Körperhöhe h_k am Schnittpunkt der Diagonalen.

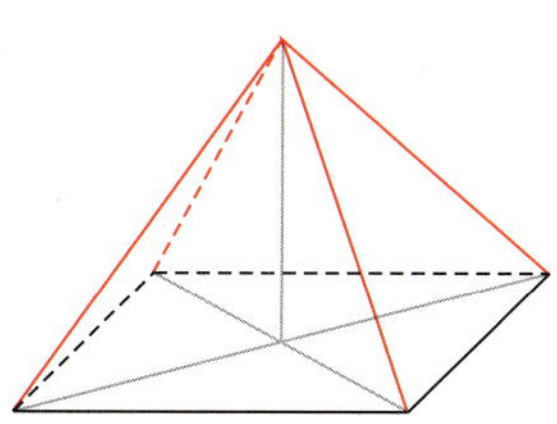

Verbinde den Endpunkt von h_k mit den Ecken der Grundfläche.

3. Zeichne die Schrägbilder eines Zylinders und eines Kegels.⊕
Lösung:

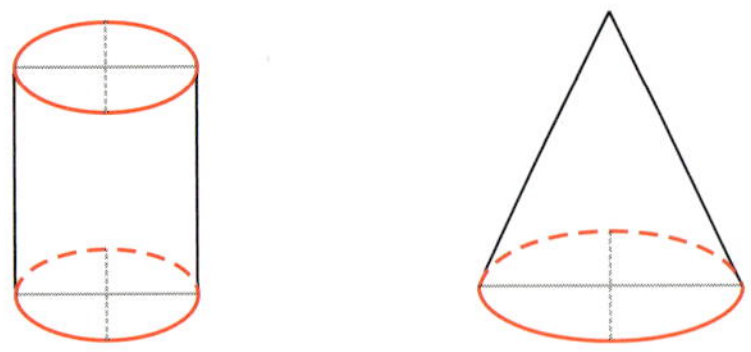

Bei runden Körpern werden Grund- und Deckflächen nur skizziert.

Trage den halben Durchmesser senkrecht zum Durchmesser in wahrer Länge ein, um die Grund- bzw. Deckfläche zu skizzieren.

Aufgaben

272 Fülle die Tabelle aus.

	Anzahl Ecken	Anzahl Kanten	Anzahl Flächen	Anzahl rechteckige/ quadratische Flächen	Anzahl dreieckige Flächen
Würfel					
Quader					
Dreiecksprisma					
Zylinder					
Kegel					
Quadratische Pyramide					
Kugel					

273 Zeichne die Schrägbilder der Körper in Originalgröße (angegebene Maße in cm).

a)

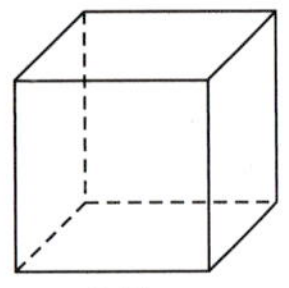

b)

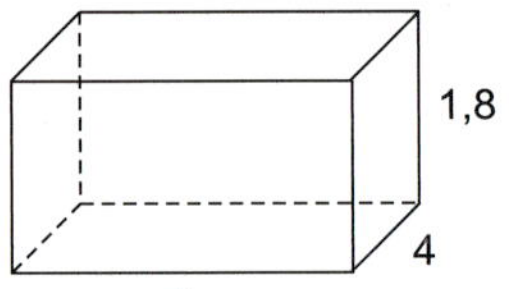

⊕274 Vervollständige das Schrägbild der Pyramide.
Strichle unsichtbare Kanten.

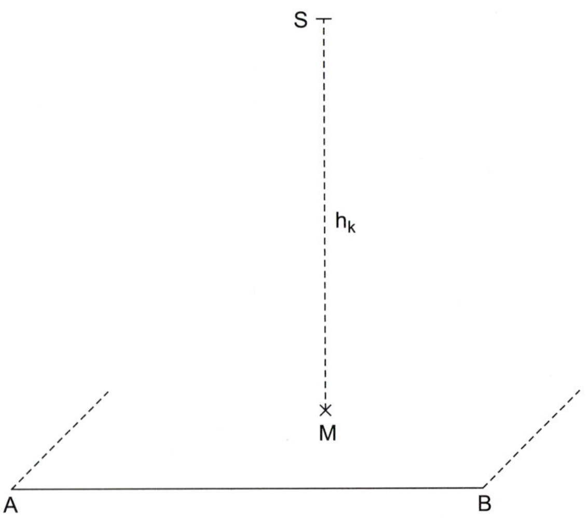

⊕275 Die Grundfläche eines Prismas ist ein rechtwinkliges Dreieck mit den Katheten b = 4 cm und c = 4 cm. Das Prisma ist 6 cm hoch.
Zeichne den Körper im Schrägbild.

276 Der Quader wird um 90° nach vorne gekippt.
Zeichne das neue Schrägbild.
Die Maße kannst du der Zeichnung entnehmen.

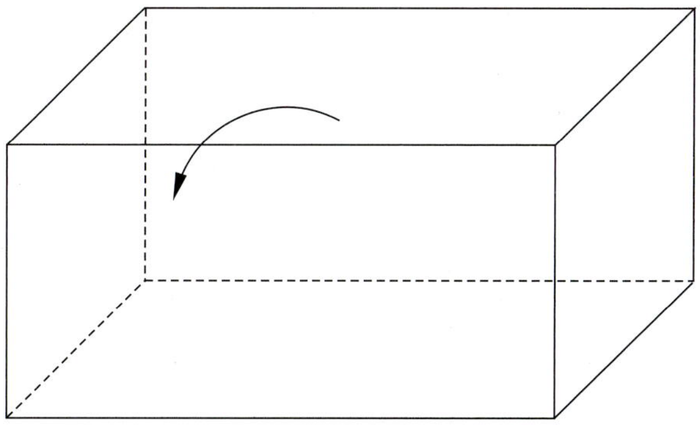

⊕277 Skizziere von folgenden Zylindern ein Schrägbild.

a) $d = 4$ cm; $h_k = 5{,}5$ cm

b) $d = 25$ mm; $h_k = 40$ mm

278 Die Kantenlänge eines Würfels beträgt 2,2 m.
Zeichne ein Schrägbild des Würfels in einem passenden Maßstab und berechne sein Volumen und die Oberfläche.

Merke

Körpernetze
Faltet man einen geometrischen Körper entlang seiner Kanten auseinander, erhält man das Netz des Körpers.

Beispiele

1. Zeichne das Netz eines Quaders mit den Kanten $a = 1{,}5$ cm, $b = 1$ cm und $c = 2$ cm und beschrifte es.
Lösung:

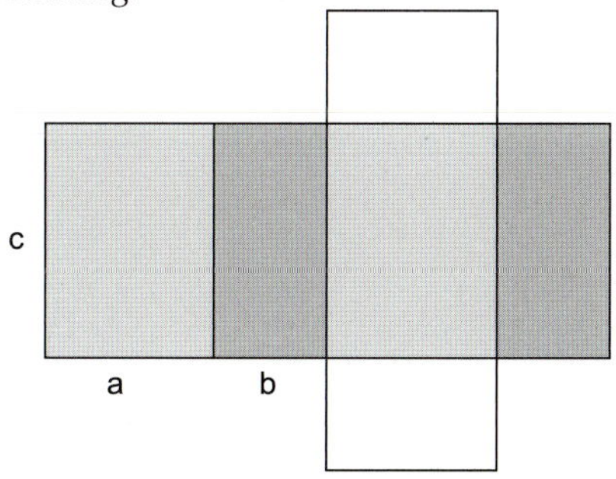

Das Netz eines Quaders besteht aus sechs Flächen, von denen je zwei gleich groß sind.
Die Flächen müssen so angeordnet werden, dass sich die gleichen Flächen beim Zusammenfalten gegenüberliegen.
Es gibt verschiedene Möglichkeiten, ein Netz zu zeichnen.

2. Netze von Pyramide, Zylinder und Dreiecksprisma:

Pyramide:

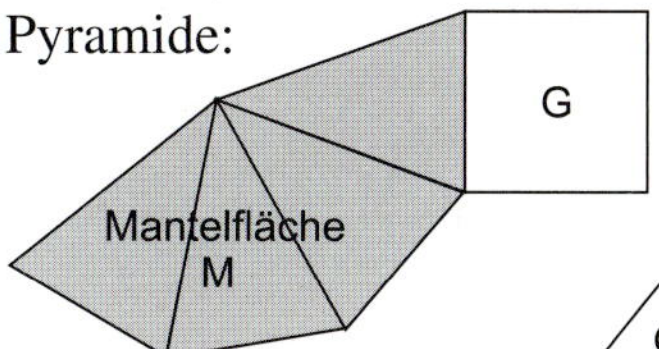

Dreiecksprisma:

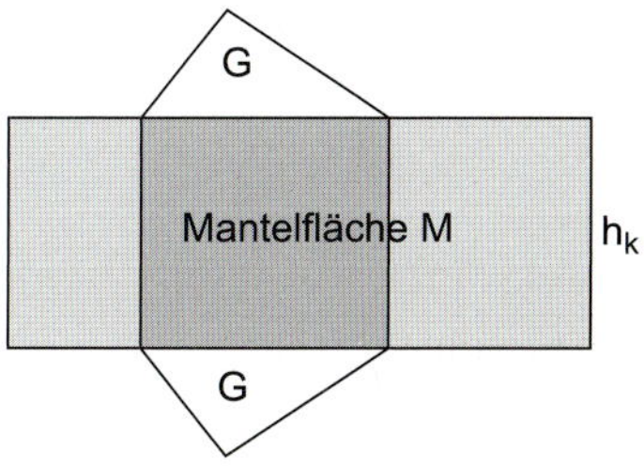

Zylinder:

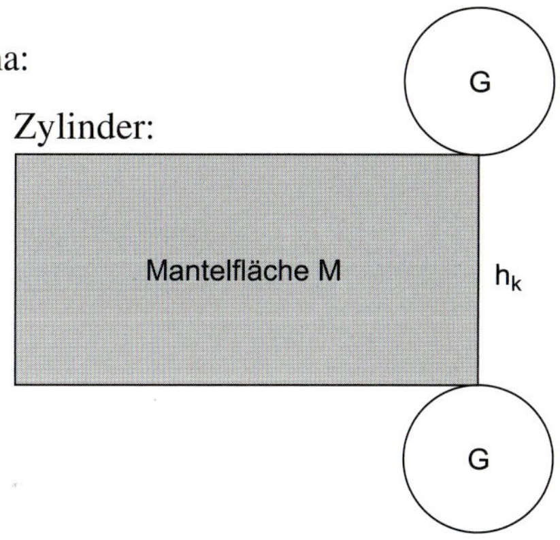

Aufgaben

279 Die Summe der Augenzahlen auf den gegenüberliegenden Seiten eines Spielwürfels ergibt immer 7. Überprüfe, ob diese Forderung bei folgenden Würfelnetzen erfüllt ist.

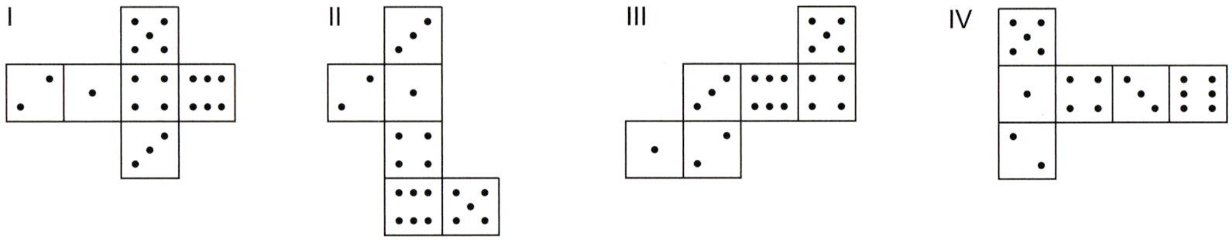

280 Zeichne die Netze der Quader in Originalgröße.
Kennzeichne in den Quadernetzen gegenüberliegende Flächen in der gleichen Farbe.

a)

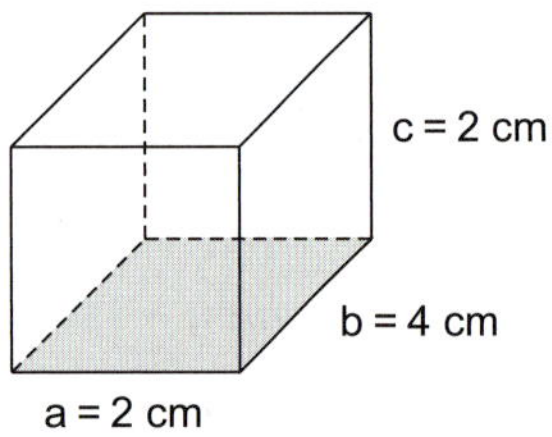

b)

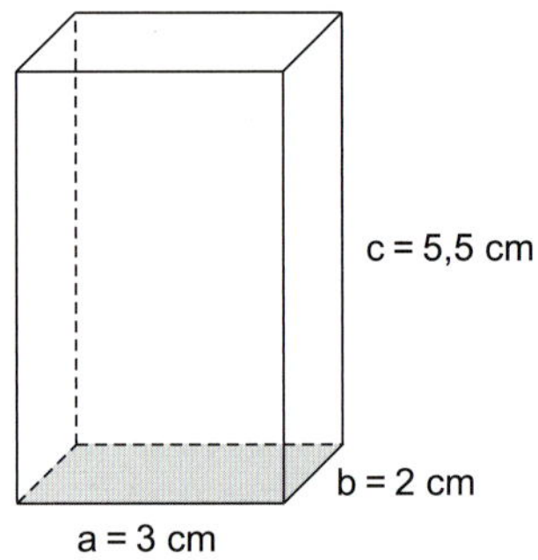

281 Übertrage die folgenden Netze von Dreiecksprismen in dein Heft und ergänze sie. Schraffiere jeweils die Grundflächen und markiere die Kanten, die sich beim Zusammenfalten treffen, in der gleichen Farbe.

a)

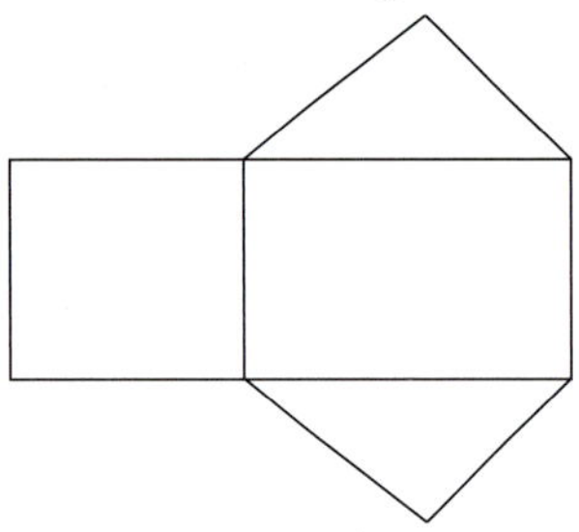

b)

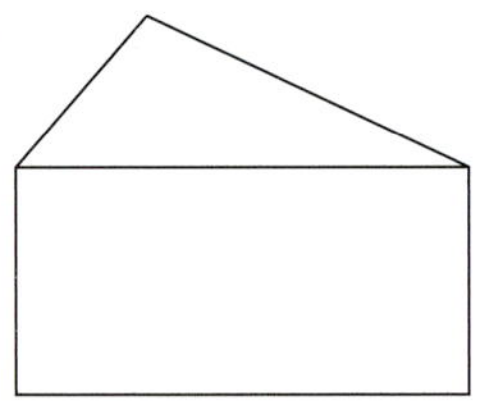

282 Zeichne das Netz einer quadratischen Pyramide. Die Seiten der Grundfläche sind 2 cm lang. Die Höhen der Seitenflächen sind 3 cm lang.

283 Das Volumen eines Würfels beträgt 512 dm^3.
Zeichne das Körpernetz in einem geeigneten Maßstab und berechne die Oberfläche des Würfels.

284 Zeichne ein Netz des abgebildeten Zylinders in Originalgröße.

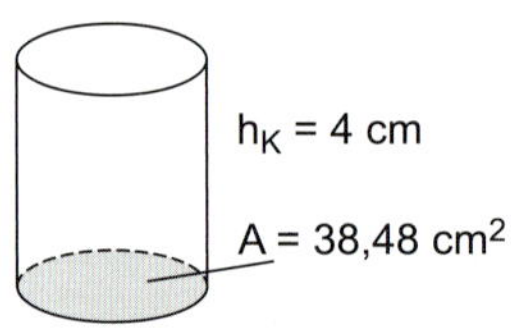

Interaktive Aufgaben

1. Würfelnetz?
2. Netz

9 Daten und Zufall

Statistische Kennwerte

Merke

Urliste, Strichliste, Häufigkeitstabelle
Bei statistischen Untersuchungen werden **Daten** in einer **Urliste** gesammelt.
Die Daten der Urliste werden mithilfe einer **Strichliste** geordnet und in einer **Häufigkeitstabelle** übersichtlich dargestellt.

Beispiel

Tina befragt die Schülerinnen und Schüler der 7 a nach ihrem monatlich verfügbaren Taschengeld. Sie legt eine **Urliste** an:

15 €	17 €	18 €	22 €	17 €	16 €	21 €	16 €	15 €	21 €
21 €	20 €	19 €	18 €	19 €	22 €	21 €	20 €	17 €	17 €
15 €	22 €	20 €	20 €	15 €	21 €	16 €	20 €	20 €	15 €

Ordne die Daten mithilfe einer Strichliste und lege eine Häufigkeitstabelle an.
Lösung:
Strichliste

Taschengeld	15 €	16 €	17 €	18 €	19 €	20 €	21 €	22 €
Anzahl der Schüler*innen	𝍸	III	IIII	II	II	𝍸 I	𝍸	III

Häufigkeitstabelle

Taschengeld	15 €	16 €	17 €	18 €	19 €	20 €	21 €	22 €
Anzahl der Schüler*innen	5	3	4	2	2	6	5	3

Aufgaben

285 Björn befragt für die Schulzeitung seine Mitschülerinnen und Mitschüler nach der Länge ihres Schulwegs. Er notiert sich folgende Antworten (alle Angaben in km):

2	4	3	4	1	2	6	5	2	1	3	3	2	2	1	4
6	5	4	3	2	2	2	3	6	5	3	4	1	5	2	1

a) Wie viele Personen wurden befragt?
b) Lege für das Umfrageergebnis eine Strichliste an.
c) Übertrage das Ergebnis der Strichliste in eine Häufigkeitstabelle.

286 Eine Umfrage nach dem Alter der Schülerinnen und Schüler in der 10 b ergab folgende Urliste:

15, 17, 18, 16, 17, 17, 18, 16, 16, 17, 15, 18, 17, 15, 17, 18, 16, 18, 16, 17

a) Wie viele Jugendliche wurden befragt?
b) Lege für das Umfrageergebnis eine Strichliste an.
c) Übertrage das Ergebnis der Strichliste in eine Häufigkeitstabelle.

Merke

Absolute und relative Häufigkeit

- **Absolute Häufigkeit:** Anzahl eines bestimmten Wertes
- **Relative Häufigkeit:** Anzahl eines Wertes in Bezug auf die Anzahl aller Werte

$$\text{relative Häufigkeit} = \frac{\text{absolute Häufigkeit}}{\text{Gesamtzahl der Werte}}$$

Die relative Häufigkeit kann als Bruch, Dezimalbruch oder in Prozent angegeben werden.

Beispiel

Alter der Schülerinnen und Schüler der Klasse 8 b (25 Jugendliche):

Alter (Jahre)	13	14	15	16
Strichliste	II	卌 卌	卌 III	卌

Bestimme die absolute und die relative Häufigkeit des Alters der Jugendlichen und trage die Ergebnisse in eine Häufigkeitstabelle ein.

Lösung:

Alter (Jahre)	13	14	15	16
absolute Häufigkeit	2	10	8	5
relative Häufigkeit	$\frac{2}{25} = \frac{8}{100} = 0{,}08 = 8\ \%$	$\frac{10}{25} = \frac{40}{100} = 0{,}4 = 40\ \%$	$\frac{8}{25} = \frac{32}{100} = 0{,}32 = 32\ \%$	$\frac{5}{25} = \frac{20}{100} = 0{,}2 = 20\ \%$

Aufgaben

287 Ergebnisse der letzten Mathematikarbeit in den Klassen 9 a und 9 b:

9 a

Noten	1	2	3	4	5	6
Anzahl	III	IIII	卌 II	III	II	I

9 b

Noten	1	2	3	4	5	6
Anzahl	卌	II	卌 III	卌 II	I	II

a) Bestimme für jede Klasse die absolute und die relative Häufigkeit der einzelnen Noten und trage die Ergebnisse in eine Häufigkeitstabelle ein.

b) Bestimme für beide Klassen zusammen die absolute und die relative Häufigkeit der einzelnen Noten und trage die Ergebnisse in eine Häufigkeitstabelle ein.

288 Schülerinnen und Schülern der 10. Klasse wurde folgende Frage gestellt: „Wie oft gehst du werktags abends weg?“

0	1	2	3	4	5
卌 卌 II	卌 卌 IIII	卌 IIII	卌 II	卌	III

Lege eine Häufigkeitstabelle an und berechne die absoluten und die relativen Häufigkeiten.

289 Die Antworten auf die Frage: „Wie viel Zeit verbringst du täglich vor dem Fernseher?“ wurden zunächst in einer Urliste gesammelt.

Urliste (Stunden vor dem Fernseher):

4 4 3 1 2 1 5 3 2 1 1 3 2 5 4 2 2 5 4 3 2 1 4 2 2 1 3 3 5 4 4 2
2 2 5 1 1 4 3 2 1 5 4 3 2 3 2 2 1 4 5 5 2 3 3 4 2 2 2 1 3 3 1 5

a) Ordne die Daten mithilfe einer Strichliste.

b) Bestimme die absoluten und die relativen Häufigkeiten der einzelnen Zeiten und trage die Ergebnisse in eine Häufigkeitstabelle ein.

Merke

Arithmetisches Mittel

So kannst du das **arithmetisches Mittel (Mittelwert, Durchschnitt)** berechnen:

- Addiere die Zahlenwerte.
- Dividiere die Summe durch die Anzahl der Werte.

$$\text{arithmetisches Mittel (Mittelwert)} = \frac{\text{Summe aller Werte}}{\text{Anzahl der Werte}}$$

Beispiel

Frau Hansen schreibt jeden Tag ihre Ausgaben auf.

Montag	Dienstag	Mittwoch	Donnerstag	Freitag	Samstag
22,80 €	31,40 €	21,50 €	36,75 €	49,25 €	72,30 €

Wie viel Euro hat sie durchschnittlich pro Tag ausgegeben?

Lösung:

Die durchschnittliche Ausgabe ist der Mittelwert der Ausgaben.

$$\frac{22{,}80\,€ + 31{,}40\,€ + 21{,}50\,€ + 36{,}75\,€ + 49{,}25\,€ + 72{,}30\,€}{6} = 39\,€$$

Frau Hansen hat durchschnittlich 39 € ausgegeben.

Aufgaben

290 Sven erzielte in den letzten Englischarbeiten folgende Noten: 3; 4; 2; 2; 5
Berechne den Mittelwert.

291 Tina hat im vergangenen Schuljahr folgende Noten in den Mathematikarbeiten erhalten:

Klassenarbeit Nr.	1	2	3	4	5	6	7	8
Note	2	3	3	2	4	2	3	3

Berechne den Mittelwert ihrer Noten.

292 Werchojansk in Sibirien gehört zu den kältesten Orten der Welt. Die Tabelle zeigt die monatlichen Durchschnittstemperaturen:

Monat	Jan.	Feb.	März	April	Mai	Juni	Juli	Aug.	Sep.	Okt.	Nov.	Dez.
Temp. in °C	–49	–45	–30	–13	2	12	15	11	2	14	37	46

a) Gib den Temperaturunterschied zwischen dem wärmsten und dem kältesten Monat an.

b) Berechne die durchschnittliche Jahrestemperatur.

293 Ein Kino ermittelte innerhalb einer Woche folgende Besucherzahlen:

Tag	Mo	Di	Mi	Do	Fr	Sa	So
Besucher	164	157	193	348	425	413	298

a) Wie viele Besucher kamen im Durchschnitt jeden Tag ins Kino?
Runde das Ergebnis auf eine ganze Zahl.

b) Wie viele Besucher hätten am Sonntag ins Kino kommen müssen, um eine durchschnittliche Besucherzahl von genau 300 zu erreichen?

Interaktive Aufgaben

1. Strichliste
2. Häufigkeitstabelle
3. Spielwürfel
4. Neue Eissorte
5. Arithmetisches Mittel

Grafische Darstellungen und Diagramme

Merke

Diagramme
Die Daten einer Häufigkeitstabelle können in Diagrammen grafisch dargestellt werden. Gebräuchliche Diagrammtypen sind **Säulen-, Balken-, Streifen- und Kreisdiagramm**.

Beispiel

Die Notenverteilung einer Prüfung ist in folgender Tabelle aufgeführt:

Note	1	2	3	4	5	6
Anzahl	6	7	5	3	2	2

Stelle die Notenverteilung mithilfe der verschiedenen Diagramme dar.

Lösung:

Säulendiagramm

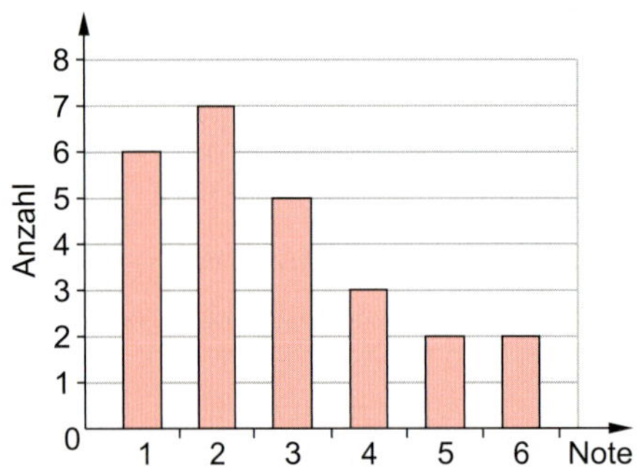

Balkendiagramm

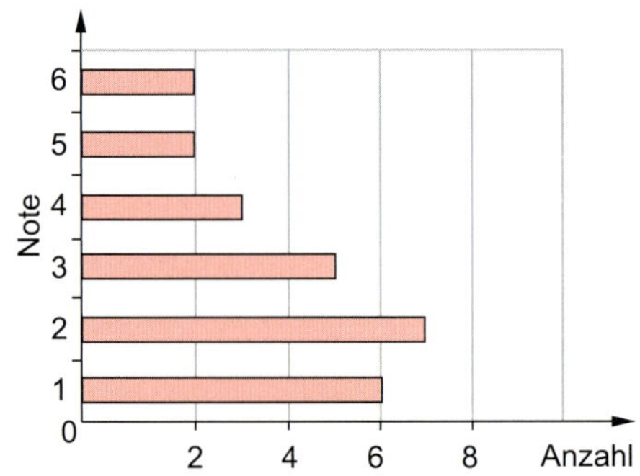

Streifendiagramm

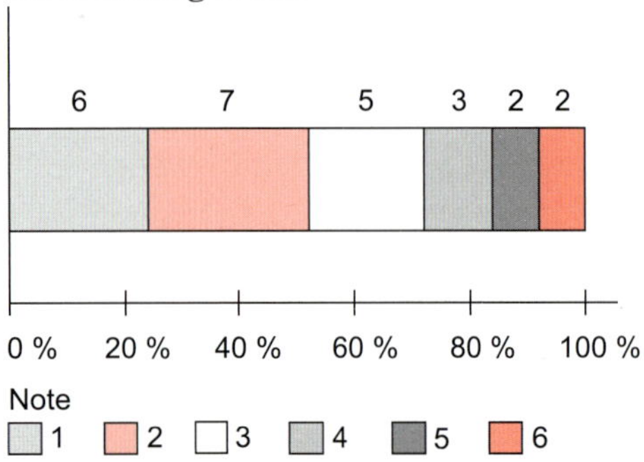

Prozentwerte:

25 Schüler*innen $\hat{=}$ 100 %
1 Schüler*in $\hat{=}$ 100 % : 25 = 4 %
6 Schüler*innen $\hat{=}$ 4 % · 6 = 24 % Note 1
7 Schüler*innen $\hat{=}$ 4 % · 7 = 28 % Note 2
5 Schüler*innen $\hat{=}$ 4 % · 5 = 20 % Note 3
3 Schüler*innen $\hat{=}$ 4 % · 3 = 12 % Note 4
2 Schüler*innen $\hat{=}$ 4 % · 2 = 8 % Note 5
2 Schüler*innen $\hat{=}$ 4 % · 2 = 8 % Note 6

Kreisdiagramm

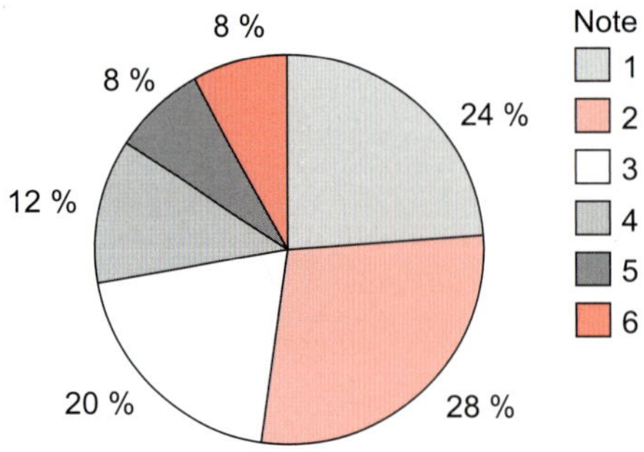

Winkel:

$100\,\% \hat{=} 360°$
$1\,\% \hat{=} 3{,}6°$
$24\,\% \hat{=} 3{,}6° \cdot 24 = 86{,}4°$ Note 1
$28\,\% \hat{=} 3{,}6° \cdot 28 = 100{,}8°$ Note 2
$20\,\% \hat{=} 3{,}6° \cdot 20 = 72°$ Note 3
$12\,\% \hat{=} 3{,}6° \cdot 12 = 43{,}2°$ Note 4
$8\,\% \hat{=} 3{,}6° \cdot 8 = 28{,}8°$ Note 5
$8\,\% \hat{=} 3{,}6° \cdot 8 = 28{,}8°$ Note 6

Aufgaben

294 Im Säulendiagramm ist das Ergebnis einer Befragung nach dem Alter der Schülerinnen und Schüler einer Hauptschule grafisch dargestellt.

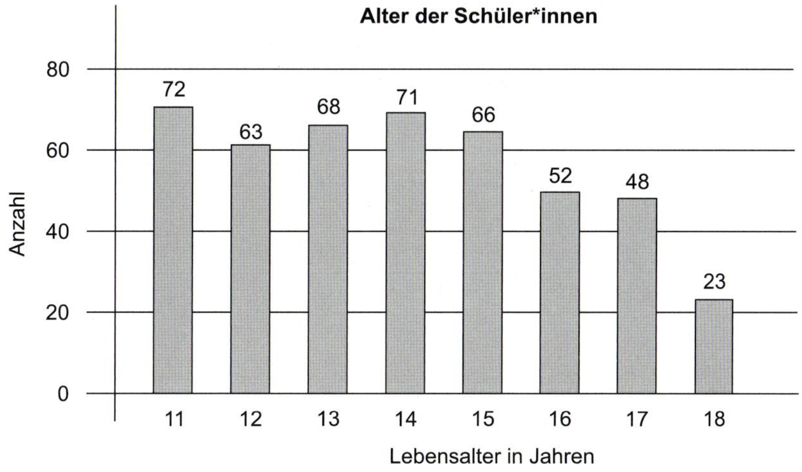

a) Wie viele Schülerinnen und Schüler besuchen die Hauptschule?

b) Berechne das Durchschnittsalter an der Hauptschule.

c) Berechne die relativen Häufigkeiten der einzelnen Altersgruppen und stelle das Ergebnis in einem Säulendiagramm dar. Runde auf ganze Prozentsätze.

295 Eine Oberschule wird von 1 268 Kindern besucht. Jedes Kind nimmt an einer AG teil. Das Kreisdiagramm zeigt die prozentuale Verteilung auf die einzelnen AGs.

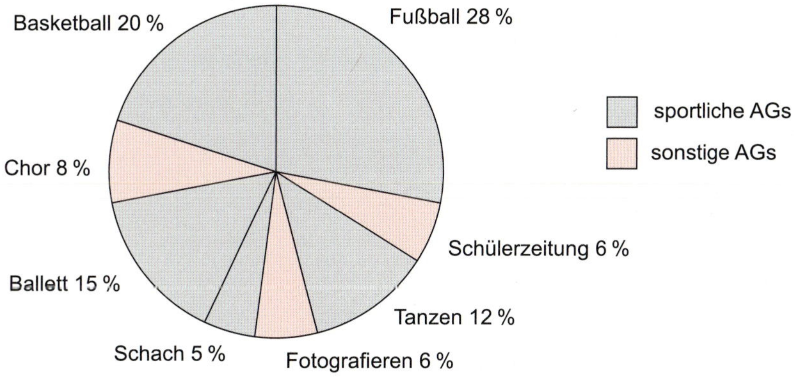

a) Bestimme die Anzahl der Kinder, die an der Schach-AG teilnehmen

b) Ermittle den prozentualen Anteil der Kinder, die an sonstigen AG's teilnehmen.

c) Kreuze an:

	trifft zu	trifft nicht zu	nicht bewertbar
An der AG Fußball nehmen mehr Jungen als Mädchen teil.	☐	☐	☐
Der überwiegende Teil der Schülerinnen und Schüler nimmt an sportlichen AG's teil.	☐	☐	☐
Im Ballett und Tanzen sind zusammen mehr Schülerinnen und Schüler als im Fußball.	☐	☐	☐
In der AG Schülerzeitung gäbe es mehr Teilnehmer, wenn die Deutschkenntnisse besser wären.	☐	☐	☐

296 So kommen die Schülerinnen und Schüler einer Hauptschule zur Schule:

Verkehrsmittel	Anzahl
zu Fuß	𝍸 𝍸
Fahrrad	𝍸 𝍸 𝍸 𝍸 𝍸 𝍸 𝍸 𝍸 𝍸 𝍸 𝍸 𝍸 𝍸 𝍸 𝍸 III
Bus/U-Bahn/S-Bahn	𝍸 II
Mofa/Roller	𝍸 𝍸 𝍸 𝍸 𝍸 𝍸 𝍸 𝍸 𝍸 𝍸 𝍸 𝍸 𝍸 𝍸 𝍸
Pkw	𝍸 𝍸 𝍸 𝍸

a) Trage die absoluten und die relativen Häufigkeiten in eine Häufigkeitstabelle ein.

b) Erstelle mithilfe der relativen Häufigkeiten ein Säulendiagramm.

Merke

Faule Grafiken

Bei der **Auswertung von Grafiken** musst du gut aufpassen. Viele Grafiken vermitteln ein **verzerrtes Bild** der Wirklichkeit. Prüfe deshalb genau, ob die Grafik wirklich das aussagt, was sie aussagen soll. Folgende Fragen helfen dir bei der richtigen Interpretation einer grafischen Darstellung:

- Was zeigt die **Rechtsachse**, was zeigt die **Hochachse**?
- Beginnen die Achsen **bei null**? Sind sie **gleichmäßig eingeteilt**?
- Passt die **Größe der gewählten Symbole** wirklich zur Größe der dargestellten Werte?

Beispiel

Zwei Diagramme zeigen die Umsätze eines Supermarkts.
Worin unterscheiden sich die Diagramme ?
Was bewirken diese Unterschiede?

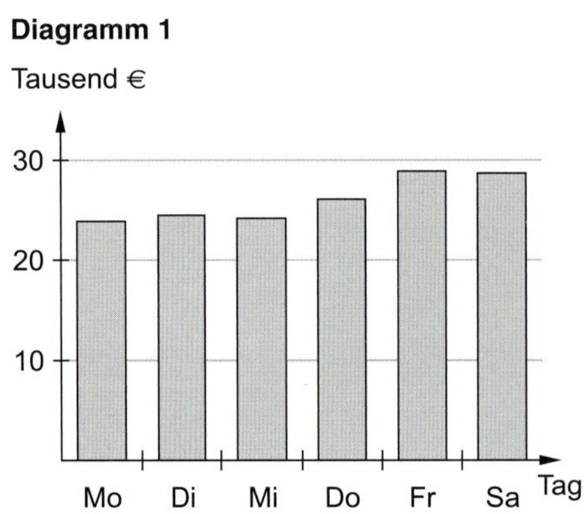

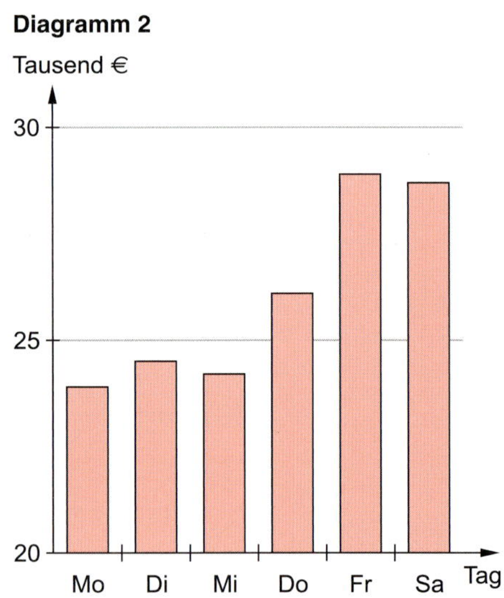

Lösung:

In Diagramm 1 beginnt die y-Achse bei 0 €, je 10 000 € wird die Säule 1 cm höher. Die Unterschiede zwischen den Werten von Montag bis Mittwoch sind kaum ersichtlich. Betont wird, dass sich der Umsatz von Montag bis Freitag zwischen 24 000 € und 29 000 € bewegt.

In Diagramm 2 beginnt die y-Achse bei 20 000 €, der Unterschied zwischen 20 000 € und 30 000 € beträgt 5 cm. Der Unterschied zwischen den Tagesumsätzen tritt hier deutlich hervor. Doppelte Säulenhöhe bedeutet hier nicht doppelter Umsatz.

Aufgaben

297 *„Unsere Tarife sind in den letzten zwei Jahren um die Hälfte gefallen."*

Kann die Firma mit diesem Slogan werben? Begründe deine Meinung.

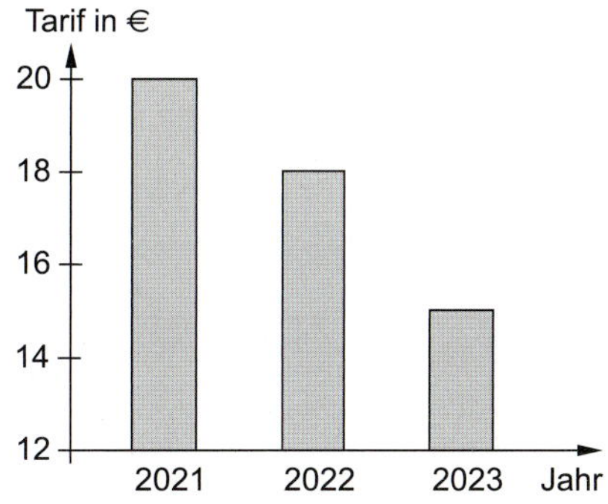

298 Ein privates Geldinstitut plant eine Sonderaktion für ihre Sparer. Der Marketingleitung liegen für die Werbeaktion zwei Entwürfe vor.

Entwurf 1

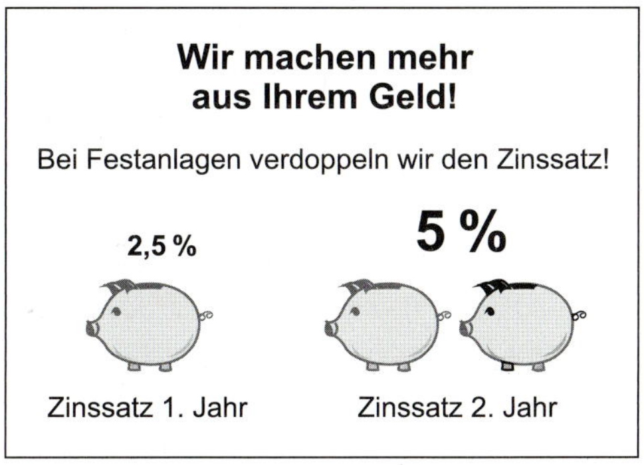

Entwurf 2

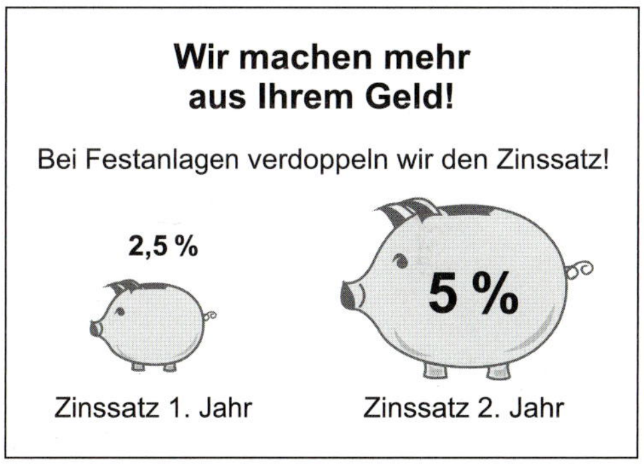

Für welchen Entwurf wird sich das Marketing wahrscheinlich entscheiden und warum?

299 Christian und Christiane machen bei einem 5-km-Lauf im Harz mit. In der Schule zeigen sie stolz das Höhenprofil ihres Laufes. Die Klassenkameradinnen und -kameraden staunen nicht schlecht. Warum?

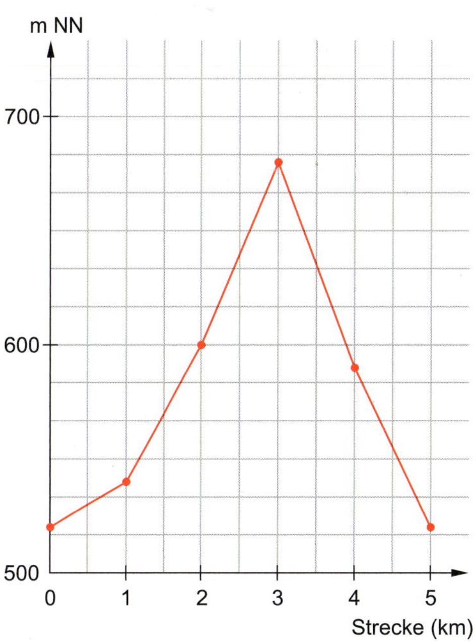

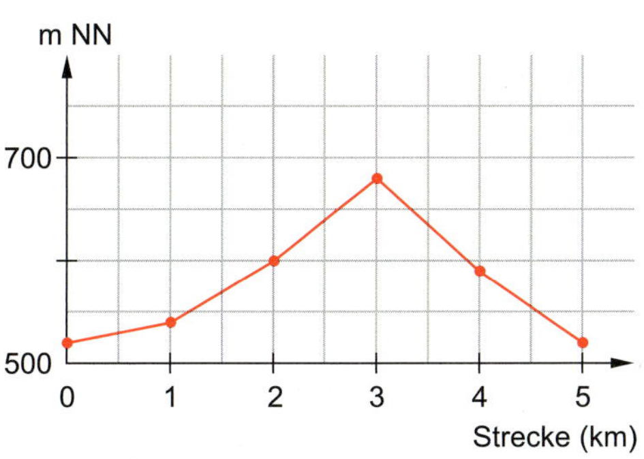

Interaktive Aufgaben

1. Dorffest
2. Schulfest
3. Streifendiagramm
4. Fußballturnier

Einfacher Zufallsversuch

Merke

Zufallsversuch und Wahrscheinlichkeit

- Man spricht von einem **Zufallsversuch**, wenn sich das Ergebnis eines solchen Versuchs auch nach einer Vielzahl von Wiederholungen nicht vorhersagen lässt.
- Mehrere Ergebnisse eines Zufallsversuchs kann man zu einem **Ereignis** zusammenfassen.
- Wenn alle Ergebnisse eines Zufallsversuchs gleich wahrscheinlich sind, kann man die **Wahrscheinlichkeit P** eines Ereignisses berechnen:

$$P = \frac{\text{Anzahl der günstigen Ergebnisse}}{\text{Anzahl aller möglichen Ergebnisse}}$$

Beispiele

1. **Münze**

Beim Münzwurf sind **Zahl** und **Wappen** gleich wahrscheinlich.

Würfel

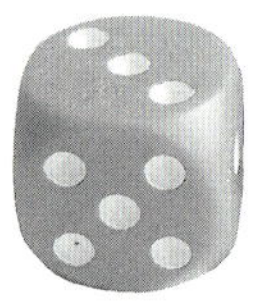

Beim Spielen mit dem Würfel sind die Augenzahlen **1**, **2**, **3**, **4**, **5** und **6** gleich wahrscheinlich.

Urne

Beim Ziehen der Lottozahlen sind die Zahlen von **1 bis 49** gleich wahrscheinlich.

Glücksrad

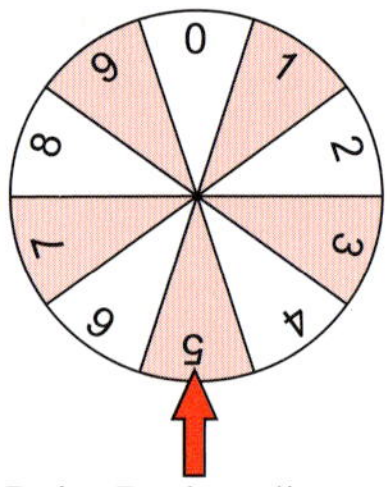

Beim Drehen dieses Glücksrads sind die Zahlen von **0 bis 9** gleich wahrscheinlich.

2. Julia spielt mit einem Würfel.
Bestimme die Wahrscheinlichkeit dafür, dass sie eine ungerade Augenzahl würfelt.
Lösung:
Anzahl der günstigen Ergebnisse: 3 (1; 3; 5)
Anzahl aller möglichen Ergebnisse: 6 (1; 2; 3; 4; 5; 6)

$$P = \frac{\text{Anzahl der günstigen Ergebnisse}}{\text{Anzahl aller möglichen Ergebnisse}} = \frac{3}{6} = \frac{1}{2} = 0{,}5 = 50\ \%$$

3. In einem Behälter (in den man nicht hineinsehen kann) befinden sich sieben schwarze und drei weiße Kugeln. Wie groß ist die Wahrscheinlichkeit dafür, eine weiße Kugel zu ziehen?

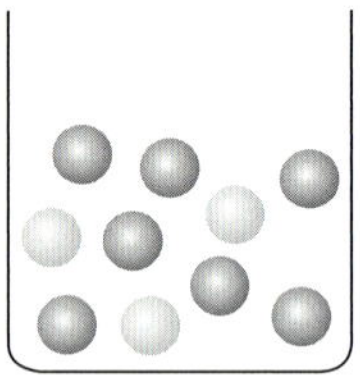

Lösung:
Anzahl der günstigen Ergebnisse: 3 (weiße Kugeln)
Anzahl aller möglichen Ergebnisse: 10 (alle Kugeln)

$$P = \frac{\text{Anzahl der günstigen Ergebnisse}}{\text{Anzahl aller möglichen Ergebnisse}} = \frac{3}{10} = 0{,}3 = 30\ \%$$

Aufgaben

300 Nina spielt mit einem Würfel.
Gib die Wahrscheinlichkeit für folgende Ereignisse an:

a) Die Augenzahl ist gerade.

b) Die Augenzahl ist größer als 3.

c) Nina würfelt eine Primzahl.
Tipp: Eine Primzahl ist nur durch 1 und sich selbst teilbar.
Die 1 ist keine Primzahl.

301 In einem Behälter befinden sich schwarze und weiße Kugeln. Stelle dir vor, du sollst eine Kugel aus dem Behälter ziehen – ohne dabei in den Behälter hineinzusehen.

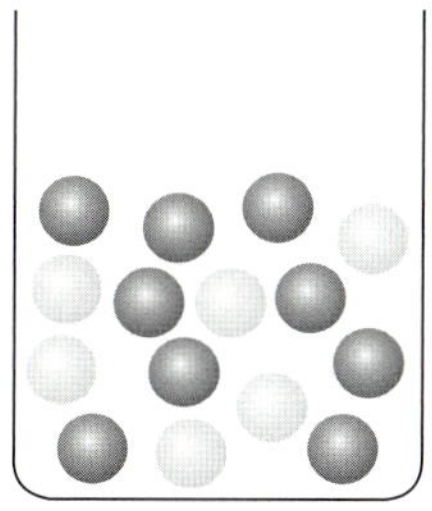

a) Bestimme die Wahrscheinlichkeit dafür, eine schwarze Kugel zu ziehen.

b) Bestimme die Wahrscheinlichkeit dafür, eine weiße Kugel zu ziehen.

Gib das Ergebnis jeweils als gekürzten Bruch, als Dezimalzahl und in Prozent an.

302 In einem Behälter (in den man nicht hineinsehen kann) liegen weiße und schwarze Kugeln. Zusammen sind es 48 Kugeln. Die Wahrscheinlichkeit, eine weiße Kugel zu ziehen, beträgt $\frac{2}{3}$. Bestimme die Anzahl der weißen und schwarzen Kugeln.

303 Auf einem Glücksrad sind die Zahlen 1 bis 24 abgebildet.

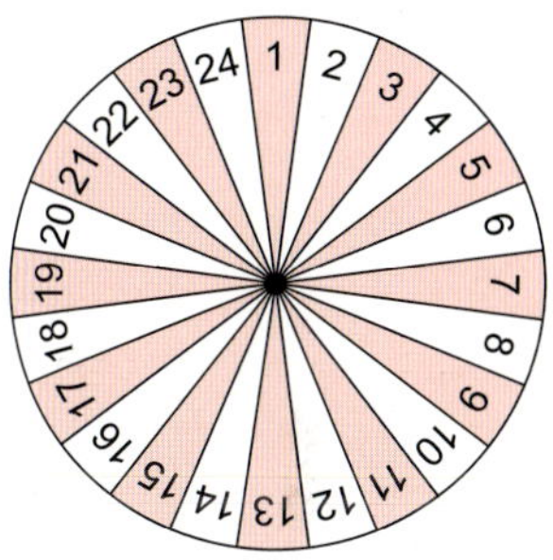

- Dennis gewinnt, wenn eine durch 3 teilbare Zahl erscheint, die größer ist als 3.
- Julia gewinnt, wenn das Glücksrad eine Primzahl zeigt.

a) Gib die Zahlen an, bei denen Dennis gewinnt.

b) Bestimme die Zahlen, bei denen Julia gewinnt.

c) Wie groß ist die Wahrscheinlichkeit dafür, dass beim Drehen des Glücksrads keiner von beiden gewinnt?

304 Peter und Tanja spielen mit einem Würfel. Sie vereinbaren folgende Regeln:

- Tanja erhält einen Punkt, wenn die Augenzahl kleiner als 3 ist.
- Peter erhält einen Punkt, wenn die Augenzahl größer als 3 ist.
- Gewonnen hat, wer zuerst 10 Punkte erreicht.

Wer hat die besseren Gewinnchancen? Begründe deine Antwort.

305 Cem verteilt an seinem Geburtstag Bonbons in der Klasse. In der Tüte befinden sich zwölf rote, acht blaue und vier gelbe Bonbons. Sanja darf als Erste in die Tüte greifen und blind ziehen.

a) Bestimme die Wahrscheinlichkeit dafür, dass sie kein blaues Bonbon bekommt.

b) Sanja hat ein gelbes Bonbon gezogen. Bestimme die Wahrscheinlichkeit dafür, dass der Schüler, der als Nächstes in die Tüte greift, ebenfalls ein gelbes Bonbon bekommt.

Interaktive Aufgaben

1. Glücksrad
2. Kerzen
3. Pläne

Mehrstufiger Zufallsversuch

Merke

Mehrstufiger Zufallsversuch

- Wird ein Zufallsversuch zweimal (dreimal, mehrmals) durchgeführt, spricht man von einem **zweistufigen (dreistufigen, mehrstufigen) Zufallsversuch**.
- Die Ergebnisse lassen sich in einem **Baumdiagramm** darstellen. Dabei kann ein **Ergebnis als Pfad** veranschaulicht werden.

Beispiel

Eine Münze wird zweimal geworfen.
Stelle die möglichen Ergebnisse in einem Baumdiagramm dar (Wappen = W; Zahl = Z), gib alle möglichen Spielausgänge an und veranschauliche den Pfad des Ergebnisses „Es fällt zweimal Zahl".

Lösung:

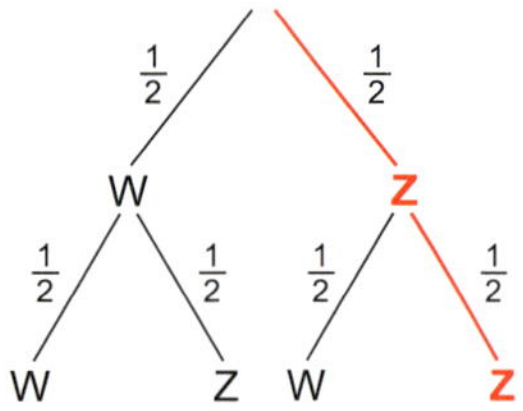

Folgende Spielausgänge sind möglich: (WW); (WZ); (ZW); (ZZ)
Der rote Pfad veranschaulicht das Ergebnis (ZZ).

Merke

Pfadregeln

- **1. Pfadregel (Produktregel):**
  Die Wahrscheinlichkeit eines **Ergebnisses** ergibt sich aus dem **Produkt** der Wahrscheinlichkeiten **entlang des Pfades**.

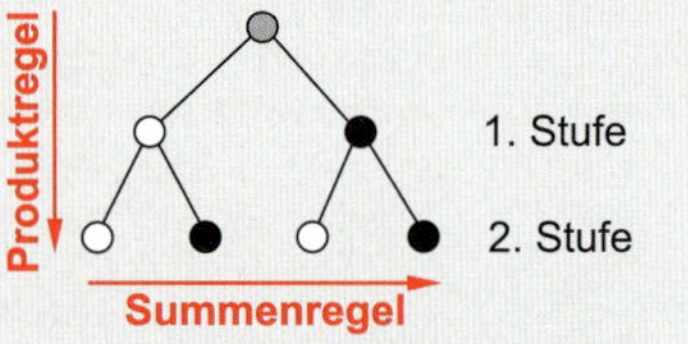

- **2. Pfadregel (Summenregel):**
  Gehören **mehrere Pfade** zu einem **Ereignis**, ist die Wahrscheinlichkeit für dieses Ereignis gleich der **Summe der Einzelwahrscheinlichkeiten**.

Beispiele

1. Wie groß ist beim zweimaligen Münzwurf die Wahrscheinlichkeit, dass zweimal Zahl fällt?
   Lösung:
   $P(ZZ) = \frac{1}{2} \cdot \frac{1}{2} = \frac{1}{4} = 0,25 = 25\ \%$ — Wende die 1. Pfadregel an.
   Die Wahrscheinlichkeit für das Ergebnis „zweimal Zahl" beträgt 25 %.
2. Wie groß ist die Wahrscheinlichkeit dafür, dass beim zweimaligen Werfen einer Münze mindestens einmal Zahl fällt?
   Lösung:
   $P(ZZ;\ ZW;\ WZ) = \frac{1}{4} + \frac{1}{4} + \frac{1}{4} = \frac{3}{4} = 0,75 = 75\ \%$ — Mindestens einmal Zahl heißt entweder einmal Zahl oder zweimal Zahl. Wende die 2. Pfadregel an.
   Die Wahrscheinlichkeit dafür, dass mindestens einmal Zahl fällt, beträgt 75 %.

Merke

Ereignis und Gegenereignis

Man kann die Wahrscheinlichkeit eines **Ereignisses E** auch mithilfe des **Gegenereignisses $\overline{E}$** berechnen. Dabei gilt: $P(E) = 1 - P(\overline{E})$

Beispiel

Wie groß ist die Wahrscheinlichkeit dafür, dass beim zweimaligen Werfen einer Münze mindestens einmal Zahl fällt?

Lösung:

$P(ZZ; ZW; WZ) = 1 - P(WW) = 1 - \frac{1}{4} = \frac{3}{4} = 75\ \%$

Gegenereignis zum Ereignis „mindestens einmal Zahl" ist „keinmal Zahl", also zweimal Wappen (WW).

Merke

Mehrstufige Zufallsversuche ohne Zurücklegen

Beim Ziehen ohne Zurücklegen **ändern** sich die Wahrscheinlichkeiten mit jeder Stufe. Pfade können entfallen, falls alle entsprechenden Objekte (z. B. Kugeln) bereits gezogen wurden.

Beispiel

Ein Behälter enthält eine weiße (g), drei schwarze (s) und vier rote (r) Kugeln. Es wird eine Kugel gezogen und dann, ohne die erste Kugel zurückzulegen, eine zweite Kugel gezogen.

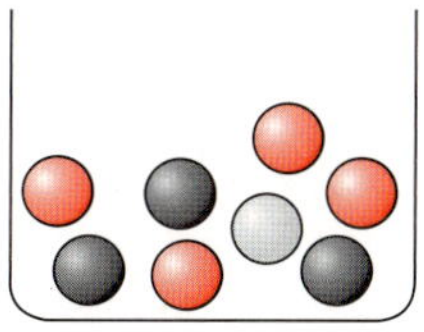

a) Erstelle dazu ein passendes Baumdiagramm.

Lösung:

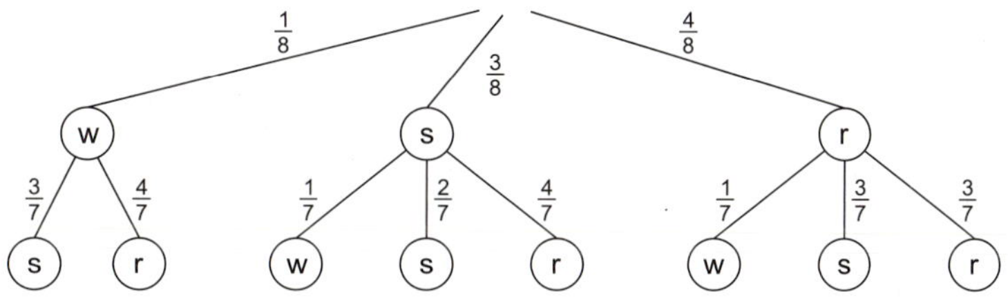

Beim ersten Ziehen hat man acht mögliche Ergebnisse (im Nenner steht 8), weil noch alle acht Kugeln in der Urne sind.
Beim zweiten Ziehen sind nur noch sieben Kugeln in der Urne. Es gibt also nur noch sieben mögliche Ergebnisse (im Nenner steht 7).

b) Berechne die Wahrscheinlichkeit, zweimal hintereinander schwarz zu ziehen.

Lösung:

$P(ss) = \frac{3}{8} \cdot \frac{2}{7} = \frac{6}{56} = \frac{3}{28} \approx 0{,}107 = 10{,}7\ \%$ Produktregel

c) Berechne die Wahrscheinlichkeit, dass beim zweiten Ziehen eine weiße Kugel gezogen wird.

Lösung:

$P(sw) = \frac{3}{8} \cdot \frac{1}{7} = \frac{3}{56}$ Produktregel

$P(rw) = \frac{4}{8} \cdot \frac{1}{7} = \frac{4}{56}$ Produktregel

$P(sw; rw) = \frac{3}{56} + \frac{4}{56} = \frac{7}{56} = \frac{1}{8} = 0{,}125 = 12{,}5\ \%$ Summenregel

Aufgaben

306

In einem Behälter befinden sich drei schwarze und zwei weiße Kugeln. Es wird zweimal gezogen.

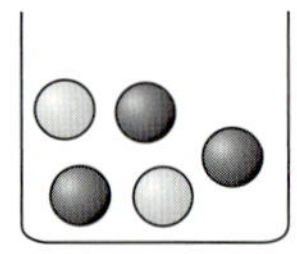

a) Zeichne ein Baumdiagramm, wenn die erste Kugel wieder zurückgelegt wird.

b) Zeichne ein Baumdiagramm, wenn die erste Kugel **nicht** wieder zurückgelegt wird.

c) Berechne die Wahrscheinlichkeit, zwei weiße Kugeln zu ziehen, wenn die erste Kugel wieder zurückgelegt wird.

d) Wie groß ist die Wahrscheinlichkeit, zwei weiße Kugeln zu ziehen, wenn die erste Kugel **nicht** wieder zurückgelegt wird?

e) Berechne die Wahrscheinlichkeit, genau eine schwarze Kugel zu ziehen, wenn die erste Kugel **nicht** zurückgelegt wird.

307

Das Glücksrad wird zweimal hintereinander gedreht.

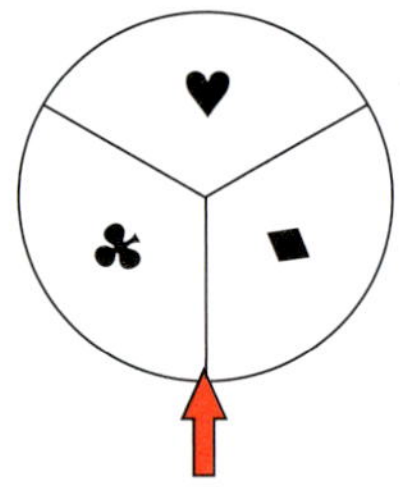

a) Erstelle ein passendes Baumdiagramm.

Berechne die Wahrscheinlichkeiten für folgende Ereignisse bei zweimaligem Drehen:

b) Es wird zweimal ♥ gedreht.

c) Es wird mindestens einmal ♥ gedreht.

d) Beim zweiten Drehen wird ein ♥ gedreht.

308

Erin würfelt zweimal hintereinander und addiert die gewürfelten Augenzahlen.

a) Erstelle ein passendes Baumdiagramm.
Hinweis: Du kannst dein Blatt auch quer nehmen, um ausreichend Platz zu haben.

b) Berechne die Wahrscheinlichkeit, dass Erin insgesamt die Augenzahl 12 würfelt.

c) Wie groß ist die Wahrscheinlichkeit, dass Erin insgesamt die Augenzahl 5 würfelt?

d) Welche Augensumme ist am wahrscheinlichsten? Begründe deine Entscheidung.

309

Ein Kartenstapel besteht aus vier Damen, vier Königen und einem Ass. Nina zieht nacheinander zwei Karten, **ohne** sie zurückzulegen.

a) Wahr oder falsch? Kreuze an.

Aussage	wahr	falsch
Die Wahrscheinlichkeit, dass Nina im ersten Zug eine Dame zieht, ist am größten.	☐	☐
Es ist unmöglich, dass Nina zwei Asse hintereinander zieht.	☐	☐
Nina zieht sicher einen König.	☐	☐
Wenn Nina sechsmal zieht, erhält sie mindestens eine Dame.	☐	☐

b) Berechne die Wahrscheinlichkeit, dass Nina einen König und ein Ass zieht.

c) Nina meint: „Wenn ich die erste Karte wieder zurücklege, ist die Wahrscheinlichkeit, dass ich einen König und ein Ass ziehe, größer.“
Hat Nina recht?

310 Auf einem Schulfest möchte die Klasse 9b ein Glücksrad aufbauen. Dreht man ein graues Feld, dann gewinnt man.

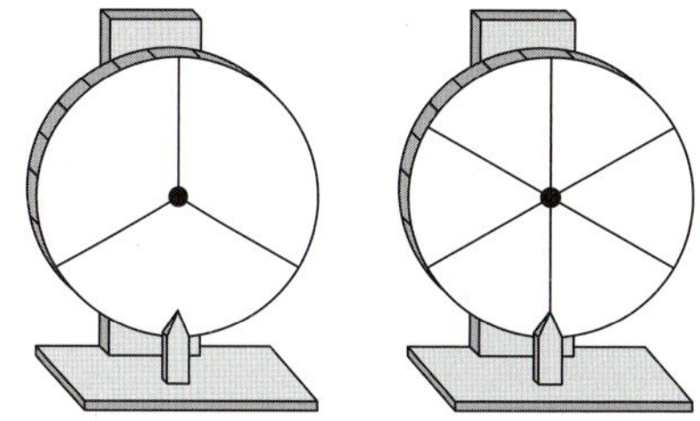

a) Schraffiere beide Glücksräder so, dass die Gewinnchance bei einem Versuch jeweils bei ca. 33 % liegt.

b) Wie groß ist jeweils die Wahrscheinlichkeit, beim zweimaligen Drehen kein graues Feld zu treffen?

c) Die Klasse denkt, dass das Glücksrad ca. 270-mal gedreht wird. Matteo meint: „Dann müssen wir mit 90 Gewinnen rechnen.“ Hat er recht?

Interaktive Aufgaben

1. Urne
2. Baumdiagramm ausfüllen (mit ZL)
3. Baumdiagramm ausfüllen (ohne ZL)
4. Produktformel (mit ZL)
5. Produktformel (ohne ZL)
6. Lose
7. Urne mit ZL I
8. Urne mit ZL II

Kombinatorik

Merke

Kombinationen

Gibt es für eine Auswahl **x** Möglichkeiten und für eine weitere Auswahl **y** Möglichkeiten, so ergeben sich für die kombinierte Auswahl zusammen **x · y Kombinationsmöglichkeiten**.

Beispiele

1. Lena hat ein rotes (r), grünes (g) und weißes (w) T-Shirt und eine blaue (b) und schwarze (s) Hose mit in den Urlaub genommen. Wie viele Kombinationsmöglichkeiten hat sie?

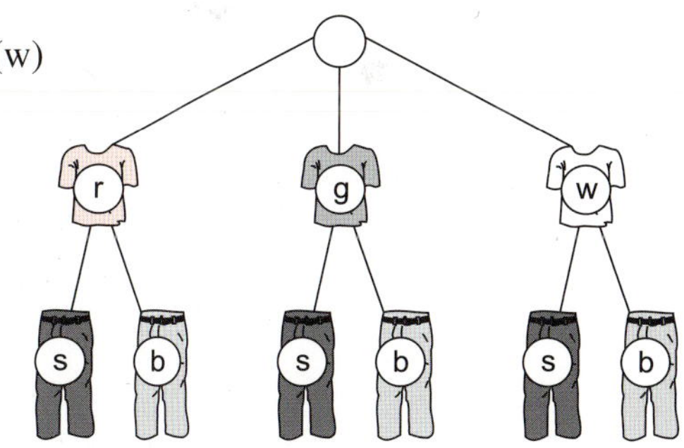

Lösung:
$3 \cdot 2 = 6$ Kombinationsmöglichkeiten

2. Der Pausenverkauf bietet Mohn- (M), Kürbiskern- (K), Roggen- (R) und Vollkornbrötchen (V) an. Jedes Brötchen kann mit Frischkäse (F), Thunfisch (T) oder Schinken (S) belegt werden.

a) Stelle alle möglichen Kombinationen in einem Baumdiagramm dar.

Lösung:

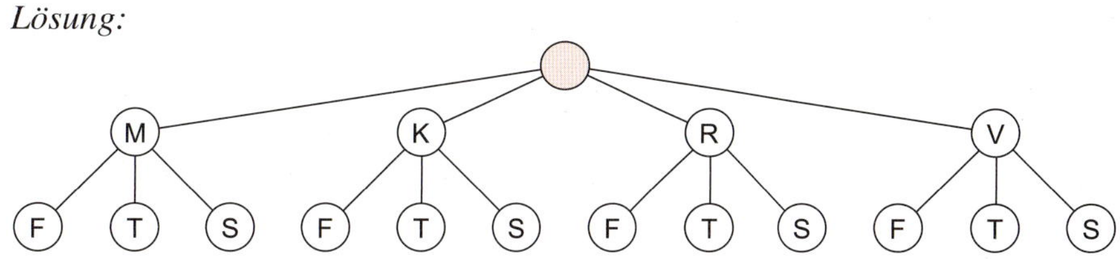

$4 \cdot 3 = 12$ Kombinationsmöglichkeiten

b) Florian mag keine Mohnbrötchen und keinen Frischkäse.
Wie viele Kombinationsmöglichkeiten bleiben für ihn?

Lösung:

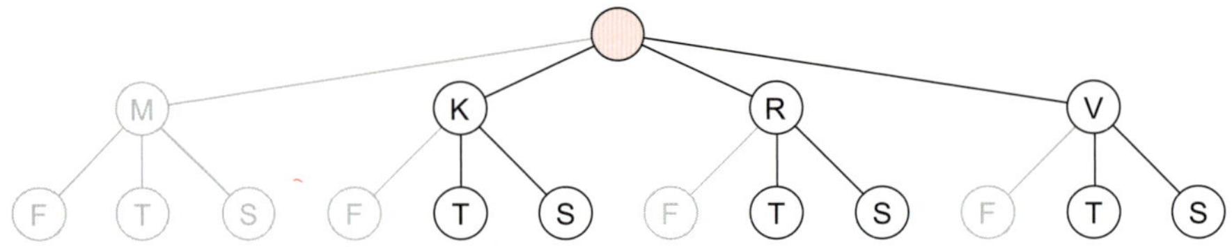

Florian kann aus $3 \cdot 2 = 6$ Möglichkeiten wählen.

Aufgaben

311 Ella packt in ihren Urlaubskoffer fünf T-Shirts, zwei Hosen und zwei Paar Schuhe. Wie lange könnte Ella im Urlaub bleiben, wenn sie täglich die Kleiderkombination wechseln will?

312 Lucas hat die dreistellige Zahlenkombination für sein Fahrradschloss vergessen. Er kann Zahlen von 0 bis 9 einstellen.

a) Wie viele Zahlenkombinationen sind möglich?

b) Wie viele Zahlenkombinationen sind möglich, wenn er sich sicher ist, dass die erste Zahl keine 0 ist?

313 Ein chinesisches Restaurant wirbt mit folgendem Slogan für sein Mittagstischangebot:

Nimm zu diesem Angebot Stellung.

Interaktive Aufgaben

1. FC Grün-Weiß
2. MP3-Player

10 Problemlösen

Schätzen⊕

Merke

Schätzen von Ausgangsgrößen
Wenn bei einer Aufgabenstellung keine Werte angegeben sind, mit denen du die Aufgabe lösen kannst, musst du diese selbst ermitteln.
Suche dir eine **bekannte Bezugsgröße** (z. B. die Größe eines Menschen oder eines bekannten Gegenstandes) und vergleiche sie mit der gesuchten Größe.

Beispiel

Wie hoch ist der Laternenpfahl?
Lösung:
1. Schätzung:
Der Mann neben dem Laternenpfahl ist ca. 1,80 m groß.
2. Schätzung:
Die Körpergröße des Mannes passt ca. viermal in die Länge des Pfahls: $4 \cdot 1{,}80\ \text{m} = 7{,}20\ \text{m}$
Insgesamt ist die Laterne also ca. 7,20 m hoch.
Die Lampe selber hängt ca. 1 m tiefer, also auf 6,20 m.

Aufgaben

314 Im Frühjahr vor dem Beginn der Tennissaison müssen die Linien erneuert werden. Außerdem muss ein ca. 1 cm dicker Sandbelag neu eingestreut werden.

a) Schätze zunächst die Breite und die Länge des Spielfeldes sowie des gesamten Tennisplatzes.
b) Wie viele Meter Linie müssen pro Platz instand gehalten werden?
c) Bestimme, wie viele Kubikmeter Sand der Platzwart pro Tennisplatz bestellen muss.

315 Schätze, wie viele dieser Steine man braucht, um eine Einfahrt von 20 m^2 zu pflastern.

316 Schätze die Länge des Schlauchs.

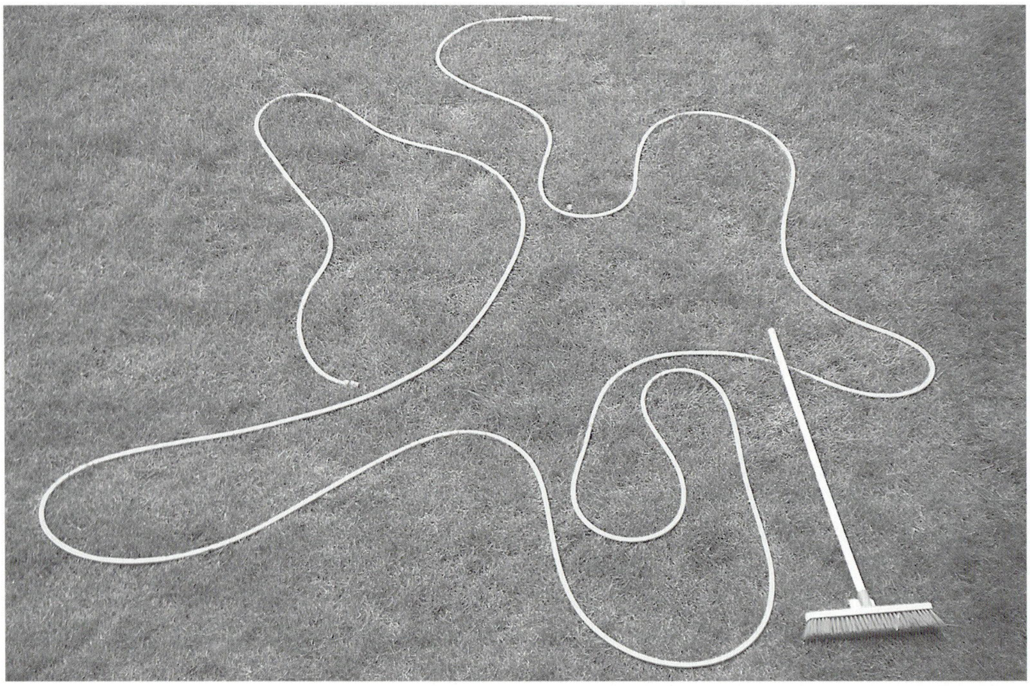

317 Für das Trampolingestell will Familie Winter ein neues Sprungtuch und ein neues Fangnetz kaufen.

a) Welchen Durchmesser muss das neue Sprungtuch haben?

b) Wie lang muss das neue Fangnetz (Sicherheitsnetz) sein?

Merke

Schätzen von großen Mengen
Wenn du eine große Anzahl von Gegenständen, Personen etc. schätzen möchtest, lege ein **geeignetes Raster** über die zu schätzende Größe. Betrachte zuerst **einen Teil der Größe**. Schließe dann von dem kleinen Teil auf alle Gegenstände.

Beispiel

Schätze, wie viele Nudeln auf dem Bildausschnitt zu sehen sind.

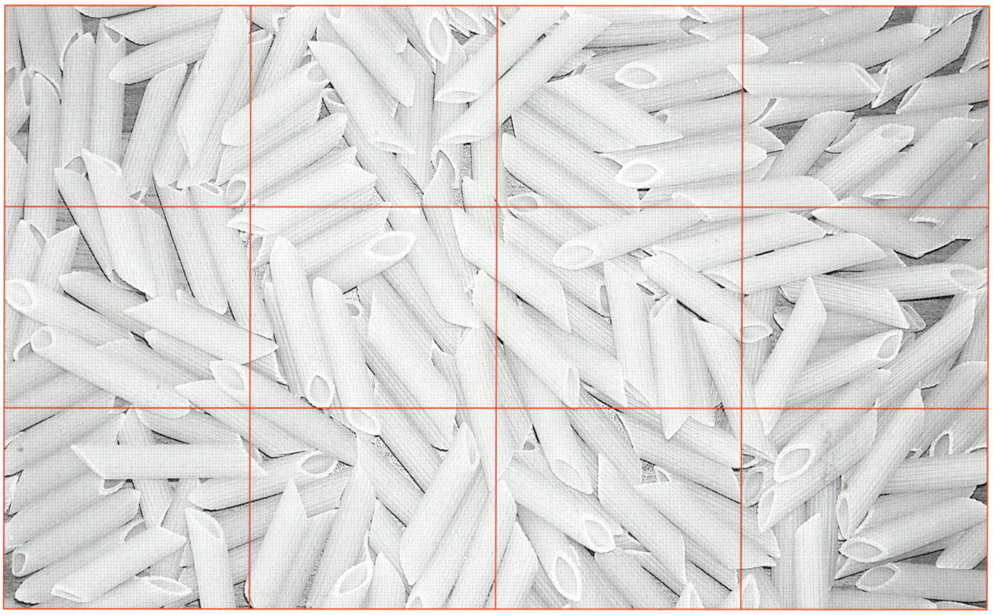

Lösung:
Der Bildausschnitt wird durch ein Raster mit 12 gleichen Teilen eingeteilt.
In einem Teil des Rasters befinden sich ca. 15 Nudeln.
$\Rightarrow$ 15 Nudeln $\cdot$ 12 = 180 Nudeln
Auf dem Bildausschnitt sind in etwa 180 Nudeln zu sehen.

Teile das Bild zunächst in gleichmäßige Rasterfelder. Zähle die Nudeln in nur einem Rasterfeld. Multipliziere anschließend die gezählten Nudeln mit der Anzahl der Rasterfelder.

Aufgaben

318 Schätze, wie viele Steine auf den neun Paletten gelagert sind.
Beschreibe deinen Lösungsweg.

319 Martin behauptet, dass er mit einer 500 g-Packung Spaghetti eine 100 m lange Strecke legen kann.
Hat er deiner Meinung nach recht, wenn eine Nudel 25 cm lang ist?

320 Schätze, wie viele Kisten auf diesem Bild zu sehen sind.
Beschreibe deinen Lösungsweg.

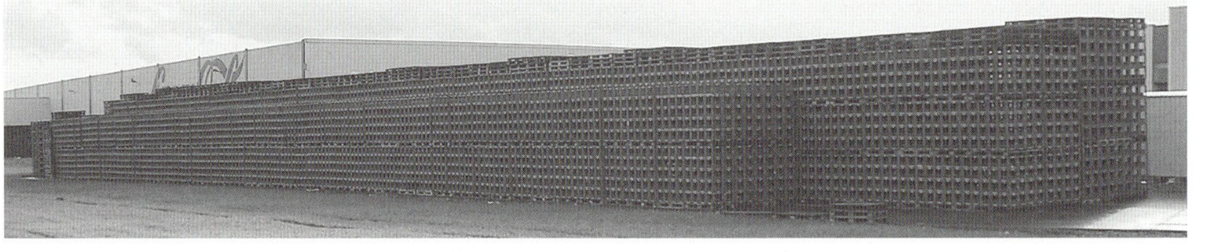

321 Das Bild zeigt den Ausschnitt eines Fußballstadions.

a) Schätze zunächst den Durchmesser des Mittelkreises und berechne dann den Umfang und den Flächeninhalt des Kreises.

b) Schätze, wie viele Fans auf dem Bildausschnitt zu sehen sind.

Interaktive Aufgaben

1. Schätzen
2. Punkte

Lösungsstrategien

Merke

Lösen von kniffligen Aufgaben

Für knifflige Aufgaben musst du jeweils eine **eigene Lösungsstrategie** finden. Lies dir die Aufgabe genau durch und markiere alle wichtigen Angaben, bevor du dir einen geeigneten Lösungsweg überlegst. Folgende Fragen helfen dir:

- Kannst du die Aufgabe **aufzeichnen**?
- Kannst du die Aufgabe in eine **Tabelle** schreiben?
- Kannst du die Aufgabe in einem **Koordinatensystem** darstellen?
- Kannst du die Aufgabe als **Gleichung** schreiben?

Beispiel

Beim Sommerfest an der Schule werden eine 54 cm lange Fackel und eine 40 cm lange Kerze angezündet. Die Fackel brennt 6 cm in der Stunde ab, die Kerze 4 cm.
Nach wie vielen Stunden sind beide Leuchten gleich lang?

Lösung:

1. Möglichkeit: **Skizze**

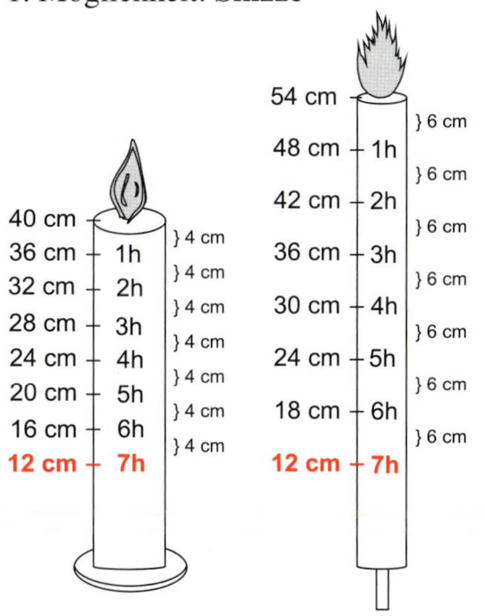

2. Möglichkeit: **Tabelle**

Zeit [h]	Kerze [cm]	Fackel [cm]
0	40	54
1	40 − **4** = 36	54 − **6** = 48
2	32	42
3	28	36
4	24	30
5	20	24
6	16	18
7	**12**	**12**

3. Möglichkeit: **Koordinatensystem**

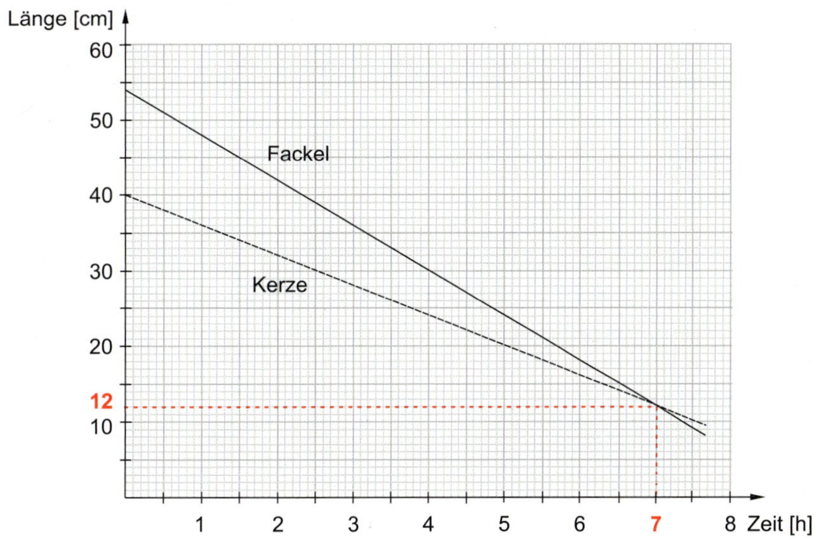

4. Möglichkeit: **Gleichung**

$$54 - 6x = 40 - 4x \quad | + 6x - 40$$
$$14 = 2x \quad | : 2$$
$$7 = x$$

Nach 7 Stunden sind beide Leuchten 12 cm lang.

Aufgaben

322 Im Urlaub am Strand siehst du wie eine Flaschenpost im Meer treibt. Bei genauerer Betrachtung fällt dir auf, dass die Flasche mit jeder Welle 9 m zu dir treibt und danach durch die Strömung wieder 6 m ins Meer zurückgezogen wird.
Nach wie vielen Wellen ist die Flasche bei dir, wenn sie im Moment auf der Höhe der Boje, die den Nichtschwimmerbereich mit 50 m kennzeichnet, treibt?

323 Der Wettbewerb „Nordische Kombination" besteht aus den beiden Disziplinen Skispringen und Skilanglauf. Weil Björn Jörnson kürzer als Thomas Schmidt gesprungen ist, muss er 10 Minuten später in die Loipe. Trotzdem rechnet er sich Chancen aus, da er erfahrungsgemäß auf der 20 km-Runde einen Schnitt von $500\,\frac{m}{min}$ läuft und Thomas nur einen Schnitt von $400\,\frac{m}{min}$. Kann Björn gewinnen?

324 Die Preise für Digitalkameras sind in den letzten vier Jahren jeweils durchschnittlich um 15 % gefallen.
Bestimme den Preis einer vergleichbaren Kamera vor vier Jahren, die heute 150 € kostet.

325 Auf ihrem Kindergeburtstag verteilt Natalie leider die Schokoladenbonbons nach Sympathie. Ihre beste Freundin Nadja bekommt ein Drittel der Bonbons, Maja bekommt vom Rest die Hälfte und die restlichen vier Gäste bekommen jeweils vier Bonbons.
Wie viele Bonbons bekommt jeder Gast?

326 Katrin kauft drei Brötchen für 1,35 €. Sie zahlt mit einer 2-€-Münze.
Wie viele Münzen erhält sie mindestens als Wechselgeld zurück? Nenne mindestens drei weitere Möglichkeiten, wie das Wechselgeld herausgegeben werden kann.

327 Bei einem Wochenendausflug in den Harz steht Finn auf einem Rastplatz an der Bundesstraße und wettet mit seinem Vater, dass heute mehr Motorräder als Autos unterwegs sind.
Er zählt innerhalb von zehn Minuten 40 Räder an 13 Fahrzeugen.
Hat Finn recht? Begründe.

328 Bei einem kleinen Turnier während des Tischtennistrainings spielen sechs Spielerinnen „Jede gegen Jede".
Wie viele Spiele absolviert jede einzelne Spielerin und wie viele Spiele werden an diesem Abend insgesamt bestritten?

329 Nach Ablauf des kleinen Turniers unter den sechs Spielerinnen verteilt der Schiedsrichter Müsliriegel. Der 1. Platz bekommt die Hälfte seiner Müsliriegel, der 2. Platz wieder die Hälfte der noch verbliebenen Riegel usw. Der 5. und 6. Platz geht leer aus. Am Ende behält der Schiedsrichter noch genau einen Riegel für sich.
Wie viele Müsliriegel hatte er ursprünglich?

Interaktive Aufgaben

1. Fotofalle
2. Monatskarte

▶ Abschlussprüfung

Abschlussprüfung an Hauptschulen in Niedersachsen
Mathematik 2018

E- + G-Kurs — Hauptteil 1 (ohne Hilfsmittel)

4 Punkte

1. Ergänze die fehlenden Zahlen.

a)

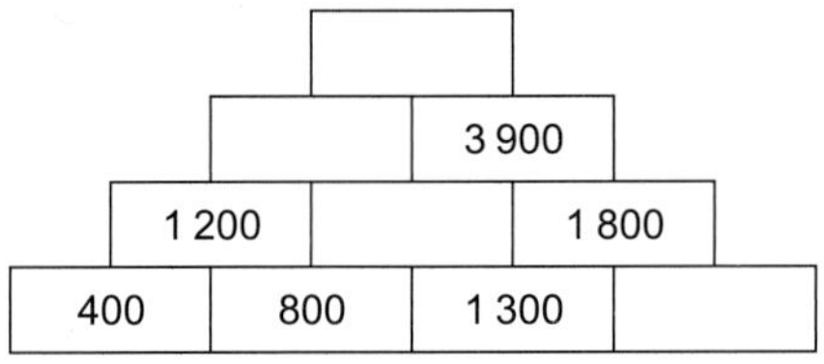

b)

•	3	7	20
30		210	
	150		1 000

3 Punkte

2. Kreuze das richtige Ergebnis an.

a) 21 043 + 19 745 = ☐ 4 788 ☐ 32 788 ☐ 40 788

b) 3 007 · 5 = ☐ 9 021 ☐ 15 035 ☐ 25 035

c) 2,97 : 3 = ☐ 0,99 ☐ 1,45 ☐ 9,90

3 Punkte

3. Ergänze die Zahlenreihen.

a)	7,5	8,0	8,5	9,0	
b)		–15	0	15	30
c)	4	16	8	32	

2 Punkte

4. Rechne schriftlich.

a) 465,41 + 70,86

b) 3 607 · 4,2

3 Punkte

5. Wandle um.

a) 0,3 kg = ________ g

b) ________ h = 150 min

c) ________ € = 27 ct

2 Punkte

6. Ordne die vier Längeneinheiten: mm, cm, m, km richtig zu.
Jede Einheit darf nur einmal genutzt werden.

<u>Länge</u> eines Lineals – Angabe in ________

<u>Strecke</u> von Hannover nach Berlin – Angabe in ________

<u>Höhe</u> eines Kirchturmes – Angabe in ________

<u>Dicke</u> eines Blattes Papier – Angabe in ________

2 Punkte

7. Ein Restaurant hat die folgende Menükarte:

a) Gib ein mögliches Menü aus 3 Gängen an.

1. Gang: ________________________________

2. Gang: ________________________________

3. Gang: ________________________________

b) Gib an, wie viele Menüs aus 3 Gängen sich aus der Speisekarte zusammenstellen lassen.

Es lassen sich ________ verschiedene Menüs aus 3 Gängen zusammenstellen.

3 Punkte

8. Entscheide, ob es sich um eine proportionale (p) oder antiproportionale (ap) Zuordnung handelt. In welchen Beispielen liegt keines von beiden (k) vor?
Kreuze an.

		p	ap	k
a) Schwimmbecken:	Anzahl der Pumpen $\rightarrow$ Fülldauer	☐	☐	☐
b) Sparguthaben:	Geldbetrag in € $\rightarrow$ Jahreszinsen in €	☐	☐	☐
c) Körpergröße:	Körpergröße $\rightarrow$ Alter eines Menschen	☐	☐	☐

2 Punkte

9. Trage die Zahlen in der richtigen Reihenfolge in die Kästchen ein.

a) 0,5   −1,5   −0,4   ☐ < ☐ < ☐

b) 4,5 $\frac{7}{2}$ $\frac{3}{5}$ ☐ < ☐ < ☐

2 Punkte

10. Ein Quadrat mit der Seitenlänge 4 cm ist gegeben.

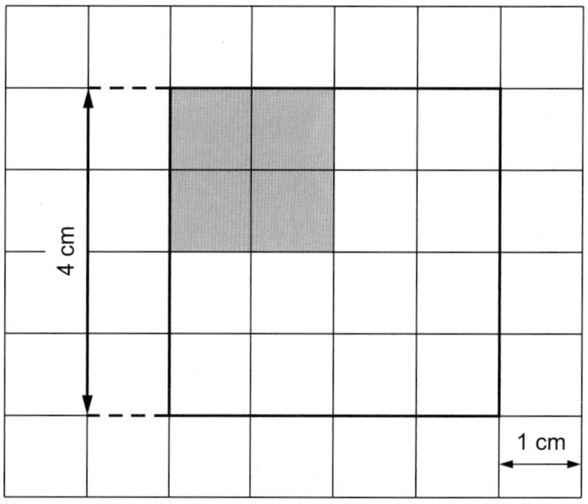

a) Gib den Umfang des großen Quadrates an.

u = ____________

b) Gib den Flächeninhalt der grauen Fläche an.

Die Fläche ist ________ cm^2 groß.

2 Punkte

11. Folgende Münzen sind in Annes Geldbörse:

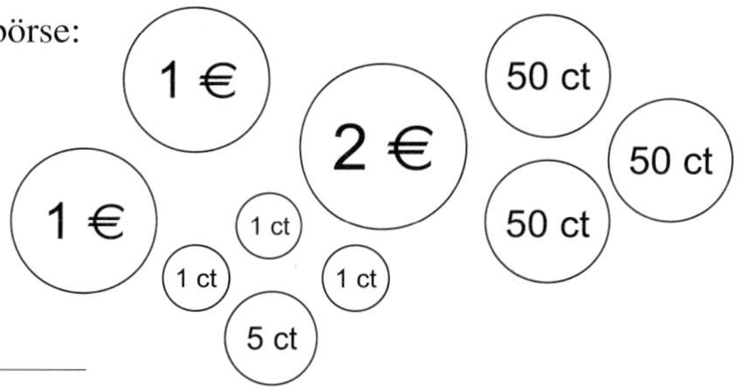

a) Anne möchte einen Preis von 2,55 € mit möglichst vielen von ihren Münzen zahlen. Gib an, welche Münzen Anne nutzen sollte.

Münzen: ____________________

____

b) Anne hat die 2,55 € bezahlt. Gib an, wie viel Restgeld Anne dann noch hat.

Restgeld: ____________________

E-Kurs Hauptteil 2

Aufgabe 1

In einer Zeitung steht:

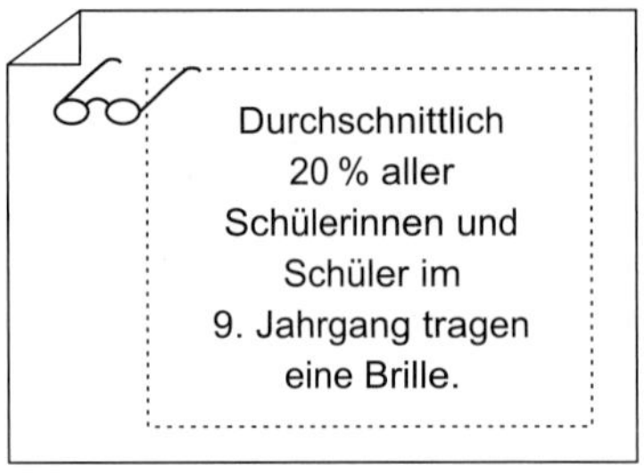
Durchschnittlich 20 % aller Schülerinnen und Schüler im 9. Jahrgang tragen eine Brille.

Den 9. Jahrgang der Oberschule Neustadt besuchen 115 Schülerinnen und Schüler.

2 Punkte a) Berechne, wie viele Schülerinnen und Schüler nach der Zeitungsaussage durchschnittlich eine Brille tragen.

2 Punkte b) 

© Teguh Mujiono. Shutterstock

Andreas behauptet:
„Unsere Klasse hat 30 Schüler. Also <u>muss</u> es genau 6 Brillenträger in der Klasse geben.“

Ist seine Aussage wahr oder falsch?
Kreuze an und begründe. ☐ wahr ☐ falsch

____

____

Aufgabe 2

Ein zylindrisches Schwimmbecken hat die Maße:
Durchmesser: d = 6 m Tiefe: t = 1,3 m

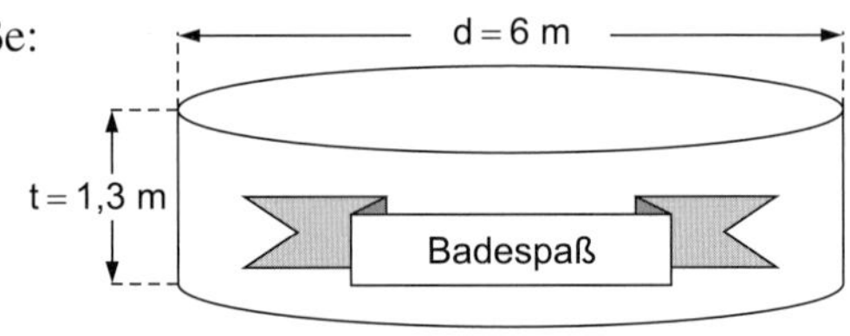

2 Punkte a) Das gefüllte Schwimmbecken wird durch eine genau passende kreisrunde Platte geschützt.
Berechne den Flächeninhalt der Platte.

2 Punkte b) Berechne das Volumen des Schwimmbeckens.

Pro Minute laufen 0,6 m^3 Wasser in das Becken.

1 Punkt c) Berechne, wie lange es dauert, bis das Becken randvoll gefüllt ist.
(Wenn du Teilaufgabe b nicht lösen konntest, rechne mit 40,5 m^3 weiter.)

Aufgabe 3

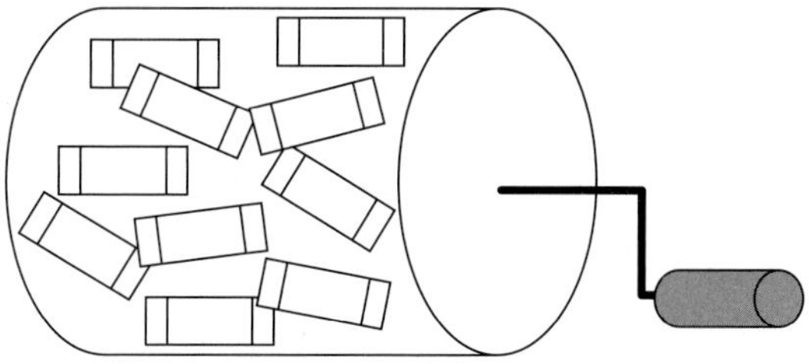

In einer Lostrommel befinden sich 60 % Nieten, 26 % Trostpreise, 13 % große Gewinne und 3 Hauptgewinne.

3 Punkte a) Berechne den Prozentsatz der Hauptgewinne und gib die Anzahl der Lose in der Lostrommel an.

Nachdem 120 Lose verkauft wurden, befinden sich noch zwei Hauptgewinne in der Lostrommel.

2 Punkte b) Bestimme die Wahrscheinlichkeit, als Nächstes einen Hauptgewinn zu ziehen.
(Wenn du Aufgabe a nicht rechnen konntest, rechne mit einer Anzahl von 400 Losen weiter.)

Aufgabe 4

Die Tabelle und das Kreisdiagramm zeigen den Fang eines Fischers aus Cuxhaven.

Fischart	Prozentsatz
Seelachs	
Hering	
Scholle	
Dorsch	
Schellfisch	2 %

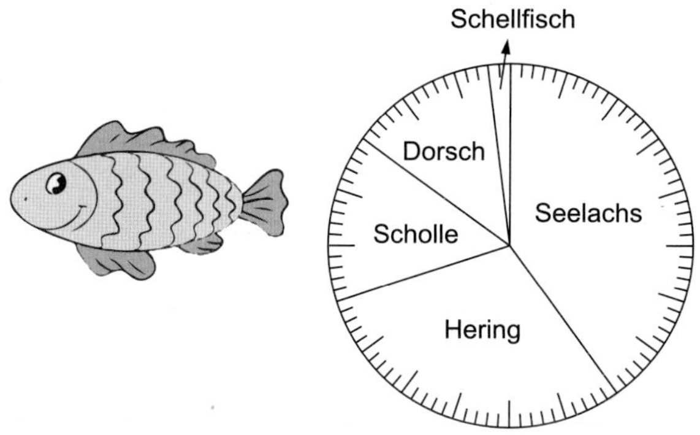

2 Punkte a) Entnimm dem Kreisdiagramm die fehlenden Prozentsätze und trage sie in die Tabelle ein.

2 Punkte b) Der Fischer hat insgesamt 2 453 kg Fisch gefangen.
Berechne, wie viel kg Schellfisch er gefangen hat.

1 Punkt c) Frau Werner kauft 1,6 kg Schellfisch und bezahlt dafür 34,40 €.
Berechne den Preis für ein Kilogramm Schellfisch.

Aufgabe 5

An der Anlegestelle einer Fähre findet sich diese Preistabelle:

1 Punkt a) Berechne den Preis für 5 Personen.

2 Punkte b) Berechne den günstigsten Preis für 18 Personen.

Für eine Gruppe aus 24 Personen rechnet Anne einen Preis von 114 € aus.

2 Punkte c) Gib an, wie Anne den Preis von 114 € berechnet hat.

Andreas meint, dass die Gruppe günstiger fahren kann.

2 Punkte d) Hat er recht? Begründe.

☐ Ja, er hat recht. ☐ Nein, er hat nicht recht.

Begründung: ____________________

Aufgabe 6

4 Punkte Kreuze an, welche Terme richtig (r) und welche falsch (f) aufgelöst wurden. Korrigiere falsche Lösungen.

	r	f	Korrektur
$5 \cdot (6x+7) = 30x - 35$	☐	☐	
$-(3x+5) = -3x - 5$	☐	☐	
$2+(3-7x) = 5 - 7x$	☐	☐	

Aufgabe 7

Das Segel eines Segelbootes ist 4,20 m hoch.
Es steht im rechten Winkel 1,20 m vom Mast ab.

1 Punkt a) Trage die zwei bekannten Werte in die Skizze ein.

3 Punkte b) Berechne die fehlenden Werte.

2 Punkte c) Berechne die Fläche des Segels.

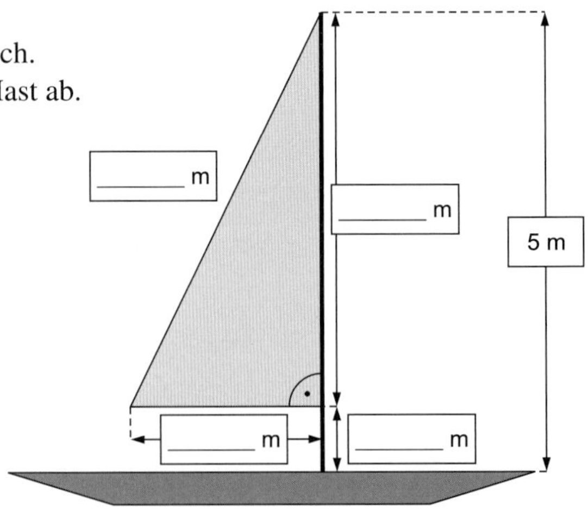

E-Kurs Wahlteil

Wahlaufgabe 1

Annes Klasse bastelt für das Schulfest ein Glücksrad.

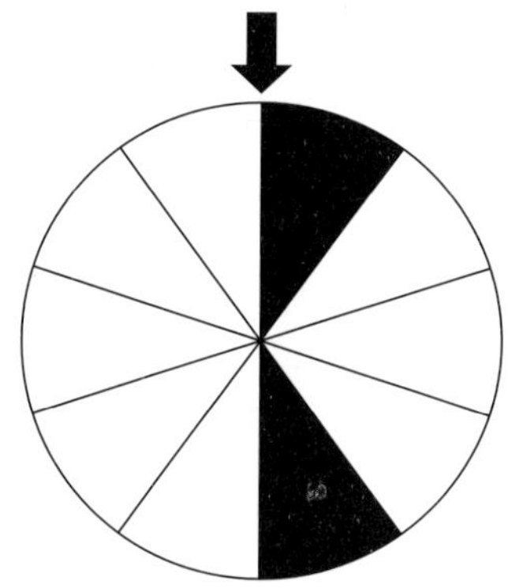

Trostpreise	graue Felder
Hauptgewinne	schwarze Felder
Nieten	weiße Felder

1 Punkt a) Bestimme, mit welcher Wahrscheinlichkeit der Zeiger auf einem schwarzen Hauptgewinnfeld stehen bleibt.

Es soll mehr Trostpreise als Hauptgewinne geben.
Daher schlägt Anne vor, 30 % der Felder grau anzumalen.

2 Punkte b) Färbe 30 % der Felder grau und bestimme die Wahrscheinlichkeit für weiß.

p(weiß) = ________ %

Anne behauptet: „Wenn ich das Glücksrad 10-mal drehe, ist es sicher, dass es einmal schwarz zeigt."

1 Punkt c) Kreuze an, ob Annes Aussage wahr oder falsch ist.

☐ wahr ☐ falsch

Das Glücksrad wird 2-mal gedreht.

2 Punkte d) Notiere die Wahrscheinlichkeiten an den Pfaden.

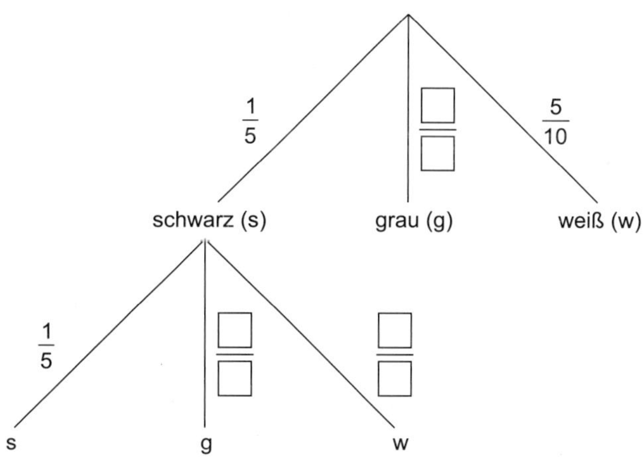

1 Punkt e) Berechne die Wahrscheinlichkeit für die Farbfolge „**schwarz – schwarz**".

Aufgabe 3

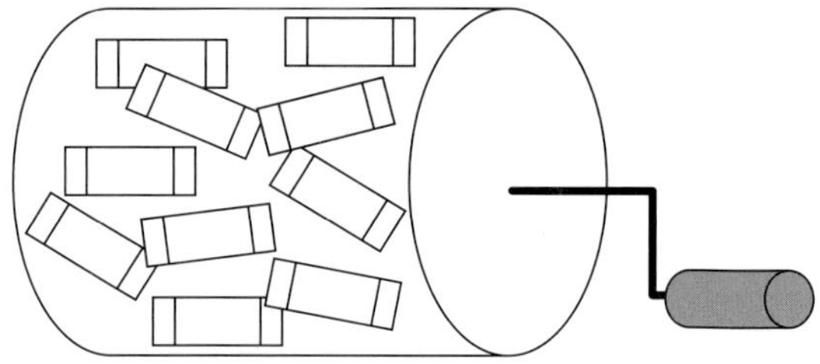

In einer Lostrommel befinden sich 300 Lose.
Davon sind 5 % Superpreise.

3 Punkte a) Bestimme die fehlenden Werte in der Tabelle.

	absolute Häufigkeit	**Wahrscheinlichkeit in Prozent**	**Wahrscheinlichkeit als Bruch**
Superpreise	15	5 %	$\frac{1}{20}$
Hauptgewinne	30	10 %	
Trostpreise		25 %	$\frac{1}{4}$
Nieten	180		$\frac{3}{5}$

2 Punkte b) Nachdem 250 Lose verkauft wurden, befinden sich noch 2 Hauptgewinne in der Lostrommel.
Bestimme die Wahrscheinlichkeit, als Nächstes einen Hauptgewinn zu ziehen.

Aufgabe 4

Die Tabelle zeigt den gesamten Fang eines Fischers aus Cuxhaven.

Fischart	Prozentsatz
Seelachs	40 %
Hering	30 %
Scholle	15 %
Dorsch	

1 Punkt a) Ergänze in der Tabelle den fehlenden Prozentsatz.

1 Punkt b) Ergänze das Streifendiagramm.

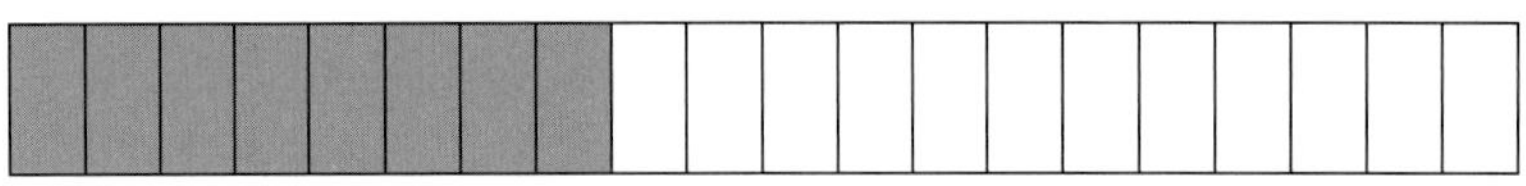

2 Punkte c) Der Fischer hat 2 000 kg Fisch gefangen.
Berechne, wie viel kg Scholle er gefangen hat.

1 Punkt d) Ein Kilogramm Scholle kostet 12 €. Frau Werner kauft 0,8 kg Scholle.
Berechne, wie viel sie bezahlen muss.

Aufgabe 5

An der Anlegestelle einer Fähre findet sich diese Preistabelle:

1 Punkt a) Berechne den Preis für 6 Personen.

Eine Gruppe von 20 Personen kauft eine Gruppenkarte für 20 Personen.

2 Punkte b) Berechne, wie viel jeder zahlen muss.

Für eine Gruppe von 16 Personen rechnet Anne einen Preis von 76,– € aus.

2 Punkte c) Notiere, wie Anne gerechnet hat.

Aufgabe 6

Der Mast eines Segelbootes ist 5 m hoch.
Das Segel ist 4,20 m hoch.
Es steht im rechten Winkel 1,20 m vom Mast ab.

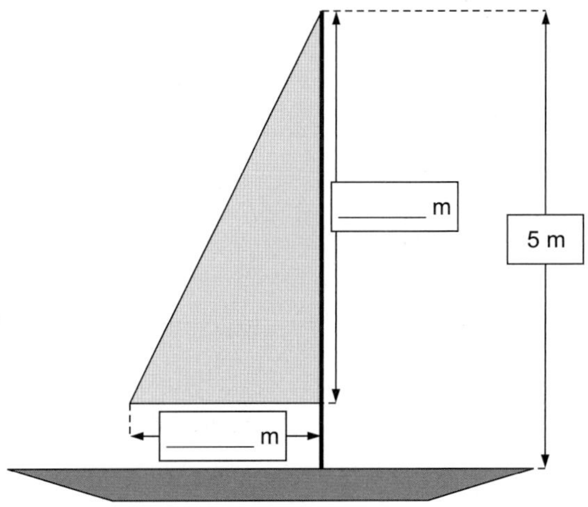

2 Punkte a) Trage die fehlenden Werte ein.

2 Punkte b) Berechne den Flächeninhalt des Segels.

Aufgabe 7

2 Punkte a) Anne-Marie hat einen Fehler gemacht.
Umkreise den Fehler und notiere den richtigen Rechenweg.

$$6x + 3 = 18 \quad | -3$$
$$6x = 18 \quad | :6$$
$$x = 3$$

2 Punkte b) Löse die Gleichung: $4x = 21 + x$

Aufgabe 8

Im Zoo werden die Elefanten gewogen.

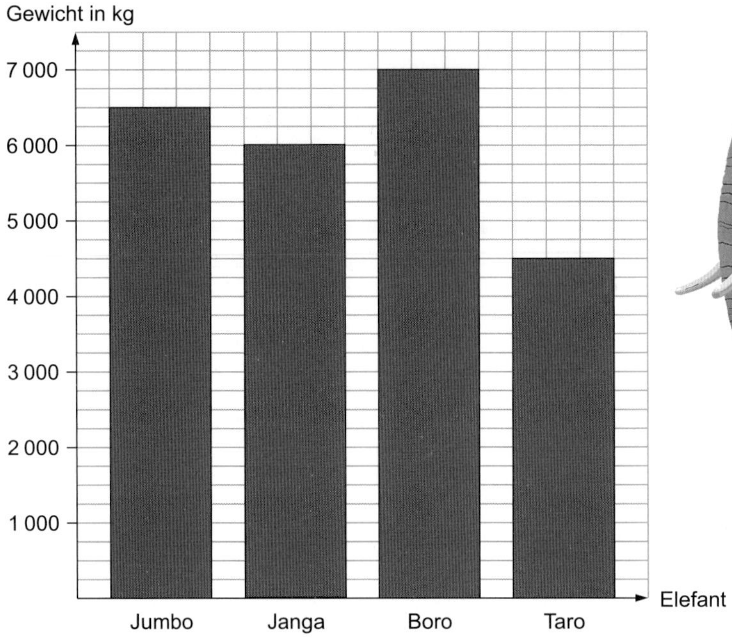

© Bienchen-s. Shutterstock

1 Punkt a) Bestimme, welcher Elefant das höchste Gewicht hat, und gib an, wie schwer er ist.

3 Punkte b) Berechne das durchschnittliche Gewicht und die Spannweite.

(Spannweite = Gewichtsunterschied zwischen dem schwersten und dem leichtesten Tier)

durchschnittliches Gewicht: ____________ kg

Spannweite: ____________ kg

G-Kurs Wahlteil

Wahlaufgabe 1

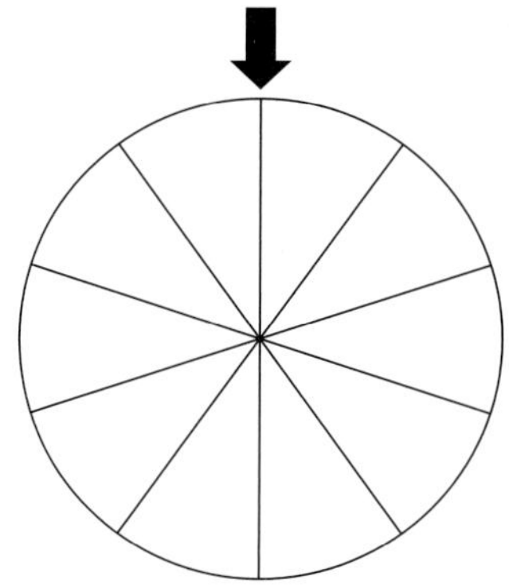

Annes Klasse bastelt für das Schulfest ein Glücksrad.
Es soll Hauptgewinne, Trostpreise und Nieten anzeigen.

Dafür überlegt sich die Klasse folgende Aufteilung:

Trostpreise	graue Felder	30 %
Hauptgewinne	schwarze Felder	20 %
Nieten	weiße Felder	

2 Punkte a) Vervollständige die Tabelle und färbe das Glücksrad entsprechend ein.

3 Punkte b) Kreuze an und ergänze eine wahre Aussage.

	wahr	falsch
Es ist wahrscheinlicher eine Niete als einen Preis zu bekommen.	☐	☐
Die Wahrscheinlichkeit, einen Hauptgewinn zu bekommen, ist $\frac{1}{5}$.	☐	☐
____________________	☒	☐

Eine andere Klasse hat „Entenangeln“ für das Schulfest vorbereitet.

In einem Becken befinden sich 5 Enten.
Eine davon trägt verdeckt ein Zeichen für den Hauptpreis.

Die restlichen Enten sind Trostpreise.

1 Punkt c) Bestimme, mit welcher Wahrscheinlichkeit die Ente mit dem Hauptpreis geangelt wird.

Die geangelten Enten werden zurück ins Becken gesetzt.

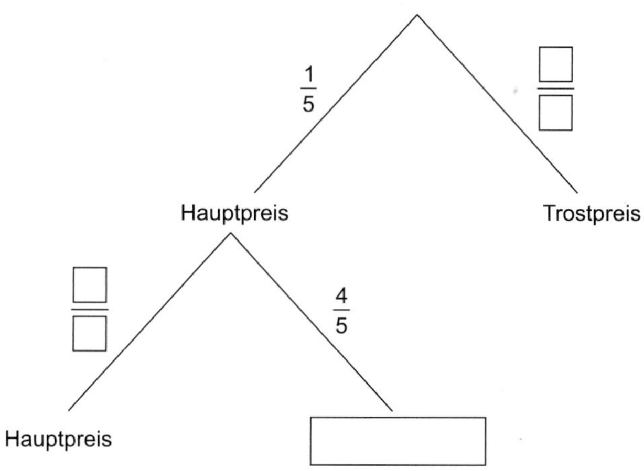

3 Punkte d) Notiere die zwei Wahrscheinlichkeiten an den Pfaden und fülle das leere Feld aus.

1 Punkt e) Berechne die Wahrscheinlichkeit für die Angelfolge „**Hauptpreis – Trostpreis**“.

Wahlaufgabe 2

Das „Dersa Kino“ hat in einer Woche 4 900 Besucher.

Wochentag	Montag	Dienstag	Mittwoch	Donnerstag	Freitag	Samstag	Sonntag
Besucherzahl		300	500	1 000	600	900	1 000

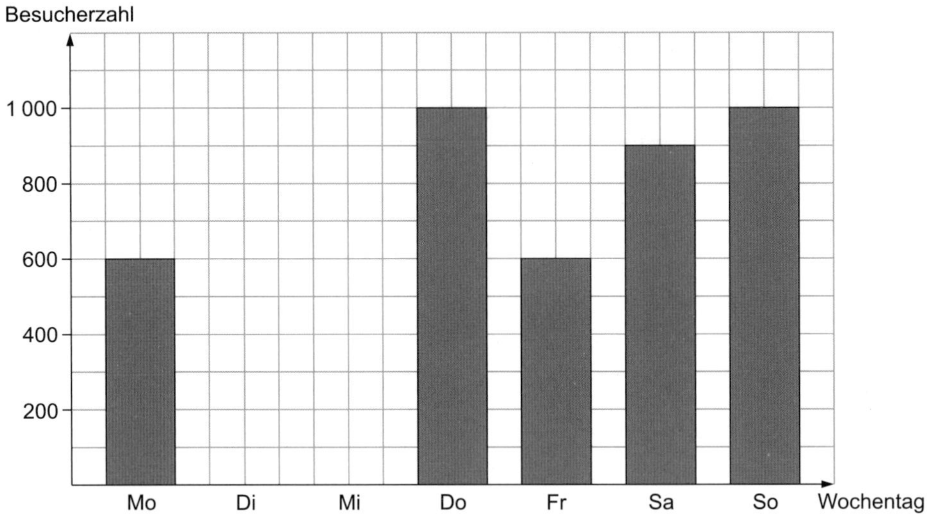

1 Punkt a) Lies den fehlenden Wert aus dem Diagramm ab und trage ihn in die Tabelle ein.

2 Punkte b) Zeichne die fehlenden Säulen für Dienstag und Mittwoch in das Diagramm ein.

2 Punkte c) Berechne, wie viele Besucher durchschnittlich in dieser Woche pro Tag das Kino besuchen.

1 Punkt d) Bestimme die Tage, an denen mehr Besucher kommen als im Durchschnitt.
(Wenn du Aufgabe c nicht lösen konntest, rechne mit einer durchschnittlichen Besucherzahl von 800 Personen weiter.)

Am Donnerstag ist Kinotag. Jede Karte kostet 5 €.

2 Punkte e) Berechne, welchen Betrag das Kino am Donnerstag durch den Verkauf der Eintrittskarten einnimmt.

Der Kinobesitzer erhöht den Eintrittspreis am Donnerstag auf 6 €. Deshalb kommen nur 900 Zuschauer.

2 Punkte f) Begründe mit einer Rechnung, ob sich die Preiserhöhung für den Kinobesitzer lohnt.
(Wenn du Aufgabe e nicht lösen konntest, rechne mit einer Einnahme von 5 020 € weiter.)

Wahlaufgabe 3

Anne vergleicht die Gebühren verschiedener Banken.

Bank	Grundgebühr pro Monat	Kosten pro Überweisung
Spardi Bank	0 €	1,50 €
Spaß Kasse	10 €	0 €
Englische Bank	8 €	0,50 €

1 Punkt a) Beschrifte die Graphen mit dem Namen der Bank.

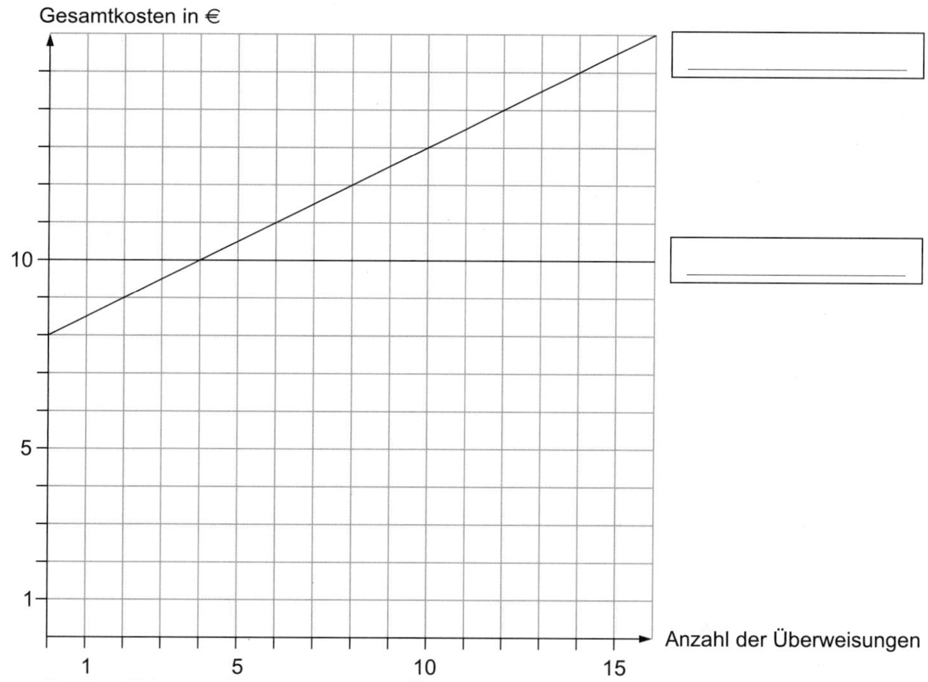

2 Punkte b) Lies die Werte für die Englische Bank im Koordinatensystem ab und trage sie in die Tabelle ein.

Englische Bank				
Anzahl der Überweisungen	0	2		9
Gesamtkosten in €	8		11	12,50

3 Punkte c) Berechne die fehlenden Werte für die Spardi Bank **und** zeichne den Graphen in das Koordinatensystem in Aufgabe a ein.

Spardi Bank				
Anzahl der Überweisungen	0	1	5	
Gesamtkosten in €	0	1,50		15

1 Punkt d) Kreuze an, welche der drei Funktionsgleichungen zur Spaß Kasse gehört.

☐ $y = 5x + 2$

☐ $y = 10$

☐ $y = 10x$

1 Punkt e) Marie hat im letzten Monat 27 Überweisungen getätigt. Ihre Bank berechnet ihr für diesen Monat 10 €.
Gib an, bei welcher Bank Marie Kundin ist.

2 Punkte f) Trage ein, welche Bank jeweils am günstigsten ist.

© tomnamon. 123rf.com

Wahlaufgabe 4

Die Tabelle und das Diagramm zeigen die Länge verschiedener Flüsse im Bundesland Niedersachsen.

Fluss	Weser	Leine	Ems	Aller
Länge in Kilometern		250	240	200

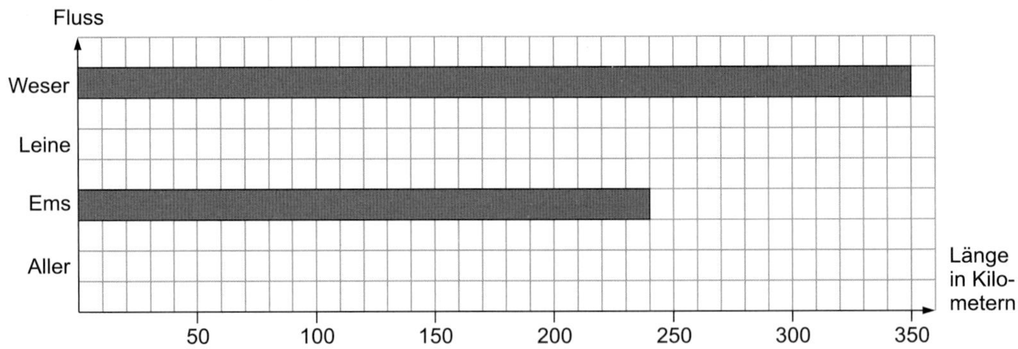

3 Punkte a) Ergänze den fehlenden Wert in der Tabelle und zeichne die fehlenden Balken in das Diagramm.

Schleusen helfen, Wasserunterschiede auszugleichen.
Vor dem oberen Schleusentor hat der Mittellandkanal eine Höhe von 65 m über dem Meeresspiegel (Oberwasser).
Nach dem unteren Schleusentor hat der Mittellandkanal eine Höhe von 50 m über dem Meeresspiegel (Unterwasser).

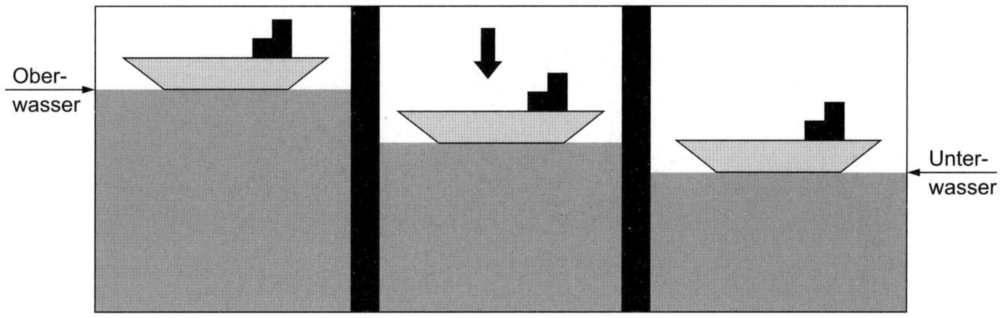

1 Punkt b) Gib an:

Der Höhenunterschied zwischen Oberwasser und Unterwasser beträgt ________ m.

Die Anderter Schleuse am Mittellandkanal in Hannover wurde im Jahr 1928 fertiggestellt.

1 Punkt c) Trage die richtige Antwort ein.

Im Jahr 2018 wird die Anderter Schleuse _____ Jahre alt.

Die quaderförmige Schleusenkammer hat folgende Maße:

Länge (a) = 225 m

Breite (b) = 12 m

Tiefe (c) = 15 m

2 Punkte d) Berechne das Volumen der Schleusenkammer.

1 Punkt e) Pro Minute fließen 2 700 m^3 Wasser in die leere Schleusenkammer. Berechne, wie lange es dauert, bis sie randvoll gelaufen ist.

(Falls du Aufgabe c nicht rechnen konntest, rechne mit V = 44 550 m^3 weiter.)

Ein Schiff fährt mit einer Durchschnittsgeschwindigkeit von 10 Kilometern pro Stunde. Auf einer Gesamtstrecke von 100 km müssen 2 Schleusen passiert werden. Jede Schleusendurchfahrt dauert 20 Minuten.

2 Punkte f) Berechne die Gesamtdauer der Fahrt.

Abschlussprüfung an Hauptschulen in Niedersachsen
Mathematik 2019

E- + G-Kurs

Hauptteil 1 (ohne Hilfsmittel)

Wichtiger Hinweis:
Bearbeite alle Aufgaben auf den Aufgabenblättern.

3 Punkte

1. Ergänze die fehlenden Zahlen.

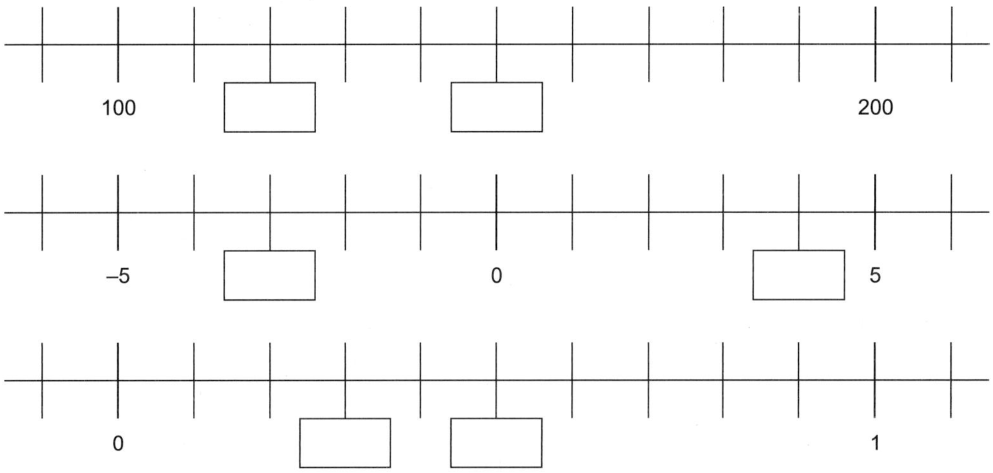

3 Punkte

2. Rechne schriftlich.

a) $230{,}87 + 1\,347{,}02$ b) $57\,426 - 4\,874$ c) $62{,}47 \cdot 6$

3. Ein Dreieck hat folgende Werte: $\alpha = 40°$, $\beta = 50°$, Seite $c = 5$ cm.

3 Punkte

a) Zeichne das Dreieck.

1 Punkt

b) Bestimme den Winkel γ.

$\gamma =$ ________°

4 Punkte

4. Berechne.

a) 8 700 + ____________ = 10 000 b) 24 500 – ____________ = 10 000

c) 250 · ____________ = 1 000 d) 40 000 : ____________ = 2 000

3 Punkte

5. Berechne.

	Grundwert (G)	Prozentsatz (p %)	Prozentwert (P)
a)	240 €	10 %	
b)	500 €		100 €
c)		25 %	200 €

4 Punkte

6. Setze passend ein: „<, > oder =“.

4 000 g ☐ 40 kg 50 m ☐ 0,5 km

$\frac{1}{4}$ h ☐ 15 min 10,05 € ☐ 105 ct

2 Punkte

7. Färbe den angegebenen Bruchteil.

a) $\frac{1}{3}$ b) $\frac{3}{4}$

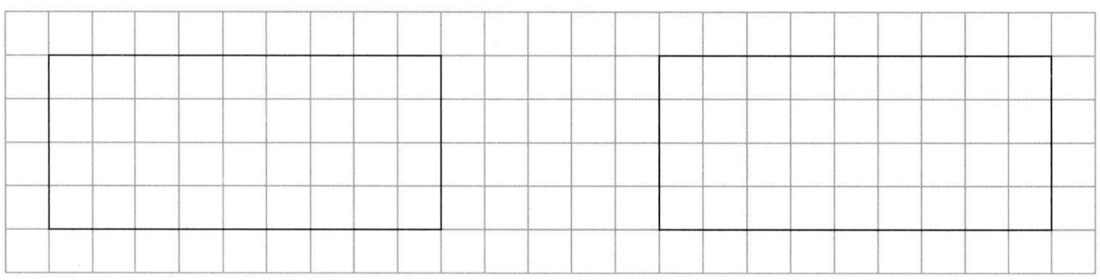

2 Punkte

8. Ergänze die fehlende Fläche so, dass das Netz eines Körpers entsteht.

a)

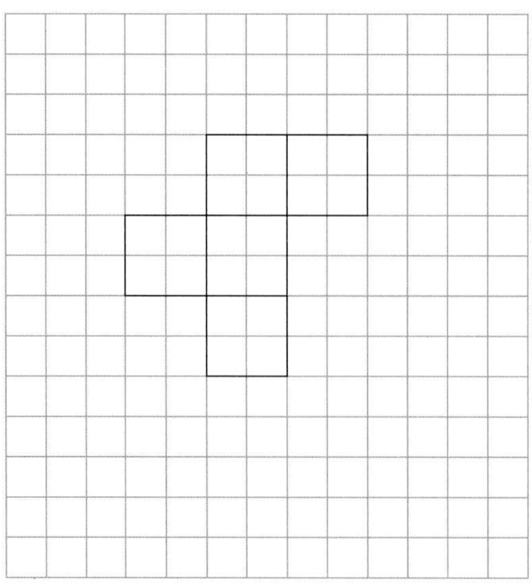

b)

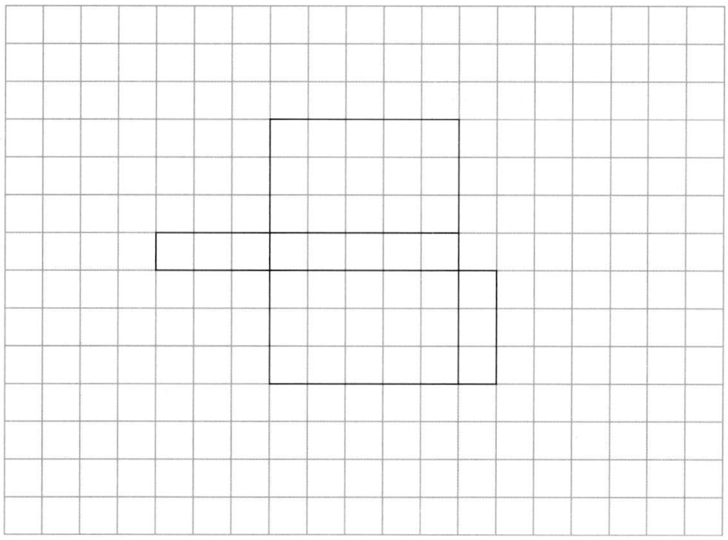

3 Punkte

9. Prüfe, ob sich mit den Angaben in den Kästchen die Aufgaben in der Tabelle berechnen lassen. Kreuze an.

	Ist eine Berechnung möglich?	
	Ja	**Nein**
Preis von 6 Eiern	☐	☐
Preis von 1 Apfel	☐	☐
Preis von 100 g Käse	☐	☐

10 Äpfel
wiegen 2,50 kg

1 Ei
kostet 30 ct

250 g Käse
kosten 4,50 €

E-Kurs

Hauptteil 2

Wichtige Hinweise:
Runde Endergebnisse auf 2 Nachkommastellen, sofern nichts anderes angegeben ist.
Schreibe deine Lösungswege ausführlich auf.

1. Hannes hat ein Diagramm seines Schulwegs gezeichnet.

2 Punkte

a) Ergänze im Diagramm die fehlenden Beschriftungen **1** bis **4**.

1 – langsames Gehen **2** – Fahrradfahren
3 – an der Bushaltestelle warten **4** – mit dem Bus fahren

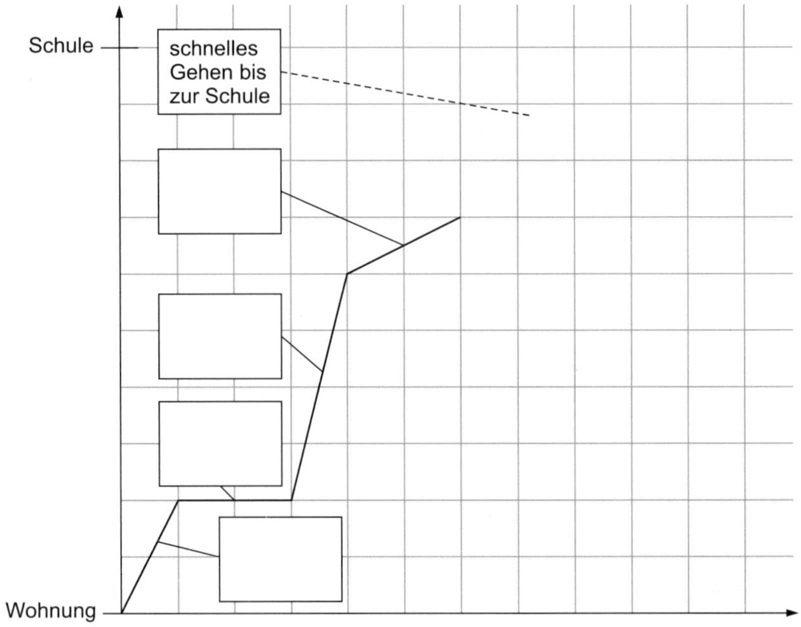

1 Punkt

b) Zeichne den letzten Wegverlauf passend zur Wegbeschreibung in das Diagramm.

4 Punkte

2. Silvia bestellt sich in einem Imbiss ein Sparmenü für 7,49 €.
Zu dem Sparmenü gehören ein Chickenburger, ein Cheeseburger, eine Portion Pommes und eine Cola.

Berechne, wie viel Prozent Silvia durch den Kauf des Sparmenüs gegenüber dem Einzelkauf einspart.

3. Ein DIN-A4-Blatt Papier hat die Maße:
Breite = 21 cm und Länge = 29,7 cm.

3 Punkte

a) Martin behauptet:
„Wenn ich das Blatt diagonal knicke, entsteht ein 40 cm langer Knick."
Hat er recht? Berechne und kreuze an.

☐ Ja ☐ Nein

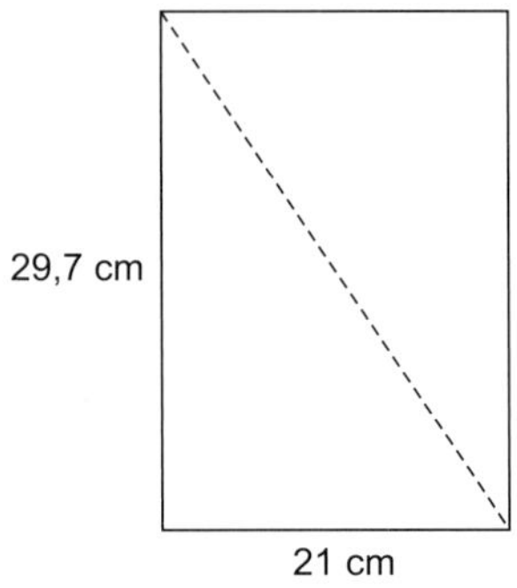

Bei einem anderen Blatt Papier sind folgende Maße bekannt:
Breite = 14,7 cm und Diagonale = 25,6 cm.

2 Punkte b) Bestimme die Länge des Blattes.

4. Katja hat 2 000 € für ein Jahr zu einem Zinssatz von 1,2 % fest angelegt.

2 Punkte a) Berechne die Zinsen für ein Jahr.

Peter legt ebenfalls 2 000 € an. Für ein Jahr erhält er 36 € Zinsen.

2 Punkte b) Berechne den Zinssatz.

Peter behauptet:
„Nach 2 Jahren bekomme ich 72 € Zinsen, wenn das angelegte Geld und die Zinsen auf dem Konto bleiben.“

2 Punkte c) Hat er recht? Kreuze an. ☐ Ja ☐ Nein
Begründung:

____

____

1 Punkt 5. a) Welche zwei Gleichungen beschreiben den Umfang der Figur? Kreuze an.

☐ $u = 2x + x + 2x + \frac{x}{2} + x + 2x + x + \frac{x}{2}$

☐ $u = 2x + x + \frac{x}{2}$

☐ $u = 10x$

☐ $u = 3{,}5x$

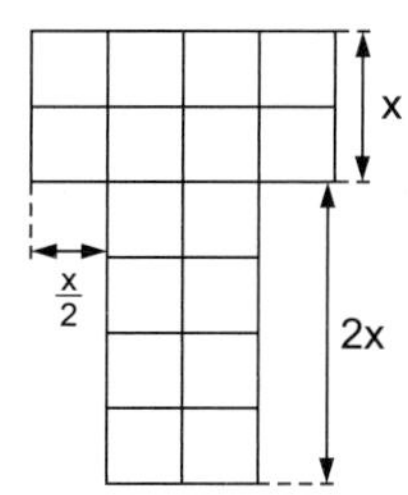

2 Punkte b) Der Umfang beträgt 350 cm. Berechne x.

6. Silke verpackt ein Geschenk.
Der Karton mit dem Geschenk ist 30 cm lang, 29 cm breit und 10 cm hoch.

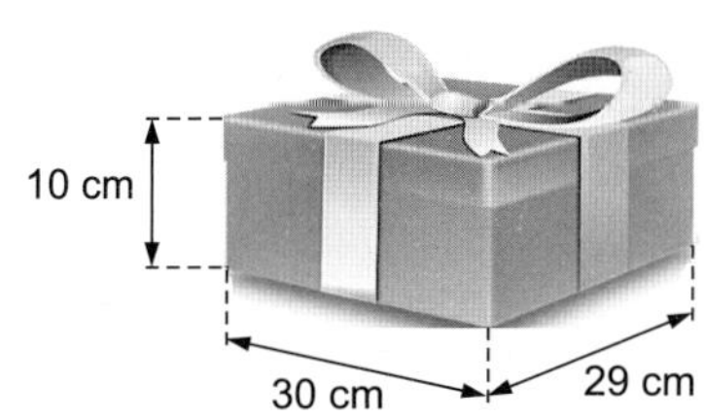

2 Punkte a) Berechne das Volumen des Geschenkkartons.

2 Punkte b) Berechne die Länge des Geschenkbandes.
Rechne zusätzlich 50 cm für die Schleife ein.

2 Punkte c) Berechne den Oberflächeninhalt des Netzes.

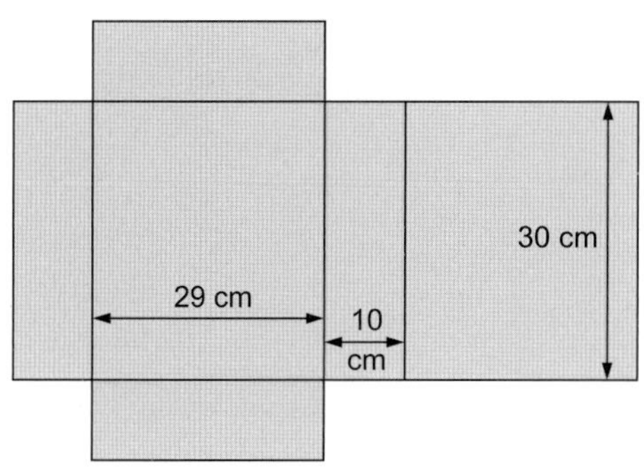

(Skizze nicht maßstäblich)

7. In einem Gefäß befinden sich sechs Türme. Sie sind aus weißen, schwarzen und grauen Steckbausteinen zusammengesetzt.

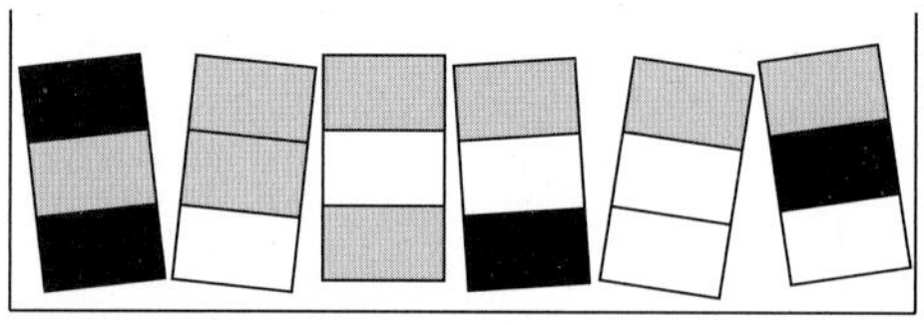

Mit geschlossenen Augen wird ein Turm gezogen.

3 Punkte

a) Ist das Ereignis sicher, möglich oder unmöglich? Kreuze an und ergänze die fehlende Aussage.

Der Turm enthält …	sicher	möglich	unmöglich
… nur weiße Bausteine.	☐	☐	☐
… mindestens einen grauen Baustein.	☐	☐	☐
	☐	☒	☐

3 Punkte

b) Ergänze die Tabelle.

Ereignis	Wahrscheinlichkeit
Der Turm enthält mindestens einen schwarzen Baustein.	$\frac{1}{2}$
Der Turm enthält mindestens einen grauen Baustein.	
Der Turm enthält mindestens einen schwarzen und mindestens einen weißen Baustein.	
	0

8. Das Dreieck ABC ist aus zwei kleinen gleichschenkligen Dreiecken zusammengesetzt.

1 Punkt

a) Markiere gleich lange Seiten mit der gleichen Farbe.

2 Punkte

b) Bestimme die Größe der vier fehlenden Winkel und notiere sie in dem Dreieck ABC.

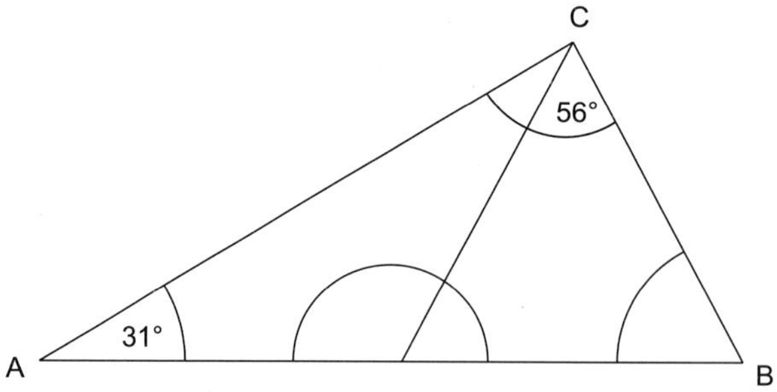

E-Kurs

Wahlteil

Wahlaufgabe 1

Emre fliegt mit seinen Eltern in den Ferien von Hannover in die Türkei nach Istanbul.

Sie haben für die Reise 2 Angebote.

Angebot 1	3 Personen 921 € für Hin- und Rückflug
Angebot 2	pro Person 154 € Hinflug + pro Person 165 € Rückflug

2 Punkte a) Berechne, welches das günstigere Angebot ist.

Angebot _______ ist günstiger.

Die Abbildung zeigt die Sitzplatzverteilung im Flugzeug.

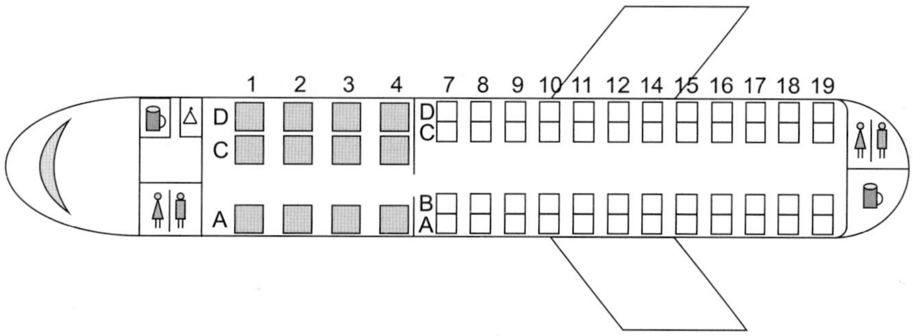

2 Punkte b) Emre behauptet: „Genau die Hälfte der Sitzplätze sind Fensterplätze."
Hat er recht? Begründe.

____

____

Der Flug startet um 14.20 Uhr in Hannover. Die Flugdauer beträgt $3\frac{1}{2}$ Stunden. Zur reinen Flugdauer kommt eine Zeitverschiebung von +2 Stunden.

1 Punkt c) Berechne, um wie viel Uhr Emre in Istanbul Ortszeit landet.

Auf der Landkarte schaut Emre nach, wo Istanbul liegt.

2 Punkte d) Berechne, wie weit die beiden Städte Hannover und Istanbul voneinander entfernt sind.

Das Radar des Towers des Flughafens der türkischen Stadt Istanbul kann Flugzeuge in einem Umkreis mit einem Radius r = 380 km erkennen.

1 Punkt e) Zeichne den Kreis in die Karte ein und entscheide, ob das Flugzeug beim Überfliegen der türkisch-bulgarischen Grenze vom Radar erkannt wird.

2 Punkte f) Berechne den Flächeninhalt der vom Radar überwachten Fläche.

Wahlaufgabe 2

Familie Fuchs möchte sich Pizza bestellen.

Pizza (kreisförmig) **∅ Durchmesser**	**klein** **(∅ = 15 cm)**	**mittel** **(∅ = 24 cm)**	**groß** **(∅ = 30 cm)**
Margherita (Tomatensoße, Käse)	4 €	6 €	9 €
Hawaii (Tomatensoße, Käse, Schinken, Ananas)	6 €	9 €	12 €
Diavolo (Tomatensoße, Käse, Salami, Peperoni, Pilze)	7 €	10 €	14 €

Sie bestellen zwei kleine Pizzen Hawaii, eine mittlere Pizza Margherita und eine große Pizza Diavolo.

2 Punkte a) Berechne, wie viel Familie Fuchs bezahlen muss.

Eine andere Familie bestellt drei Pizzen. Insgesamt bezahlt sie dafür 25 €.

1 Punkt b) Überlege, welche drei Pizzen zusammen 25 € kosten. Schreibe eine Möglichkeit auf.

Die mittleren Pizzen (Durchmesser = 24 cm) werden in Pappkartons mit quadratischer Grundfläche von 625 cm^2 geliefert.

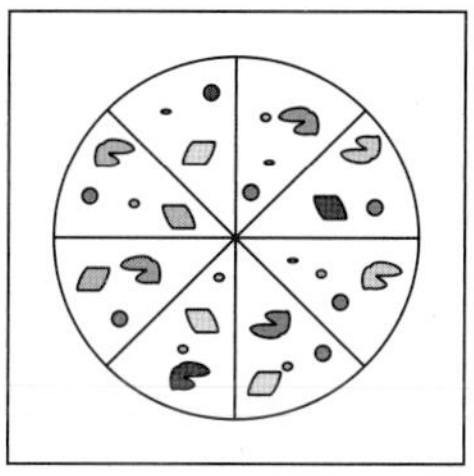

4 Punkte c) Berechne, wie viel Prozent der Grundfläche des Pappkartons von der mittleren Pizza bedeckt wird.

Lea behauptet:
„Anstatt der zwei kleinen Pizzen Hawaii hätten wir besser eine große Pizza Hawaii bestellen sollen. Wir hätten dann für den gleichen Preis mehr Pizza bekommen.“

3 Punkte d) Hat Lea recht? Berechne und kreuze an.

☐ Ja ☐ Nein

Wahlaufgabe 3

Judith möchte einen neuen Handyvertrag abschließen.

Tarif 1 mit Handykauf
nur 10 € pro Monat
+
Einmalzahlung für das Handy von 140 €

Tarif 2 inklusive Handy
nur 20 € im Monat

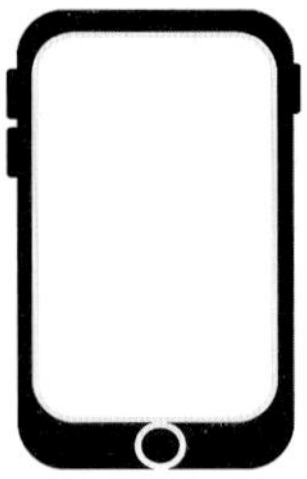

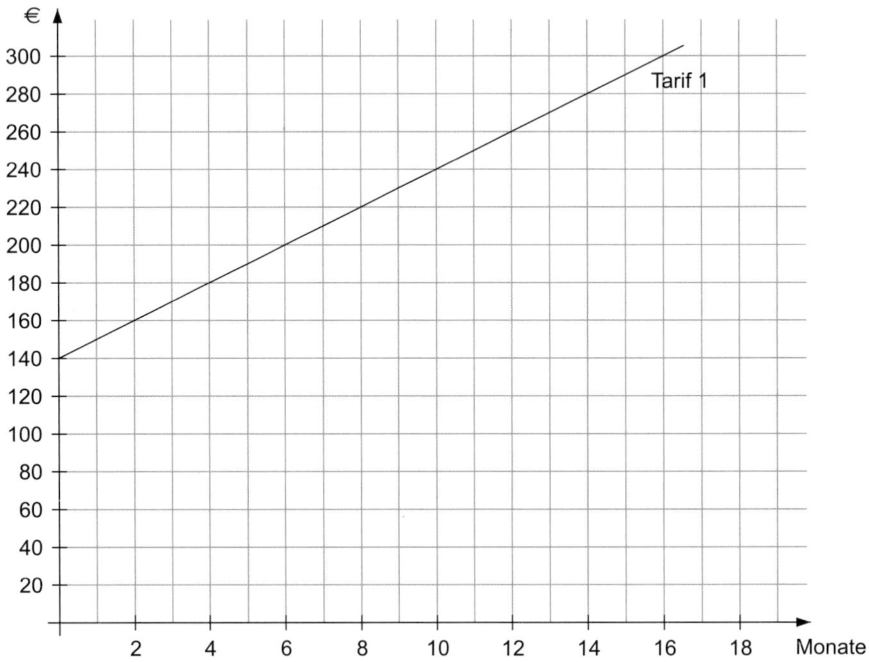

1 Punkt a) Im Schaubild ist der Graph zu Tarif 1 abgebildet. Begründe.

____

____

2 Punkte b) Ergänze die fehlenden Daten von Tarif 2 in der Tabelle.
Zeichne den fehlenden Graphen in das Koordinatensystem ein.

	0 Monate	1 Monat	2 Monate	4 Monate	12 Monate	18 Monate
Tarif 1	140 €	150 €	160 €	180 €	260 €	320 €
Tarif 2		20 €		80 €	240 €	360 €

1 Punkt c) Entscheide, welche der folgenden Gleichungen zu Tarif 1 gehört. Kreuze an.

☐ $y = 140x + 10$ ☐ $y = 10x + 140$ ☐ $y = 10x - 140$

1 Punkt d) Stelle eine Gleichung für den Graphen des Tarifs 2 auf.

1 Punkt e) Bestimme, nach wie vielen Monaten die beiden Tarife gleich teuer sind.

Judith schließt einen Vertrag über 24 Monate ab.

2 Punkte f) Welchen Tarif empfiehlst du Judith? Kreuze an und begründe.

☐ Tarif 1 ☐ Tarif 2

Begründung:

____

____

2 Punkte g) Judith wählt den Tarif 1. Sie schließt zusätzlich eine Handyversicherung für 2,49 € im Monat ab.
Berechne ihre Kosten für das Handy für 24 Monate.

Wahlaufgabe 4

Leonie spielt mit Tom das Würfelspiel „Mensch ärgere dich nicht".

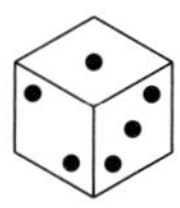

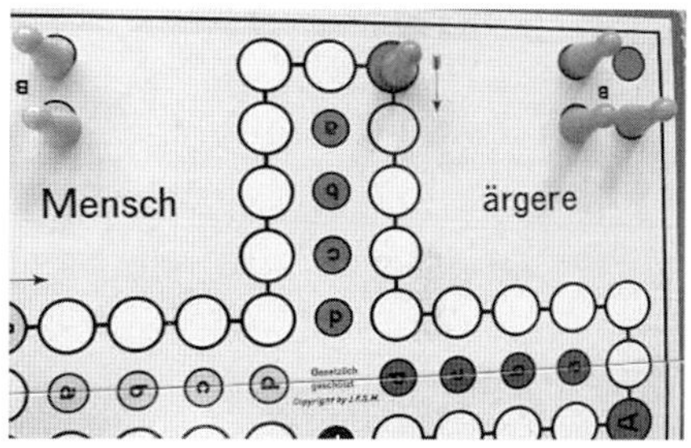

3 Punkte a) Leonie würfelt einmal. Ergänze die Tabelle.

Ereignis	Wahrscheinlichkeit
Leonie würfelt eine Zahl „kleiner 5".	
Leonie würfelt eine „gerade Zahl".	
	$\frac{1}{3}$

Wer eine „6" würfelt, darf noch einmal würfeln. Tom würfelt zunächst eine „6" und beim nächsten Wurf eine „4".

3 Punkte b) Beschrifte die Pfade mit den fehlenden Wahrscheinlichkeiten.
Berechne die Wahrscheinlichkeit (p) für das Ereignis „erst 6, dann 4".

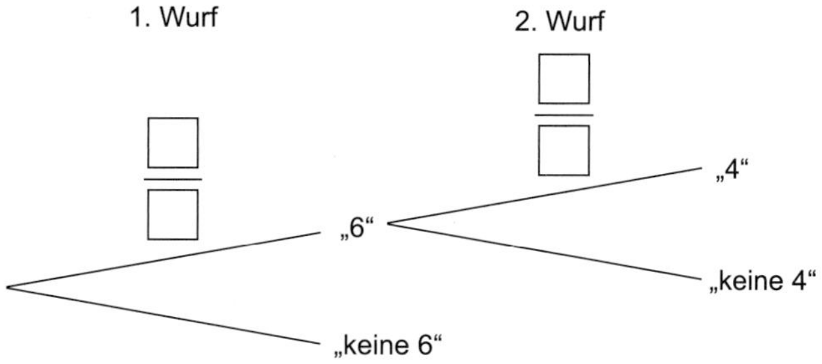

Wahrscheinlichkeit („erst 6, dann 4") = $\frac{\square}{\square}$

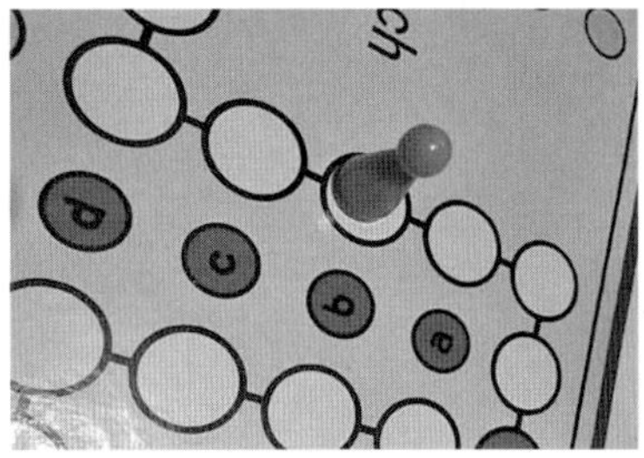

Es ist das Ziel des Spiels, alle Figuren auf die Zielfelder (a, b, c, d) zu bringen. Leonie steht mit einer ihrer Figuren kurz davor.

1 Punkt c) Bestimme die Wahrscheinlichkeit, dass Leonie mit ihrem nächsten Wurf auf eines der Zielfelder (a, b, c, d) gelangt.

Tom hat die Idee, einen 8-seitigen Würfel zu verwenden.
Er behauptet: „Die Wahrscheinlichkeit, eine „6" zu würfeln, ist mit diesem Würfel genau doppelt so hoch wie bei einem sechsseitigen Würfel!"

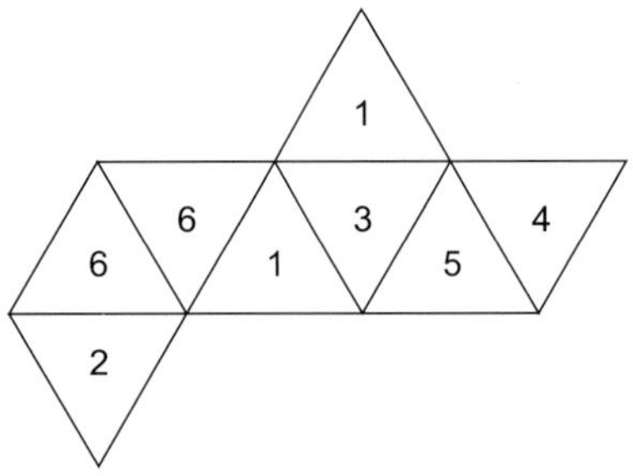

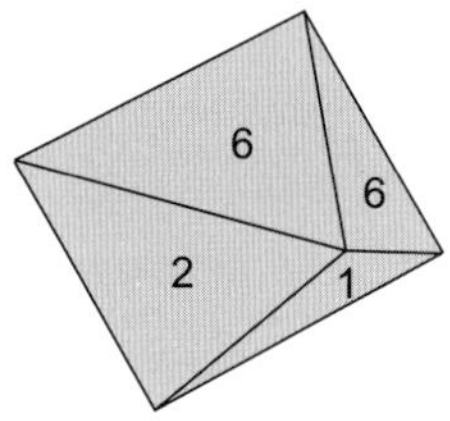

2 Punkte d) Hat er recht? Begründe.

☐ Ja ☐ Nein

Begründung:

____

____

Hier siehst du das Netz eines 12-seitigen Würfels.

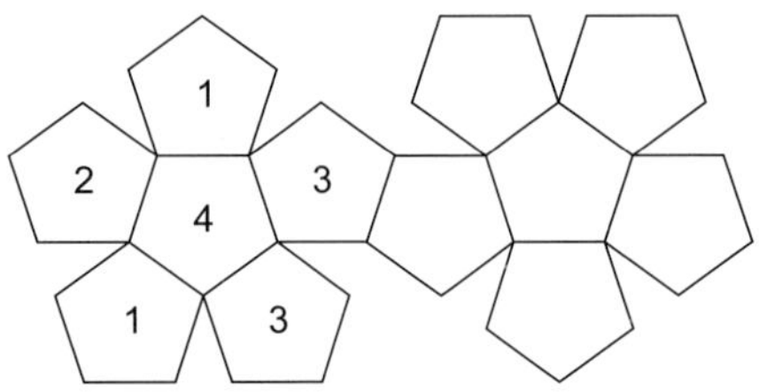

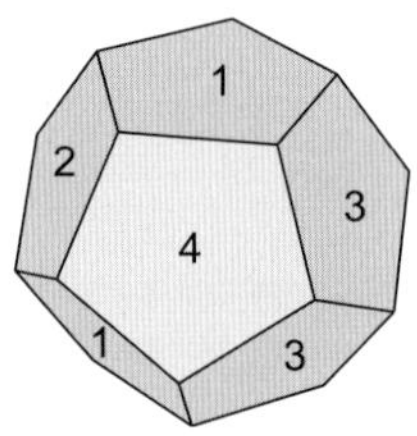

1 Punkt e) Ergänze das Netz so, dass die Wahrscheinlichkeit, eine „6" zu würfeln, genau 25 % ist.

G-Kurs Hauptteil 2

Wichtige Hinweise:
Runde Endergebnisse auf 2 Nachkommastellen, sofern nichts anderes angegeben ist.
Schreibe deine Lösungswege ausführlich auf.

2 Punkte

1. Hannes hat ein Diagramm seines Schulwegs gezeichnet.
   Ergänze im Diagramm die fehlenden Beschriftungen **1** bis **4**.

   1 – an der Ampel warten **2** – schnelles Gehen **3** – Rennen **4** – langsames Gehen

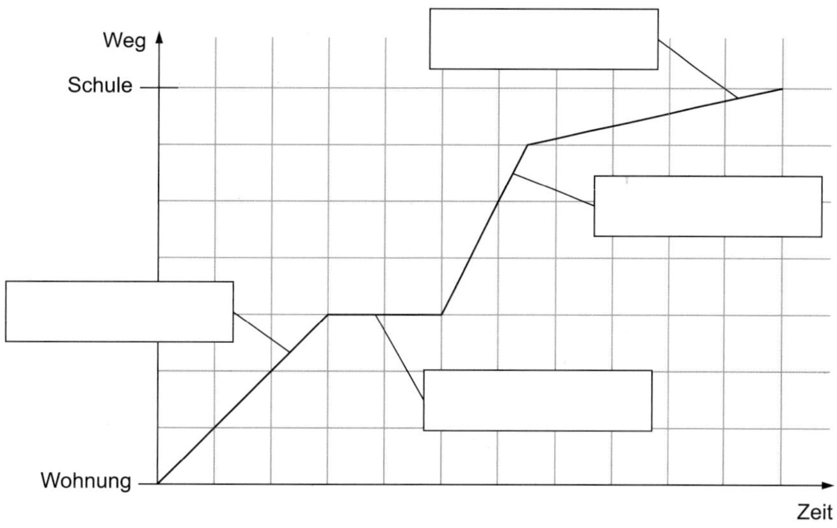

2. Silvia bestellt sich in einem Imbiss einen Cheeseburger, eine Portion Pommes und eine Cola.

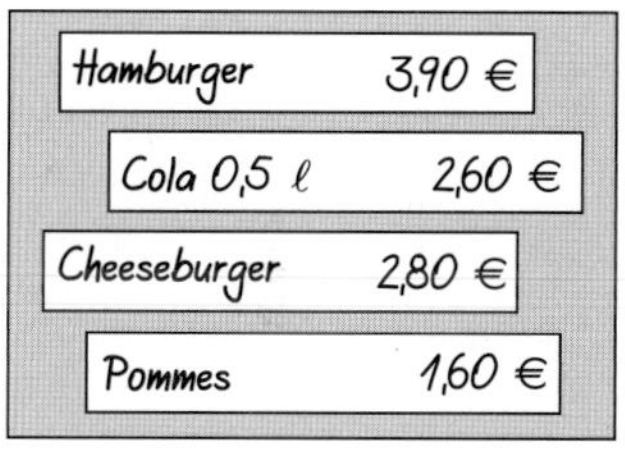

1 Punkt

   a) Berechne, was Silvia bezahlt.

   Der Imbiss bietet ein Sparmenü mit einem Cheeseburger, einer Portion Pommes und einer Cola für 5,60 € an.

3 Punkte

   b) Berechne, wie viel Prozent Silvia durch den Kauf des Sparmenüs gegenüber dem Einzelkauf spart.
   (Wenn du Aufgabe a nicht rechnen konntest, rechne mit einem Wert von 8,00 € weiter.)

3. Katja hat 2 000 € für ein Jahr zu einem Zinssatz von 1,5 % fest angelegt.

2 Punkte

   a) Berechne die Zinsen für ein Jahr.

   Katjas Bruder legt ebenfalls 2 000 € an. Nach einem Jahr erhält er 36 € Zinsen.

2 Punkte

   b) Berechne den Zinssatz.

1 Punkt

   c) Entscheide und kreuze an.

Ich erhalte doppelt so viele Zinsen, wenn …	wahr	falsch
… der Zinssatz doppelt so hoch ist.	☐	☐
… der Zinssatz auf 2 % erhöht wird.	☐	☐

4. Silke verpackt ein Geschenk.
Der Karton mit dem Geschenk ist 30 cm lang, 25 cm breit und 10 cm hoch.

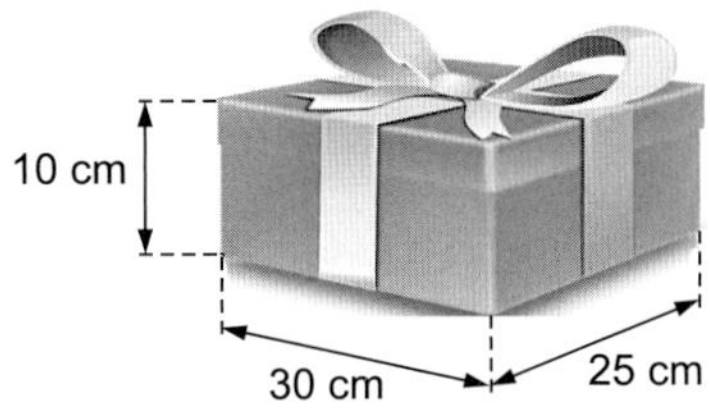

2 Punkte a) Berechne das Volumen des Geschenkkartons.

2 Punkte b) Berechne die Länge des Geschenkbandes.
Rechne zusätzlich 50 cm für die Schleife ein.

Silke möchte das Paket verschicken.
Zur Berechnung der Paketgröße werden die längste und die kürzeste Seite addiert.

2 Punkte c) Entscheide mit den Angaben in der Tabelle, wie viel Silke für den Versand bezahlen muss.

Paketgröße (längste + kürzeste Seite)	**Preis**
S (bis 37 cm)	3,99 €
M (37,1 cm bis 50 cm)	5,99 €
L (50,1 cm bis 80 cm)	6,99 €

Antwort:

___

1 Punkt 5. a) Welche Gleichung beschreibt den Umfang der Figur?
Kreuze an.

☐ $u = 4x$

☐ $u = 8x$

☐ $u = 5x$

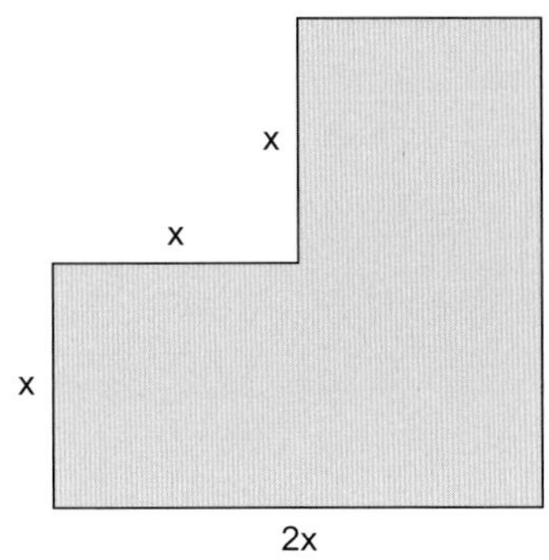

2 Punkte b) Der Umfang beträgt 40 cm. Berechne x.

6. Das Dreieck ABC ist aus zwei kleinen gleichschenkligen Dreiecken zusammengesetzt.

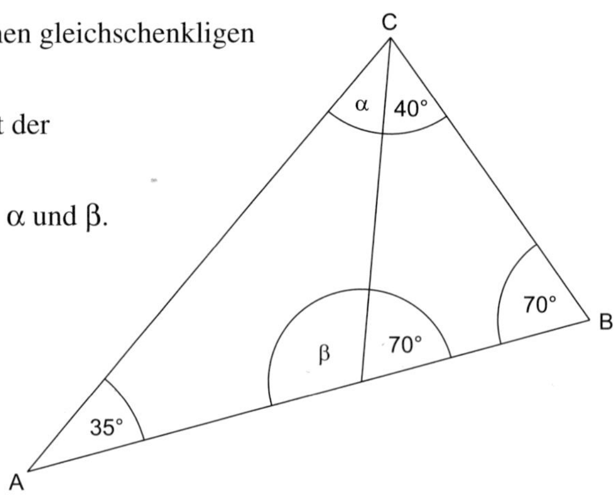

1 Punkt a) Markiere gleich lange Seiten mit der gleichen Farbe.

2 Punkte b) Bestimme die fehlenden Winkel α und β.

$\alpha =$ ______ °

$\beta =$ ______ °

7. In einem Gefäß befinden sich fünf Türme. Sie sind aus weißen, schwarzen und grauen Steckbausteinen zusammengesetzt.

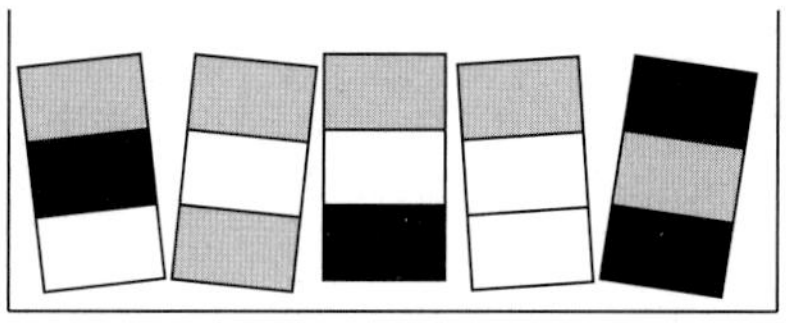

Mit geschlossenen Augen wird ein Turm gezogen.

3 Punkte a) Ist das Ereignis sicher, möglich oder unmöglich? Kreuze an und ergänze die fehlende Aussage.

Der Turm enthält …	sicher	möglich	unmöglich
… einen schwarzen Baustein.	☐	☐	☐
… mindestens einen grauen Baustein.	☐	☐	☐
	☐	☐	☒

2 Punkte b) Ergänze die fehlenden Wahrscheinlichkeiten.

Ereignis	Wahrscheinlichkeit
Der Turm enthält mindestens einen schwarzen Baustein.	$\frac{3}{5}$
Der Turm enthält zwei graue Bausteine.	
Der Turm enthält einen schwarzen und einen weißen Baustein.	

8. Die Schülerinnen und Schüler der Klasse 9 können zwischen verschiedenen Vorschlägen für den Wandertag wählen: Klettern, Bootfahren, Museumsbesuch, Schwimmen. Dabei hat jeder eine Stimme.

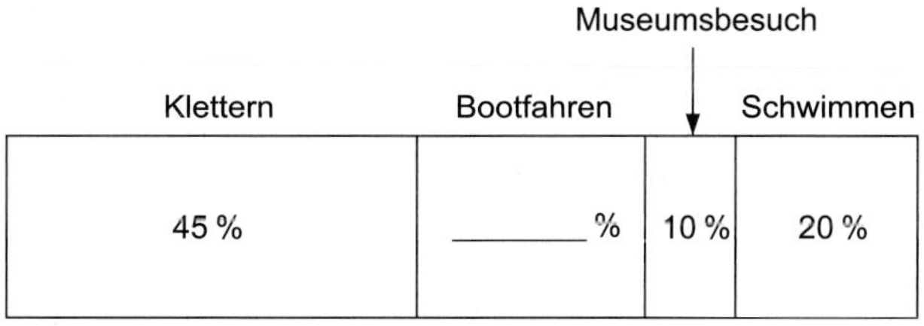

1 Punkt a) Trage die Prozentangabe für das Bootfahren ein.

9 Kinder haben Klettern gewählt.

2 Punkte b) Berechne, wie viele Kinder in der Klasse sind.

Zusammen mit der Parallelklasse kommen 44 Kinder auf den Wandertag mit. Der Ausflug soll 7,50 € pro Person kosten. Am Tag des Ausflugs fallen 4 Kinder aus. Dadurch steigt der Preis pro Person.

2 Punkte c) Berechne den neuen Preis pro Person.

2 Punkte 9. a) Berechne den Flächeninhalt von Rechteck A.

Die Rechtecke A und B sollen den gleichen Flächeninhalt haben.

1 Punkt b) Ergänze B zu einem Rechteck.
(Wenn du Aufgabe a nicht lösen konntest, arbeite mit einem Flächeninhalt von 27 cm^2 weiter.)

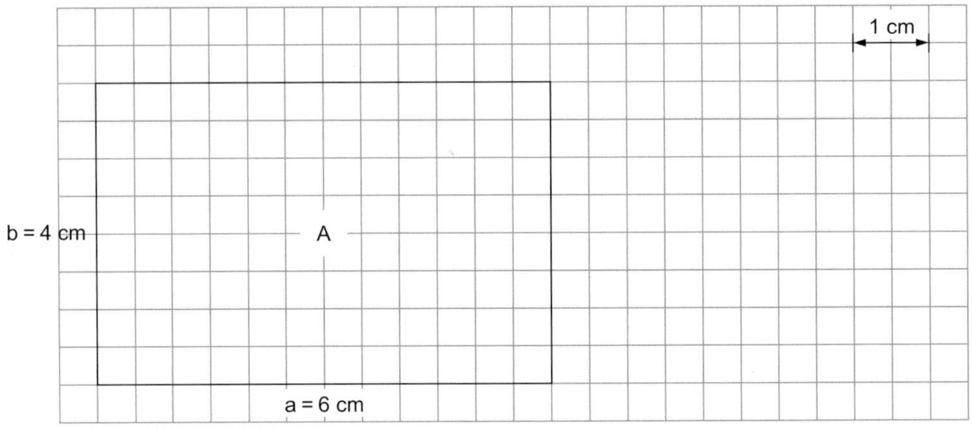

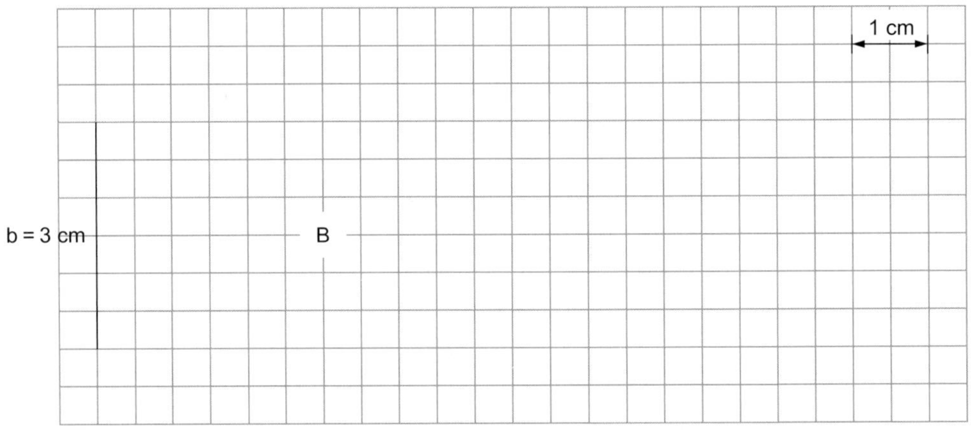

G-Kurs Wahlteil

Wahlaufgabe 1

Emre fliegt mit seinen Eltern in den Ferien von Hannover nach Istanbul.

Sie haben für die Reise 2 Angebote.

Angebot 1	3 Personen 921 € für Hin- und Rückflug
Angebot 2	pro Person 315 € für Hin- und Rückflug

2 Punkte a) Berechne, welches das günstigere Angebot ist.

Angebot _______ ist günstiger.

Emre hat das Flugticket mit dem Sitzplatz D 15.

1 Punkt b) Kreuze seinen Sitzplatz im Flugzeug an.

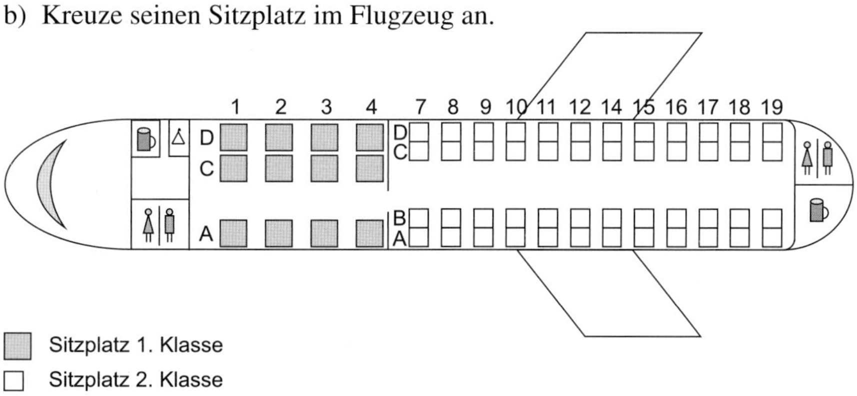

3 Punkte b) Wahr oder falsch? Kreuze an.
Hinweis: Die Flugreihen 5, 6 und 13 gibt es nicht.

	wahr	falsch
Im Flugzeug sind 62 Sitzplätze eingezeichnet.	☐	☐
Die Hälfte der Sitzplätze sind Fensterplätze.	☐	☐
In der 1. Klasse befinden sich 20 % der gesamten Sitzplätze.	☐	☐

Auf der Landkarte schaut Emre nach, wo Istanbul liegt.

2 Punkte d) Berechne, wie weit die beiden Städte Hannover und Istanbul voneinander entfernt sind. 1 cm entspricht 190 km.

Die Flugdauer beträgt 3 Stunden.

1 Punkt e) Berechne die Durchschnittsgeschwindigkeit.
(Wenn du Teilaufgabe d nicht lösen konntest, rechne mit einer Entfernung von 2 000 km weiter.)

Der Flug startet um 14 Uhr in Hannover. Zur reinen Flugdauer kommt eine Zeitverschiebung von +2 Stunden.

1 Punkt f) Berechne, um wie viel Uhr Emre in Istanbul Ortszeit landet.

Wahlaufgabe 2

Familie Fuchs möchte sich Pizza bestellen.

Pizza (kreisförmig) **(r = Radius)**	**klein** **(r = 8 cm)**	**mittel** **(r = 12 cm)**	**groß** **(r = 16 cm)**
Margherita (Tomatensoße, Käse)	4 €	6 €	9 €
Hawaii (Tomatensoße, Käse, Schinken, Ananas)	6 €	9 €	12 €
Diavolo (Tomatensoße, Käse, Salami, Peperoni, Pilze)	7 €	10 €	14 €

Sie bestellen eine kleine Pizza Margherita, eine mittlere Pizza Hawaii und eine große Pizza Diavolo.

2 Punkte a) Berechne, wie viel Familie Fuchs bezahlen muss.

Eine andere Familie bestellt sich drei Pizzen. Insgesamt bezahlt sie dafür 25 €.

1 Punkt b) Überlege, welche drei Pizzen zusammen 25 € kosten. Schreibe eine Möglichkeit auf. Notiere dazu die jeweilige Größe.

____________ ____________ ____________

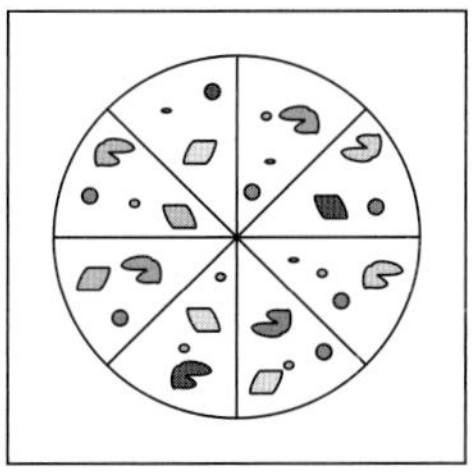

Die mittleren Pizzen (r = 12 cm) werden in Pappkartons mit quadratischer Grundfläche (a = 25 cm) geliefert.

2 Punkte c) Berechne die Grundfläche des Pappkartons.

2 Punkte d) Berechne den Flächeninhalt einer mittleren Pizza.

2 Punkte e) Berechne, wie viel Prozent der Grundfläche des Pappkartons von der mittleren Pizza bedeckt wird.
(Wenn du Teilaufgabe c und d nicht lösen konntest, rechne mit einer Grundfläche des Pappkartons von 640 cm^2 und einem Flächeninhalt der Pizza von 460,39 cm^2 weiter.)

Lea behauptet:
„Eine große Pizza ist genau doppelt so groß wie eine kleine Pizza, da der Radius einer großen Pizza doppelt so groß ist wie der Radius einer kleinen Pizza.“

1 Punkt f) Hat sie recht? Kreuze an.

☐ Ja ☐ Nein

Wahlaufgabe 3

Judith möchte einen neuen Handyvertrag abschließen.

Tarif 1 mit Handykauf
nur 10 € pro Monat
+
Einmalzahlung für das Handy von 140 €

Tarif 2 inklusive Handy
nur 20 € im Monat

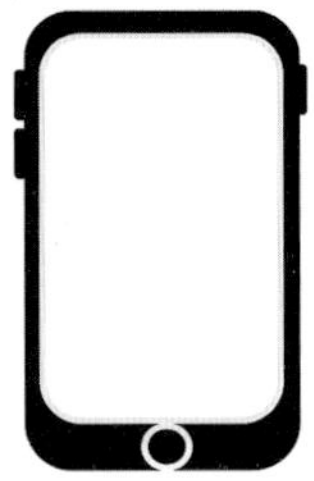

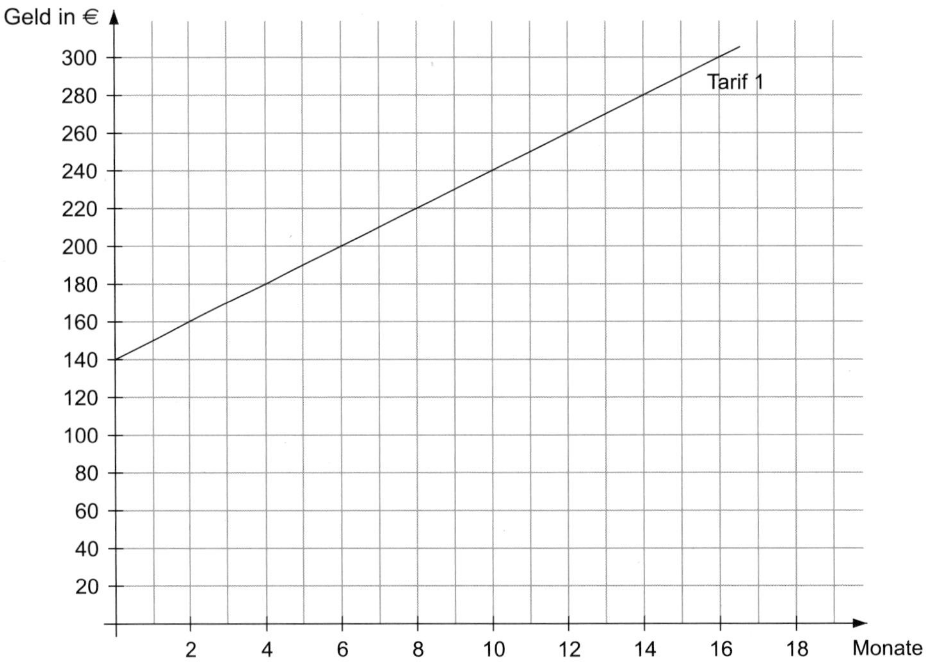

1 Punkt a) Lies die fehlenden Werte zu Tarif 1 aus dem Schaubild ab und ergänze sie in der Tabelle.

Tarif 1:

Monat	0	1	2	10	14	16
Preis in €		150	160	240	280	

2 Punkte b) Ergänze die fehlenden Daten zu Tarif 2.
Zeichne den Graphen in das Koordinatensystem ein.

Tarif 2:

Monat	0	1	2	10	12	16
Preis in €	0	20		200		320

1 Punkt c) Entscheide, welche der folgenden Gleichungen zu Tarif 1 gehört. Kreuze an.

☐ $y = 10x + 140$ ☐ $y = 10x - 140$ ☐ $y = 20x$

2 Punkte d) Ergänze die fehlenden Werte im Text.

Nach _____ Monaten sind beide Tarife gleich teuer.

Danach ist Tarif _____ günstiger.

Judith wählt Tarif 1. Sie schließt zusätzlich eine Handyversicherung zum Preis von 100 € für 24 Monate ab.

2 Punkte e) Berechne, wie viel sie für ihr Handy inklusive Tarif und Versicherung für 24 Monate bezahlt.

Judith erhält folgendes Angebot für ein anderes Handy.

2 Punkte f) Berechne, um wie viel Euro der Handypreis reduziert wurde.

Wahlaufgabe 4

Leonie spielt mit Tom das Würfelspiel „Mensch ärgere dich nicht“. Um eine Figur ins Spiel zu bringen, muss man eine „6“ würfeln.

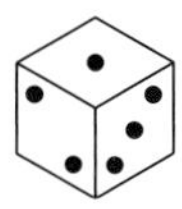

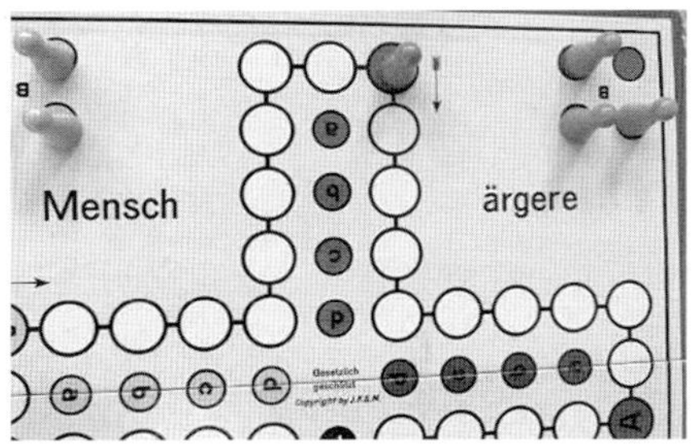

3 Punkte a) Leonie würfelt einmal. Ergänze die Tabelle.

Ereignis	Wahrscheinlichkeit
Leonie würfelt eine „6“.	
Leonie würfelt eine „5“ oder „6“.	
	$\frac{3}{6} = \frac{1}{2}$

Tom würfelt zunächst eine „6“. Er darf noch einmal würfeln und wirft beim nächsten Wurf eine „4“.

3 Punkte b) Beschrifte die Pfade mit den fehlenden Wahrscheinlichkeiten.
Berechne die Wahrscheinlichkeit für das Ereignis „erst 6, dann 4“.

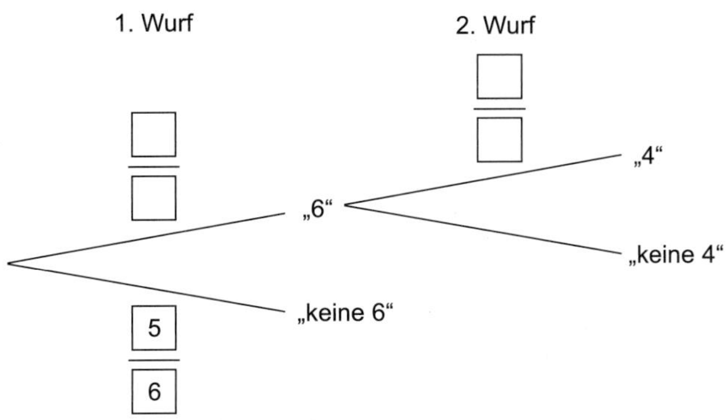

Wahrscheinlichkeit („erst 6, dann 4“) = $\frac{\square}{\square}$

Ziel des Spiels ist es, alle Figuren auf die Zielfelder (a, b, c, d) zu bringen. Leonie steht mit einer ihrer Figuren kurz davor.

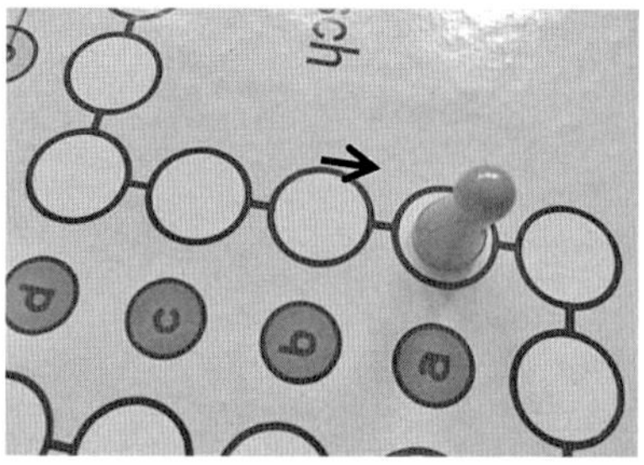

2 Punkte

c) Notiere die Zahlen, die Leonie würfeln muss, um auf eines der Zielfelder (a, b, c, d) zu gelangen.
Gib die Wahrscheinlichkeit dafür an.

Mögliche Zahlen: ______________________

Wahrscheinlichkeit: $\frac{\square}{\square}$

Tom hat die Idee, folgenden 12-seitigen Würfel zu verwenden.

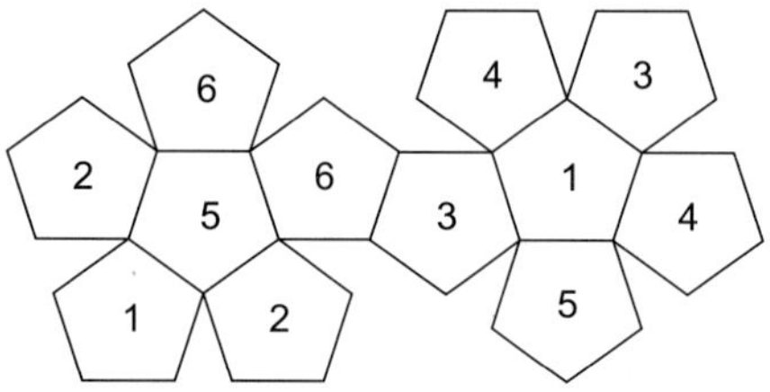

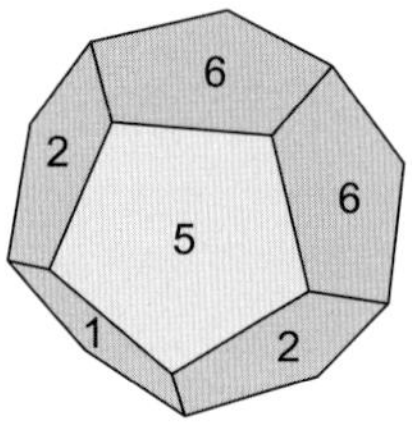

2 Punkte

d) Wahr oder falsch? Kreuze an.

	wahr	falsch
Die Wahrscheinlichkeit, eine „6“ zu würfeln, ist mit diesem Würfel höher als mit dem 6-seitigen Würfel.	☐	☐
Die Wahrscheinlichkeit, eine „gerade Zahl“ zu würfeln, beträgt 50 %.	☐	☐

Abschlussprüfung an Hauptschulen in Niedersachsen
Mathematik 2020

E- + G-Kurs

Hauptteil 1

Wichtiger Hinweis:
Bearbeite alle Aufgaben auf den Aufgabenblättern.

4 Punkte

1. Berechne.

a) $70{,}9 + 0{,}6 =$ b) $18 - 25 =$

c) $4 \cdot 0{,}2 =$ d) $736 : 100 =$

2 Punkte

2. Markiere die Werte auf der Zahlengeraden.

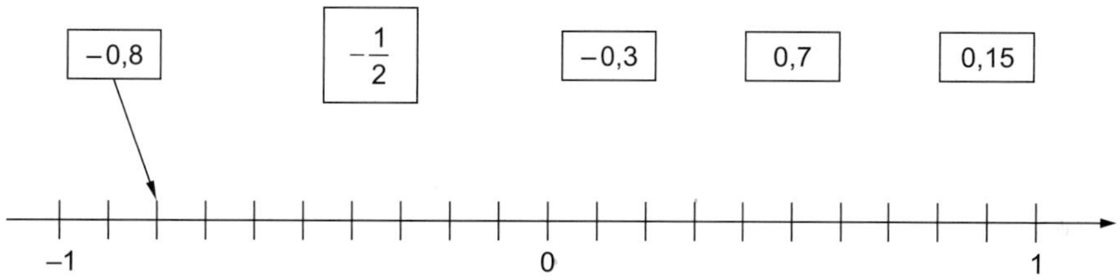

3 Punkte

3. Berechne.

a) $5\,239{,}06 + 160{,}78$ b) $18\,653 - 7\,371$ c) $7\,846 \cdot 14$

4 Punkte

4. Ordne. Beginne mit dem kleinsten Wert.

a) $\frac{1}{2}$ km; 700 m; 0,750 km

________ < ________ < ________

b) $\frac{1}{4}$ h; 45 min; 6 000 s

________ < ________ < ________

c) 3 € 5 ct; 1,50 €; 135 ct

________ < ________ < ________

d) $\frac{1}{2}$ ℓ; 200 mℓ; 0,7 ℓ

________ < ________ < ________

2 Punkte

5. Die Waage ist im Gleichgewicht. Bestimme das Gewicht einer Kugel.

a)

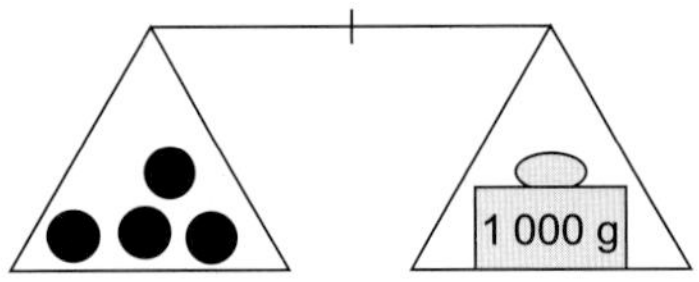

________________ g

b)

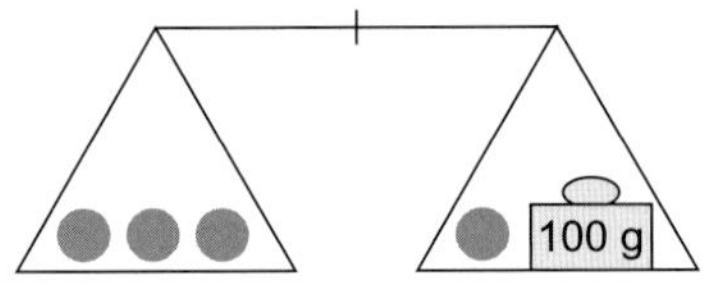

________________ g

2 Punkte

6. Bestimme den Anteil der gefärbten Fläche.

a)

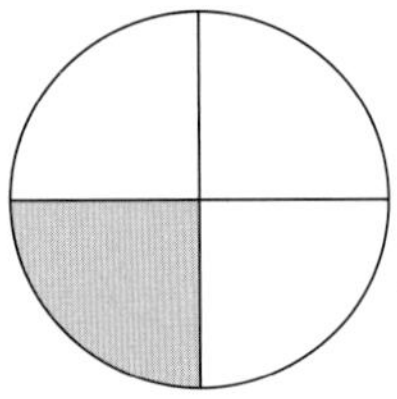

________ %

b)

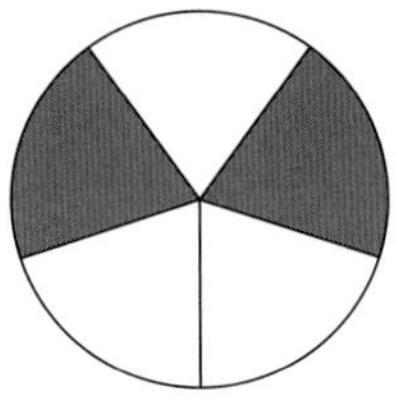

____

3 Punkte

7. Hier siehst du ein Würfelgebäude und seine Seitenansichten.

a) Verbinde.

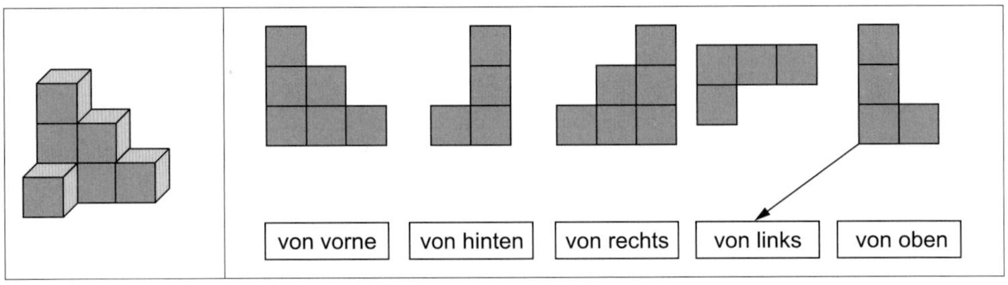

b) Das Würfelgebäude soll zu einem kleinstmöglichen Würfel ergänzt werden. Bestimme, wie viele Würfel fehlen.

2 Punkte

8. Welche Maßangabe kommt der Wirklichkeit am nächsten? Kreuze an.

a)

Gewicht eines Fahrrads	15 kg	☐
	150 g	☐
	0,7 t	☐

b)

Grundfläche eines Klassenraums	50 dm^2	☐
	60 m^2	☐
	4 ha	☐

3 Punkte

9. Gegeben ist: $y = 2x + 7$

a) Setze für x den Wert 6 ein und berechne den y-Wert.

b) Setze für y den Wert 17 ein und berechne den x-Wert.

3 Punkte

10. Ein Quader mit quadratischer Grundfläche wurde entlang der Schnittfläche durchgeschnitten.

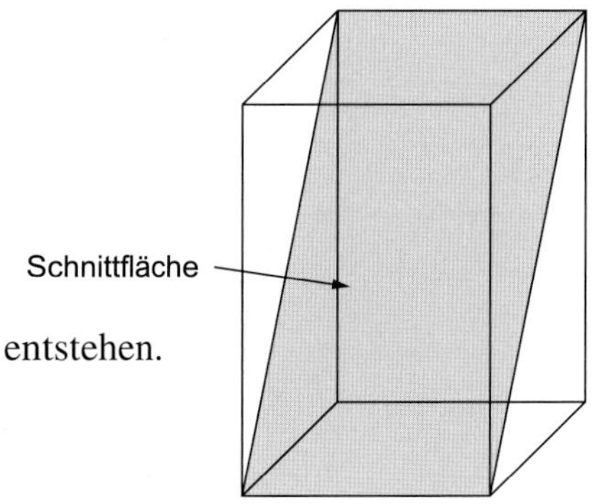

a) Kreuze an, welche Form die Schnittfläche hat.

☐ Quadrat

☐ Rechteck

☐ Raute

b) Entscheide, ob durch den Schnitt zwei Prismen entstehen.
Kreuze an.

☐ Ja

☐ Nein

c) Zeichne in diesem Quader einen Schnitt ein, sodass eine quadratische Schnittfläche entsteht.

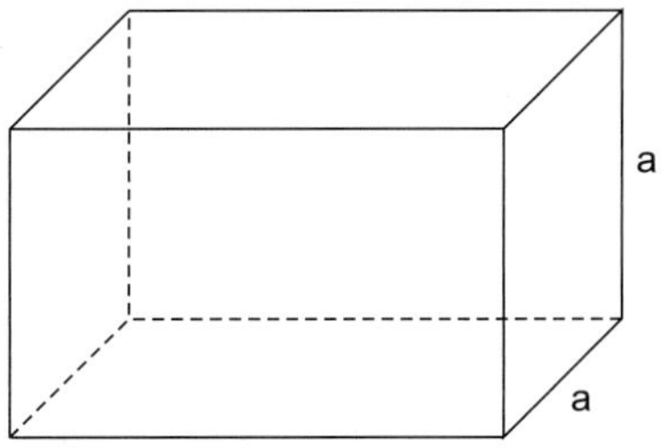

E-Kurs Hauptteil 2

Wichtige Hinweise:
Runde Endergebnisse auf 2 Nachkommastellen, sofern nichts anderes angegeben ist.
Schreibe deine Lösungswege ausführlich auf.

5 Punkte 1. Die Schülerinnen und Schüler der Abschlussklasse wollen 54 Pullover für ihren Jahrgang bestellen. Dazu vergleichen sie zwei Angebote.

Angebot 1
Jeder Pullover kostet 29,90 €.
20 % Rabatt nur heute.

Angebot 2
Jeder Pullover kostet 24,90 €.
Jeder 25. Pullover ist kostenlos.

Berechne und entscheide, welches Angebot günstiger ist. Notiere einen Antwortsatz.

3 Punkte 2. Aus einem Holzbalken können 12 Stücke mit einer Länge von 13 cm gesägt werden.

Berechne, wie viele Stücke mit einer Länge von 15 cm aus dem Holzbalken gesägt werden können.

Gib an, wie viele cm vom Holzbalken übrig bleiben.

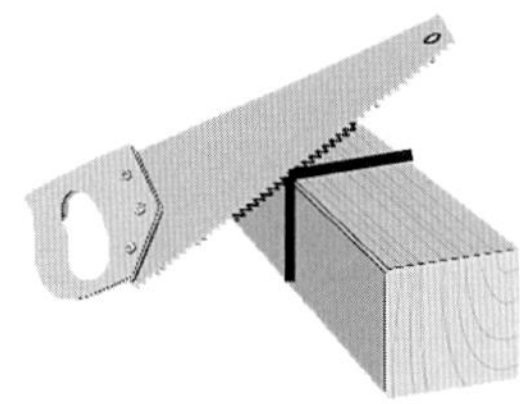

3. Die Schülervertretung plant eine Verlosung für das Schulfest.
Es gibt 500 Lose: 400 Nieten, 75 Trostpreise und 25 Hauptgewinne.

2 Punkte a) Bestimme die fehlenden Wahrscheinlichkeiten.

Ereignis	**Wahrscheinlichkeit**
Susanne zieht einen Hauptgewinn.	
Susanne zieht eine Niete oder einen Trostpreis.	

Innerhalb einer Stunde wurden 100 Lose gezogen, darunter war genau ein Hauptgewinn.

Mehmet behauptet: „Jetzt ist die Wahrscheinlichkeit, einen Hauptgewinn zu ziehen, größer als zu Beginn der Verlosung!“

2 Punkte b) Kreuze an und begründe.

☐ Ja, er hat recht.

☐ Nein, er hat nicht recht.

Begründung:

____

____

4. Die Abbildung zeigt vier Teile eines Puzzles. Alle Halbkreise haben den gleichen Radius (1 cm).

3 Punkte a) Vergleiche den Flächeninhalt der Puzzleteile.
Setze ein: <, >, =

A ☐ B

A ☐ C

A ☐ D

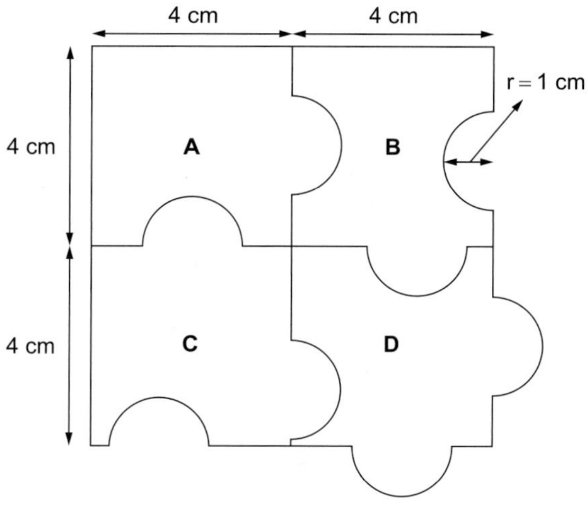

(Skizze nicht maßstäblich)

2 Punkte b) Berechne den Flächeninhalt des Puzzleteils D.

1 Punkt c) Mira wundert sich:
„Obwohl Puzzleteil B und C nicht den gleichen Flächeninhalt haben, haben sie den gleichen Umfang! Wie kann das sein?"

Begründung:

____

____

5. In der Abbildung siehst du ein Seil mit drei Knoten. Für jeden Knoten wird zusätzlich 5 cm Seil benötigt.

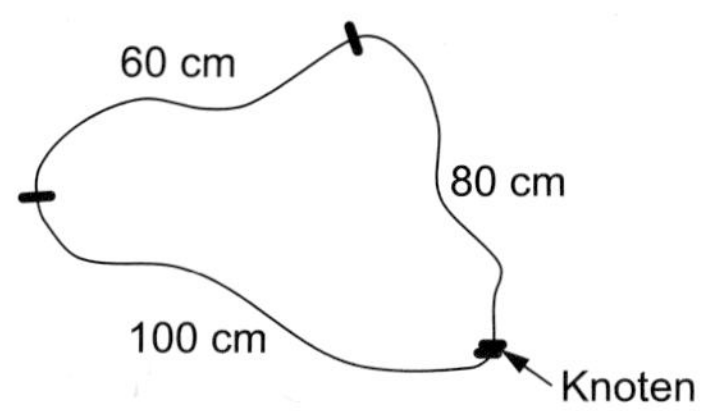

(Skizze nicht maßstäblich)

2 Punkte a) Berechne die Gesamtlänge des Seils.

Das Seil wird so aufgespannt, dass die Knoten die Eckpunkte eines Dreiecks bilden.

3 Punkte b) Überprüfe, ob bei diesem Aufspannen ein rechtwinkliges Dreieck entsteht.

6. Familie Müller braucht einen neuen Kühlschrank. Herr Müller vergleicht die Anschaffungspreise und die Stromkosten im Jahr.

	Anschaffungspreis	Stromkosten im Jahr
Kühlschrank Cool	349 €	28 €
Kühlschrank Eiskalt	419 €	19 €

2 Punkte a) Berechne und ergänze die fehlenden Werte.

	Anschaffungspreis	Gesamtkosten nach **einem** Jahr	Gesamtkosten nach **zehn** Jahren
Kühlschrank Cool	349 €	377 €	629 €
Kühlschrank Eiskalt	419 €		

1 Punkt

b) Zeichne den fehlenden Graphen zu Kühlschrank Cool in das Koordinatensystem ein.

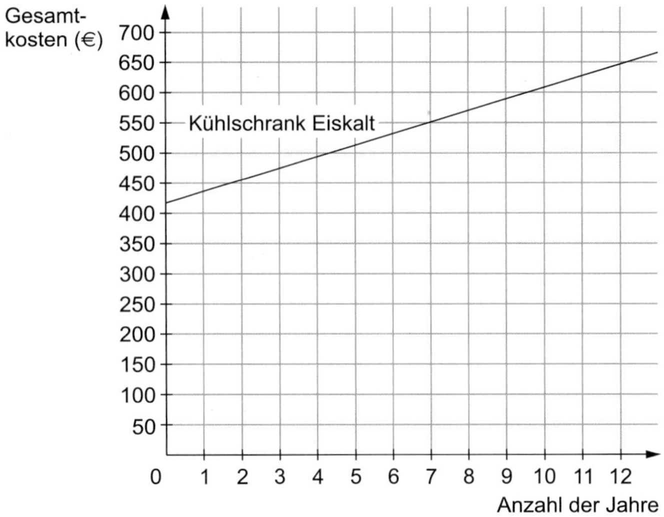

2 Punkte

c) Welcher Kühlschrank ist nach 15 Jahren für Familie Müller günstiger? Kreuze an und begründe.

☐ Kühlschrank „Cool"

☐ Kühlschrank „Eiskalt"

Begründung:

____

____

7. Tennisbälle haben einen Durchmesser von 6,8 cm. Jeweils 3 Bälle passen genau in die Verpackung.

1 Punkt

a) Ergänze das fehlende Maß in der Skizze.

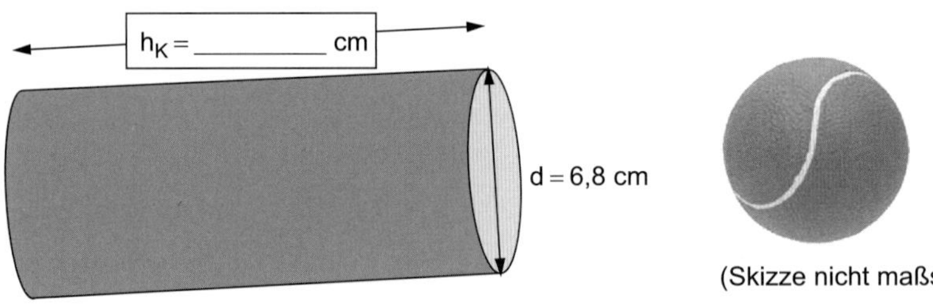

(Skizze nicht maßstäblich)

2 Punkte

b) Berechne das Volumen der Dose.
(Solltest du Teilaufgabe a nicht gelöst haben, rechne mit $h_K = 20{,}5$ cm weiter.)

8. Ein Traktor hat vorne und hinten unterschiedlich große Räder.

Das Hinterrad eines Traktors hat einen Umfang von 6 m und das Vorderrad einen Umfang von 4 m.

Das Vorderrad des Traktors dreht sich 300-mal.

1 Punkt a) Berechne, wie weit der Traktor fährt.

2 Punkte b) Berechne den Durchmesser des Vorderrades.

2 Punkte c) Ergänze.

Wenn sich das Vorderrad 3-mal dreht, dreht sich das Hinterrad ______-mal.

Wenn der Radius eines Rades verdoppelt wird, ______________ sich sein Umfang.

E-Kurs

Wahlteil

Wahlaufgabe 1

Klaus und Sabine haben erfolgreich am Stadtlauf teilgenommen. In dem Zeit-Weg-Diagramm sind ihre Läufe abgebildet.

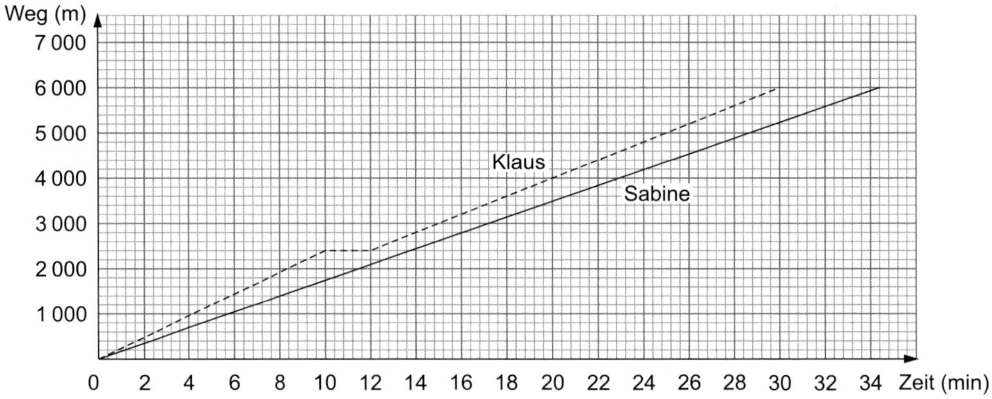

2 Punkte a) Ist die Aussage wahr (w) oder falsch (f)? Kreuze an.

Aussage	w	f
Klaus ist 10 min früher im Ziel als Sabine.	☐	☐
Klaus und Sabine laufen beide mit gleicher Geschwindigkeit.	☐	☐

Um weiter zu trainieren, laufen sie eine Runde um den Baggersee.
Klaus benötigt bei einer Laufgeschwindigkeit von 12 km in der Stunde eine Zeit von 27 Minuten.

2 Punkte b) Berechne, wie lang die Runde um den Baggersee ist.

Sabine läuft mit einer Geschwindigkeit von 10 km in der Stunde.

2 Punkte c) Berechne, wie lange Sabine für die Runde benötigt.
(Solltest du Teilaufgabe b nicht gelöst haben, rechne mit einer Streckenlänge von 5,2 km weiter.)

Klaus und Sabine kontrollieren während des Lauftrainings mit einer Pulsuhr ihre Herzfrequenz.
Die maximale Herzfrequenz (100 %) beträgt bei Klaus 180 Schläge pro Minute.

2 Punkte d) Ergänze die Tabelle von Klaus.

Laufgeschwindigkeit	Herzfrequenz in Prozent der maximalen Herzfrequenz	Herzfrequenz in Schlägen pro Minute
langsam	70 %	126
mittel	80 %	
schnell		153

Sabine behauptet: „Beim langsamen Laufen muss meine Herzfrequenz bei 146 Schlägen liegen, weil es bei mir ja immer 20 Schläge mehr sind."

	Herzfrequenz Klaus	Herzfrequenz Sabine
Maximal (100 %)	180	200
Langsam (70 %)	126	

2 Punkte e) Hat Sabine recht? Begründe.

☐ Ja, sie hat recht.

☐ Nein, sie hat nicht recht.

Begründung:

____

____

Wahlaufgabe 2

Sandra informiert sich im Internet über Downloadpreise für Songs.

Angebot 1	Angebot 2
jeder Song 0,25 € (keine weiteren Kosten)	5 € im Monat und 0,15 € pro Song

2 Punkte a) Vervollständige die Tabelle zu den Downloadkosten von Angebot 2.

Anzahl der Downloads		2	5	10	25		100
Downloadkosten in €	5	5,30		6,50		12,50	20,00

1 Punkt b) Zeichne den Graphen zu Angebot 2 in das Koordinatensystem.

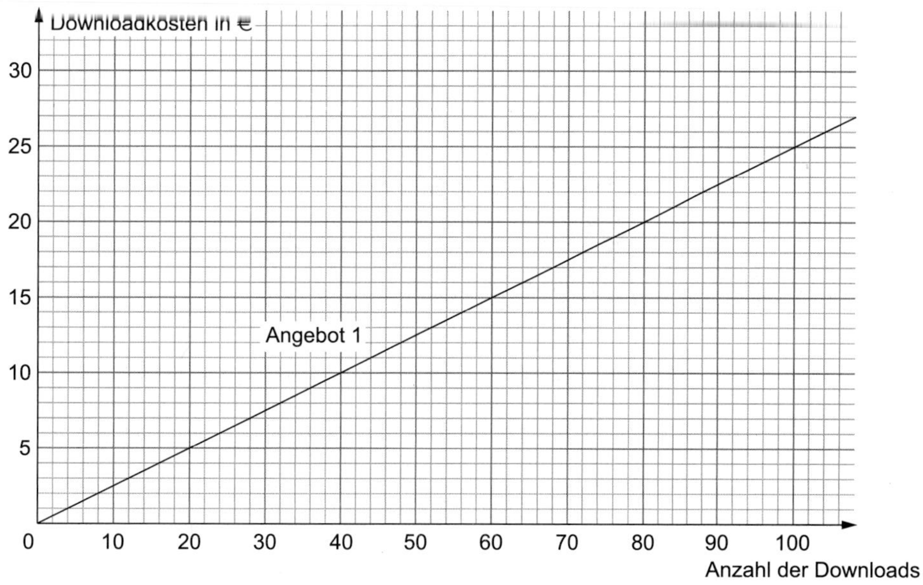

1 Punkt c) Bestimme, bei welcher Anzahl an Downloads die Kosten beider Angebote gleich sind.

1 Punkt d) Welche Gleichung passt zu Angebot 2? Kreuze an.

- ☐ $y = 0{,}15x + 5$
- ☐ $y = 5x + 0{,}15$
- ☐ $y = 0{,}15x - 5$

Sandra lädt monatlich 100 Songs herunter.

1 Punkt e) Berechne, wie viel Euro sie jährlich bei der Wahl des Angebots 2 im Vergleich zum Angebot 1 spart.

Im Internet findet Sandra ein weiteres Angebot.

Angebot 3
Die ersten 50 Songs kosten jeweils 0,25 €, alle weiteren Songs nur jeweils 0,20 €.

Sie vermutet, dass beim Download von 100 Songs das Angebot 3 am günstigsten ist.

2 Punkte f) Stimmt ihre Vermutung? Kreuze an und begründe.

- ☐ Ja
- ☐ Nein

Begründung:

____

____

2 Punkte g) Entscheide, ob es sich bei dem Angebot um eine proportionale Zuordnung handelt. Kreuze an.

	proportionale Zuordnung	**keine proportionale Zuordnung**
Angebot 1	☐	☐
Angebot 2	☐	☐

Wahlaufgabe 3

Ein Kunde plant die halbkreisförmige Erweiterung seiner Terrasse.
Er möchte wissen, wie viel Fläche dazukommt.

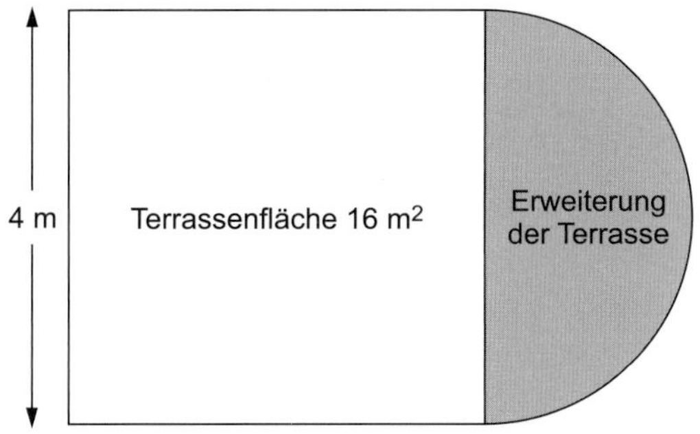

3 Punkte a) Berechne den Flächeninhalt der halbkreisförmigen Erweiterung der Terrasse.

2 Punkte b) Berechne die Erweiterung der Fläche in Prozent.
(Solltest du Teilaufgabe a nicht gelöst haben, rechne mit $A = 6{,}4\ m^2$ weiter.)

Die gesamte Terrasse wird mit unterschiedlichen Platten ausgelegt.

1 Punkt c) Bestimme die Anzahl der grauen Platten.

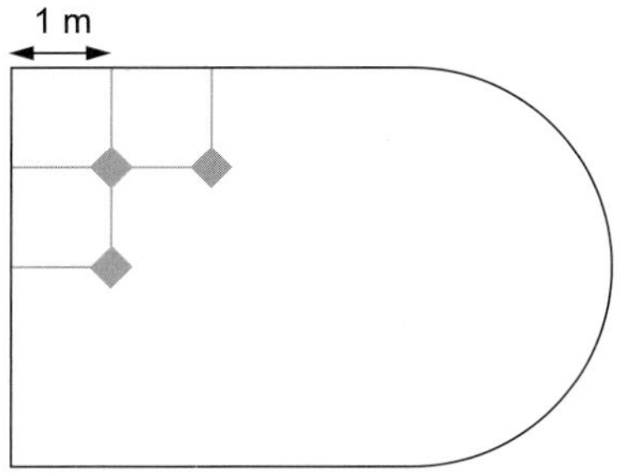

Ein anderer Kunde möchte einen kreisrunden Teich einzäunen.

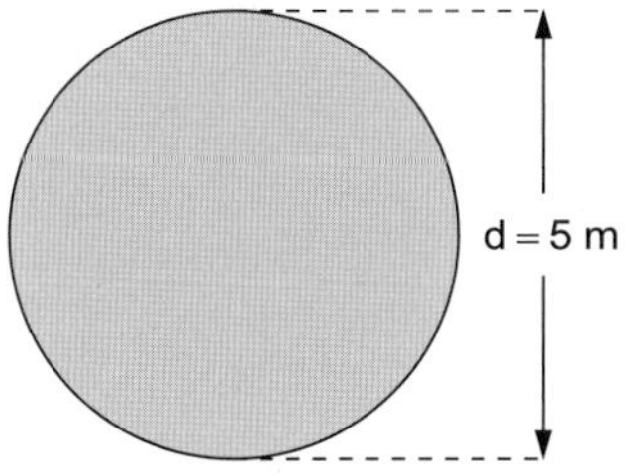

2 Punkte d) Berechne die Länge des Zaunes.

2 Punkte e) Der Kunde behauptet:
„Wenn ich den Durchmesser eines Kreises um 2 m verlängere, dann verlängert sich auch der Umfang um 2 m.“
Hat er recht? Kreuze an und begründe.

☐ Ja ☐ Nein

Begründung:

____

____

Wahlaufgabe 4

Lisa und Peter machen bei einem Spaziergang ein Zufallsspiel. Dazu werfen sie an jeder Kreuzung eine Münze. Bei „Wappen“ gehen sie nach links, bei „Zahl“ nach rechts.

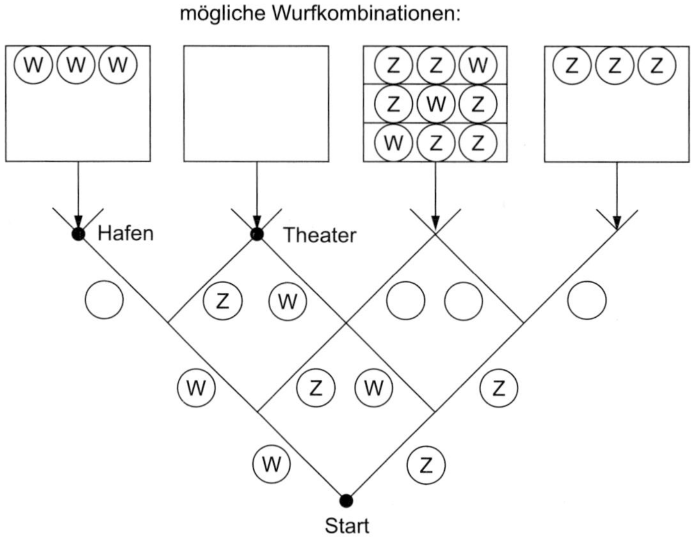

Die Abbildung zeigt einen vereinfachten Plan mit Straßen und Kreuzungen.

1 Punkt a) Ergänze die fehlenden Buchstaben für „Wappen“ (W) und „Zahl“ (Z) in den Kreisen der Abbildung.

1 Punkt b) Notiere im Feld über dem Plan die möglichen Wurfkombinationen, die Lisa und Peter zum Theater führen.

2 Punkte c) Ergänze den Text.

Bei 3 Würfen gibt es insgesamt ______ unterschiedliche Wurfkombinationen.

Die Wahrscheinlichkeit, dass Lisa und Peter nach 3 Würfen beim Theater ankommen, beträgt ________.

Lisa behauptet:
„Wenn wir beim ersten Wurf Wappen geworfen haben, ist die Wahrscheinlichkeit, mit den nächsten beiden Würfen zum Hafen oder Theater zu kommen, gleich groß.“

3 Punkte d) Hat Lisa recht? Kreuze an und begründe.

☐ Ja

☐ Nein

Begründung:

____

____

Peter wirft nun mit einer manipulierten Münze. Das Baumdiagramm zeigt die Wahrscheinlichkeiten, mit denen Wappen oder Zahl geworfen werden.

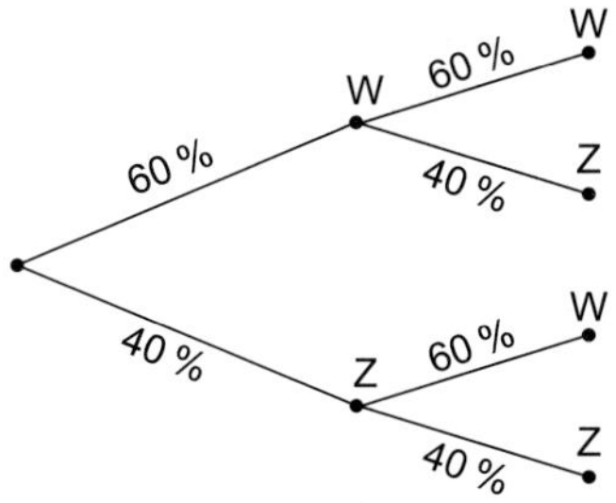

1 Punkt e) Gib die Wahrscheinlichkeiten als Bruch an.

60 % =   40 % =

Peter wirft die Münze zweimal.

2 Punkte f) Berechne die Wahrscheinlichkeit, dass zuerst Wappen und dann Zahl geworfen wird.

G-Kurs

Hauptteil 2

Wichtige Hinweise:
Runde Endergebnisse auf 2 Nachkommastellen, sofern nichts anderes angegeben ist.
Schreibe deine Lösungswege ausführlich auf.

1. Aus einem 180 cm langem Holzbalken werden 12 gleichlange Stücke gesägt.

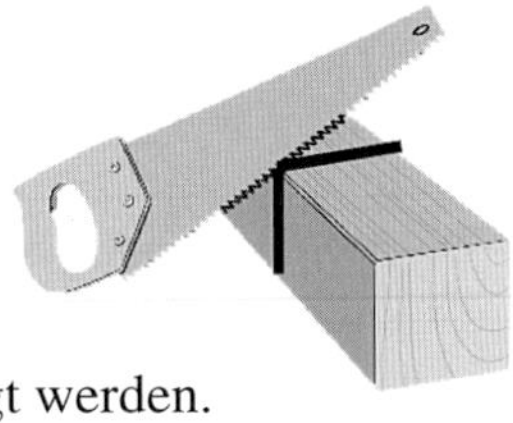

1 Punkt a) Berechne die Länge eines Holzstückes.

Der 180 cm lange Holzbalken soll in 13 cm lange Stücke gesägt werden.

2 Punkte b) Berechne, wie viele 13 cm Stücke aus dem Holzbalken gesägt werden können.

1 Punkt c) Kreuze an.

Hilda: „In je mehr gleich große Stücke ich den Holzbalken säge, desto …

☐ länger

☐ kürzer

… werden die Stücke."

5 Punkte 2. Die Schülerinnen und Schüler der Abschlussklasse wollen 54 Pullover für ihren Jahrgang bestellen.
Dazu vergleichen sie zwei Angebote.

Angebot 1
Jeder Pullover kostet 29,90 €.
20 % Rabatt nur heute.

Angebot 2
Jeder Pullover kostet 24,90 €.
Jeder 50. Pullover ist kostenlos.

Berechne den Preis der Pullover bei Angebot 1.

Berechne den Preis der Pullover bei Angebot 2.

Kreuze an.

☐ Angebot 1 ist günstiger.

☐ Angebot 2 ist günstiger.

☐ Beide Angebote sind preislich gleich.

3. Die Schülervertretung plant eine Verlosung für das Schulfest.
Es gibt 200 Lose: 100 Nieten, 75 Trostpreise und 25 Hauptgewinne.

3 Punkte a) Bestimme die fehlenden Wahrscheinlichkeiten und das fehlende Ereignis.

Ereignis	**Wahrscheinlichkeit**
Susanne zieht einen Hauptgewinn.	
Susanne zieht eine Niete oder einen Trostpreis.	
	$\frac{1}{2}$

Innerhalb einer Stunde wurden 100 Lose gezogen, darunter waren 9 Hauptgewinne.

2 Punkte b) Bestimme die Wahrscheinlichkeit, jetzt einen Hauptgewinn zu ziehen.

4. In der Abbildung siehst du ein Seil mit drei Knoten.
Für jeden Knoten wird 5 cm Seil benötigt.

2 Punkte a) Berechne die Gesamtlänge des Seils.

Das Seil wird so aufgespannt, dass die Knoten die Eckpunkte eines rechtwinkligen Dreiecks bilden.

3 Punkte b) Zeichne den rechten Winkel in die Skizze ein.
Berechne den Flächeninhalt des Dreiecks.

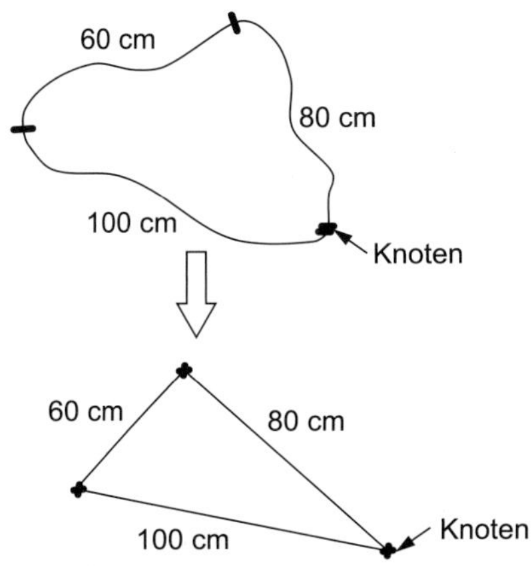

(Skizze nicht maßstäblich)

5. Die Abbildung zeigt vier Teile eines Puzzles. Alle Halbkreise haben den gleichen Radius (1 cm).

3 Punkte a) Vergleiche den Flächeninhalt der Puzzleteile.
Setze ein: <, >, =

A ☐ B

A ☐ C

A ☐ D

2 Punkte b) Berechne den Flächeninhalt des Puzzleteils A.

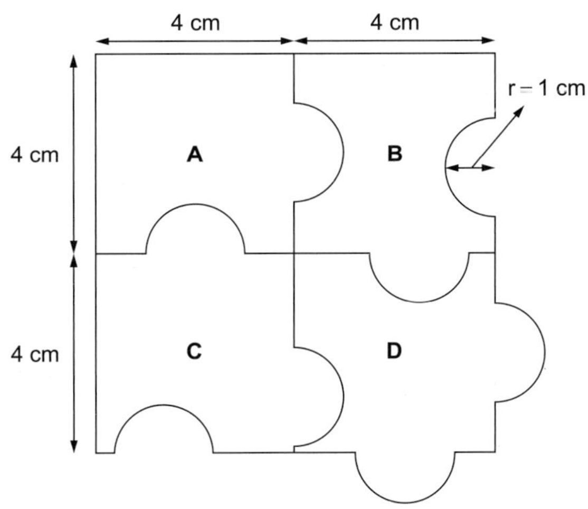

(Skizze nicht maßstäblich)

6. Familie Müller braucht einen neuen Kühlschrank. Herr Müller vergleicht die Anschaffungspreise und die Stromkosten im Jahr.

	Anschaffungspreis	Stromkosten im Jahr
Kühlschrank Cool	250 €	30 €
Kühlschrank Eiskalt	350 €	15 €

2 Punkte a) Berechne und ergänze die fehlenden Werte.

	Anschaffungspreis	Gesamtkosten nach **einem** Jahr	Gesamtkosten nach **zehn** Jahren
Kühlschrank Cool	250 €		
Kühlschrank Eiskalt	350 €	365 €	500 €

1 Punkt b) Zeichne den fehlenden Graphen zu Kühlschrank Eiskalt in das Koordinatensystem ein.

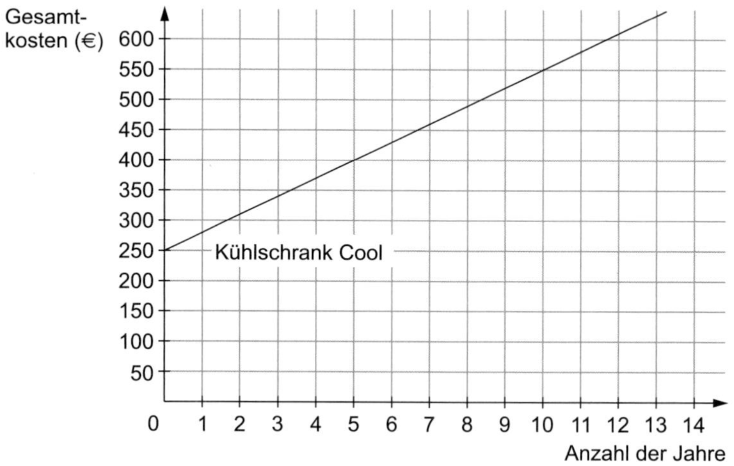

1 Punkt c) Entscheide, welcher Kühlschrank nach 10 Jahren günstiger ist.

7. Tennisbälle haben einen Durchmesser von 7 cm. Jeweils 3 Bälle passen genau in die Verpackung.

1 Punkt a) Ergänze das fehlende Maß in der Skizze.

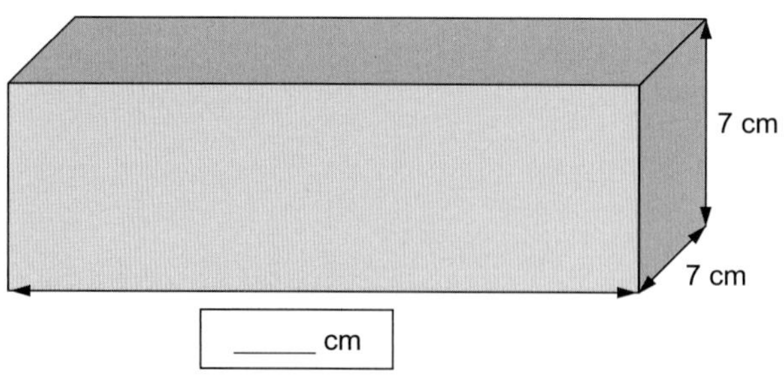

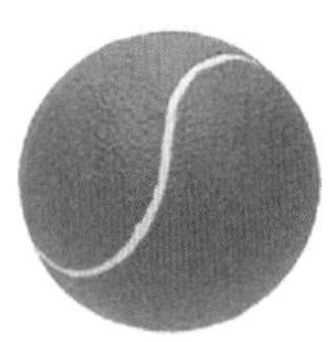

(Skizze nicht maßstäblich)

2 Punkte b) Berechne das Volumen der Dose.
(Solltest du Teilaufgabe a nicht gelöst haben, rechne mit 20 cm weiter.)

8. Ein Traktor hat vorne und hinten unterschiedlich große Räder.
Das Hinterrad eines Traktors hat einen Umfang von 6 m und das Vorderrad einen Umfang von 4 m.

1 Punkt a) Das Vorderrad des Traktors dreht sich 300-mal.
Berechne, wie weit der Traktor fährt.

1 Punkt b) Eine andere Fahrstrecke beträgt 1 500 m.
Berechne, wie oft sich das Vorderrad dreht.

1 Punkt c) Ergänze.
Wenn sich das Vorderrad 3-mal dreht, dreht sich das Hinterrad ______-mal.

Der Traktor fährt mit einer Geschwindigkeit von 10 km in der Stunde.

1 Punkt d) Berechne, wie lange er für eine Strecke von 15 km braucht.

Der Traktor fährt mit einer Geschwindigkeit von 30 km in der Stunde.

1 Punkt e) Berechne, wie weit er in 90 min fährt.

G-Kurs Wahlteil

Wahlaufgabe 1

Klaus und Sabine haben erfolgreich am Stadtlauf teilgenommen. In dem Zeit-Weg-Diagramm sind ihre Läufe abgebildet.

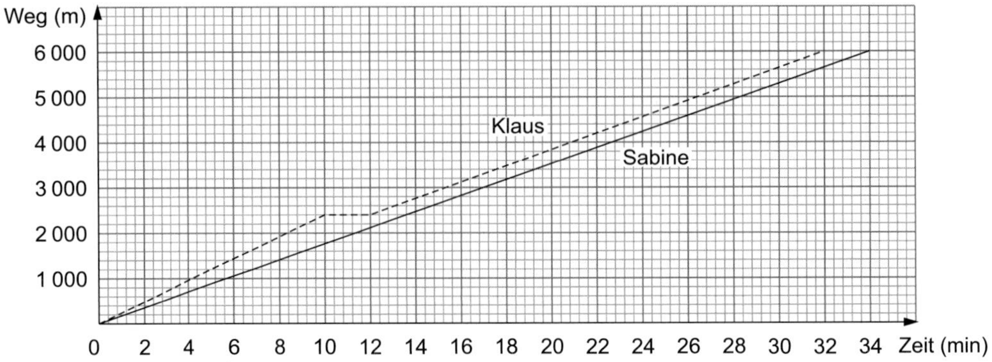

3 Punkte

a) Ist die Aussage wahr (w) oder falsch (f)? Kreuze an und ergänze eine sinnvolle Aussage.

Aussage	w	f
Die Strecke des Stadtlaufs ist 6 km lang.	☐	☐
Klaus und Sabine laufen beide mit gleicher Geschwindigkeit.	☐	☐
	☒	☐

3 Punkte

b) Betrachte das Zeit-Weg-Diagramm von Klaus und ergänze folgende Aussagen:

Nach 10 Minuten ist Klaus _______ m weiter gelaufen als Sabine.

Er macht eine Pause von _______ min.

Klaus ist _______ min früher im Ziel als Sabine.

Klaus und Sabine trainieren für den nächsten Stadtlauf. Beim Training können sie mit einer Pulsuhr ihre Herzfrequenz kontrollieren.

Die maximale Herzfrequenz (100 %) bei Sabine beträgt 200 Schläge pro Minute.

2 Punkte

c) Ergänze die Tabelle von Sabine.

Laufgeschwindigkeit	Herzfrequenz in Prozent	Herzfrequenz (Schläge pro Minute)
langsam	70 %	140
mittel	80 %	
schnell		170

Klaus läuft im Training 45 Minuten mit einer durchschnittlichen Geschwindigkeit von 12 km/h.

2 Punkte

d) Berechne, wie viel km Klaus in 45 Minuten zurücklegt.

Wahlaufgabe 2

Sandra informiert sich im Internet über Downloadpreise für Songs.

Angebot 1	Angebot 2
jeder Song nur 0,25 € (keine weiteren Kosten)	5 € im Monat und nur 0,15 € pro Song

2 Punkte a) Vervollständige die Tabelle zu Angebot 1.

Anzahl der Downloads	0	10	20	30		80	100
Downloadkosten in €	0	2,50			12,50		25,00

1 Punkt b) Zeichne den Graphen zu Angebot 1 in das Koordinatensystem ein.

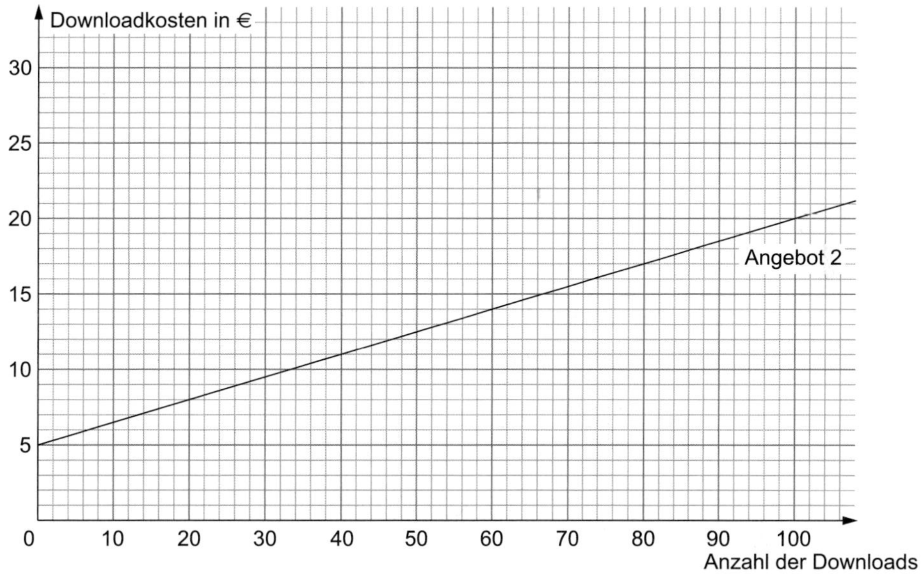

1 Punkt c) Bestimme, bei welcher Anzahl von Downloads die Kosten beider Angebote gleich sind.

Sandra lädt im Monat 100 Songs herunter.

2 Punkte d) Welches Angebot ist günstiger? Kreuze an und begründe.

☐ Angebot 1 ist günstiger.

☐ Angebot 2 ist günstiger.

Begründung:

____

____

2 Punkte e) Ergänze die fehlenden Werte.

Bei der Wahl des günstigeren Angebotes spart Sandra bei 100 Songs monatlich

________ €. In einem Jahr spart sie ________ €.

Sandra bekommt 50 € Taschengeld im Monat. Davon möchte sie zukünftig nur noch 30 % für Downloads ausgeben.

2 Punkte f) Berechne ihre zukünftigen Downloadkosten.

Wahlaufgabe 3

Ilona macht ein Praktikum im Gartenbau. Ein Kunde plant die Erweiterung seiner Terrasse.

2 Punkte a) Trage die fehlenden Werte ein.

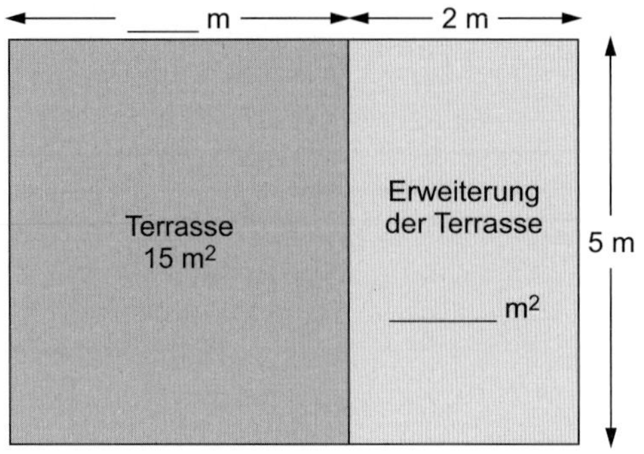

(Skizze nicht maßstäblich)

Die gesamte Terrasse wird mit unterschiedlichen Platten ausgelegt.

2 Punkte b) Bestimme die Anzahl der weißen und grauen Platten.

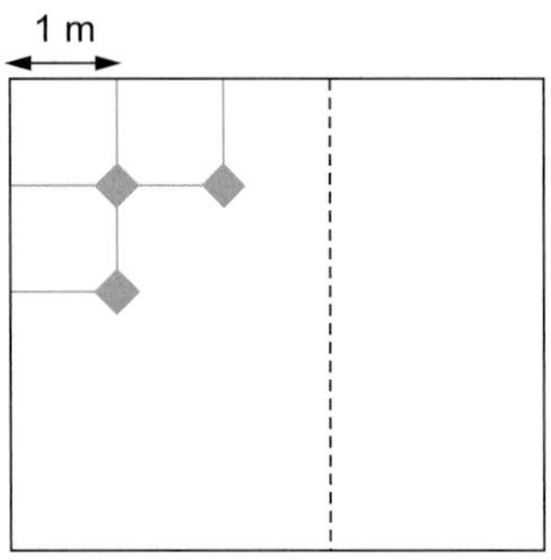

(Skizze nicht maßstäblich)

Ein anderer Kunde möchte einen kreisrunden Teich einzäunen.

3 Punkte c) Berechne die fehlenden Werte und trage sie ein.

Durchmesser (d): 3,00 m

Radius (r): ____________

Umfang (u): ____________

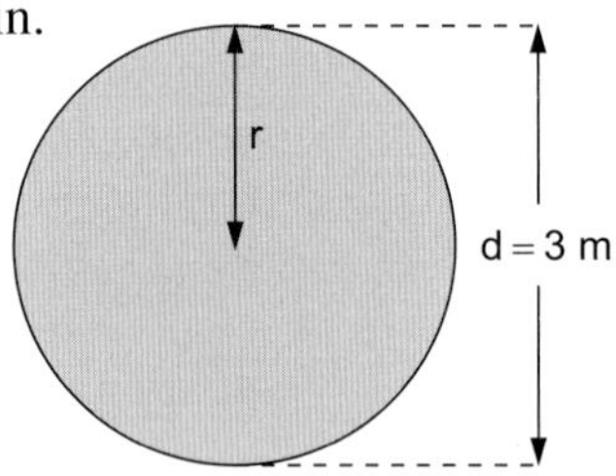

(Skizze nicht maßstäblich)

Der Kunde kann beim Kauf des Zaunes zwischen zwei Angeboten wählen.

Angebot A	Angebot B
Verkauf pro Meter	Verkauf pro 5-Meter-Rolle
1 Meter kostet 8,50 €	1 Rolle kostet 35,00 €

3 Punkte d) Welches Angebot ist günstiger? Berechne die Kosten und entscheide. (Solltest du Teilaufgabe c nicht gelöst haben, rechne mit u = 9,73 m.)

Wahlaufgabe 4

Lisa und Peter machen bei einem Spaziergang ein Zufallsspiel. Dazu werfen sie an jeder Kreuzung eine Münze. Bei „Wappen“ gehen sie nach links, bei „Zahl“ nach rechts.

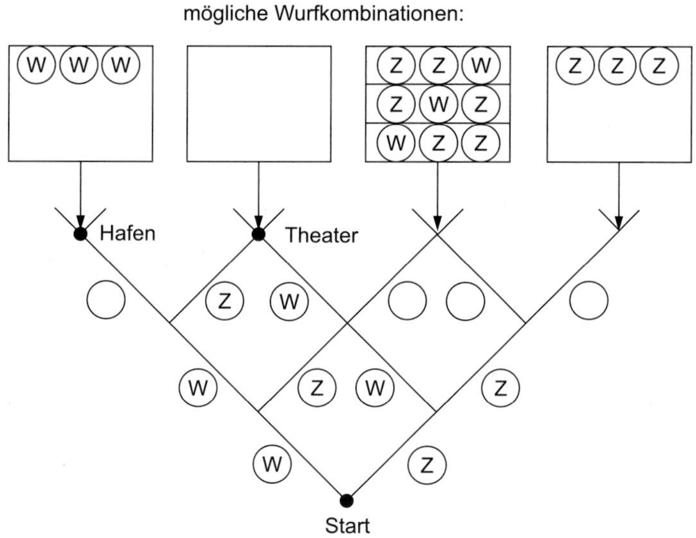

Die Abbildung zeigt einen vereinfachten Plan mit Straßen und Kreuzungen.

1 Punkt a) Ergänze die fehlenden Buchstaben für „Wappen“ (W) und „Zahl“ (Z) in den Kreisen der Abbildung.

Lisa wirft nacheinander „Wappen – Wappen – Zahl“ und gelangt so zum Theater.

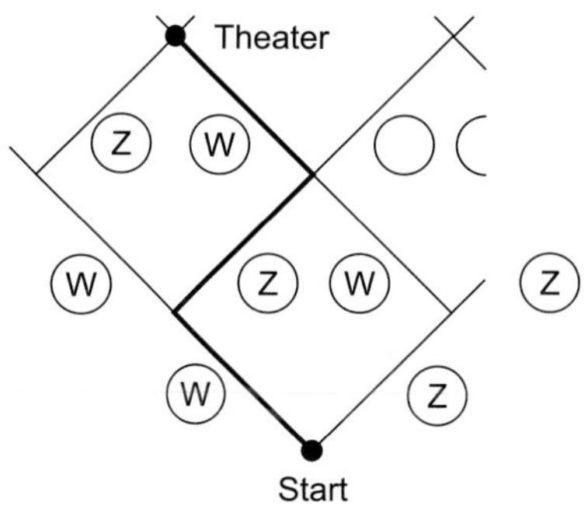

1 Punkt b) Ist der eingezeichnete Weg richtig? Kreuze an.

- ☐ Ja
- ☐ Nein

1 Punkt c) Ergänze in dem Kasten über dem Plan die möglichen Wurfkombinationen, die Lisa und Peter zum Theater führen.

Lisa behauptet:
„Die Wahrscheinlichkeit, nach 3 Würfen zum Hafen zu kommen, ist kleiner als die Wahrscheinlichkeit, nach 3 Würfen zum Theater zu kommen.“

1 Punkt d) Hat Lisa recht? Kreuze an.

- ☐ Ja
- ☐ Nein

3 Punkte e) Kreuze an und ergänze eine sinnvolle Aussage zu der Wahrscheinlichkeit.

	wahr	falsch
Bei 3 Würfen entstehen insgesamt 8 unterschiedliche Wurfkombinationen.	☐	☐
	☒	☐
Die Wahrscheinlichkeit, dass Lisa und Peter nach 3 Würfen beim Theater ankommen, beträgt $\frac{3}{8}$.	☐	☐

Peter wirft nun mit einer manipulierten Münze. Das Baumdiagramm zeigt die Wahrscheinlichkeiten, mit denen Wappen und Zahl geworfen werden.

1 Punkt f) Gib die Wahrscheinlichkeiten in % an.

$\frac{6}{10}$ = ______ % $\frac{4}{10}$ = ______ %

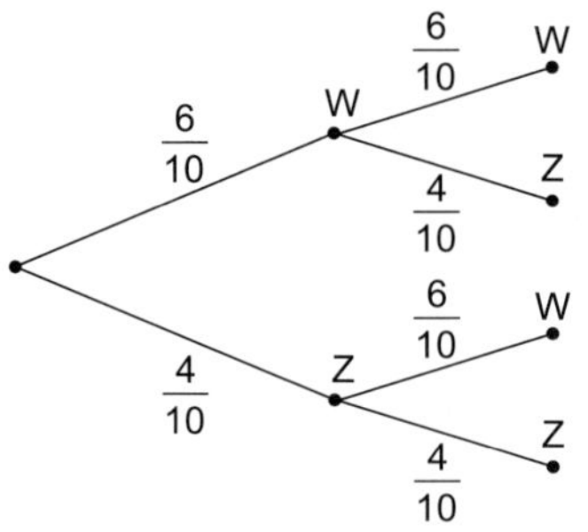

Peter wirft die Münze zweimal.

2 Punkte g) Berechne die Wahrscheinlichkeit, dass zuerst Wappen und dann Zahl geworfen wird.

Abschlussprüfung an Hauptschulen in Niedersachsen
Mathematik 2021

E- + G-Kurs

Hauptteil 1

Wichtiger Hinweis:
Bearbeite alle Aufgaben auf den Aufgabenblättern.

4 Punkte

1. Berechne.

a) +

760			
360	400		
130		170	
40	90	140	

b) ·

80	600		
8	10	60	
4	2	5	

3 Punkte

2. Berechne.

a) $327{,}04 + 450{,}12$ b) $5\,497 - 821{,}1$ c) $258 \cdot 32$

3 Punkte

3. Wandle in die angegebene Einheit um.

a) 1,2 kg = ________ g b) ________ € = 103 ct c) 27 mm = 2,7 ______

3 Punkte

4. Fülle die Lücken passend aus.

	a)	b)	c)
Kontostand (alt)	−30 €	40 €	____ €
Ein-/Auszahlung	+60 €	____ €	−70 €
Kontostand (neu)	____ €	−50 €	350 €

2 Punkte

5. Ein Anteil ist gefärbt. Kreuze alle passenden Angaben an.

a) 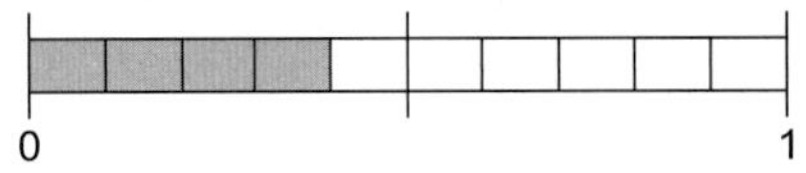

☐ 0,2

☐ 40 %

☐ $\frac{4}{10}$

b) 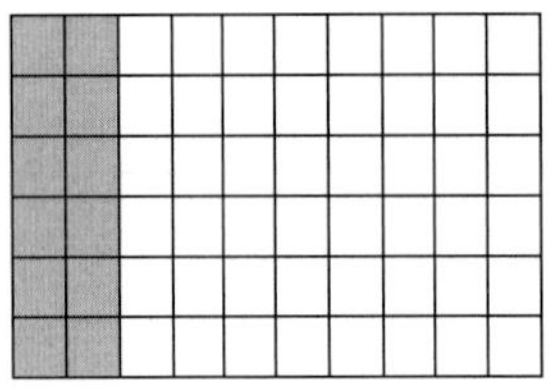

☐ 0,2

☐ 12 %

☐ $\frac{1}{5}$

4 Punkte

6. Der abgebildete Zauberwürfel besteht aus kleinen Würfeln. Nur die sichtbaren Flächen der Würfel sind mit farbigen Aufklebern beklebt.

a) Bestimme, wie viele Würfel beklebt sind.

Antwort: ______________________________

b) Kreuze an, ob die Aussage wahr oder falsch ist, und ergänze die Lücke.

Aussage	**w**	**f**
Es gibt 8 Würfel, die an drei Seiten farbig beklebt sind.	☐	☐
Es gibt genau _____ Würfel, die nur an einer Seite farbig beklebt sind.	☒	☐

Bei dem kleinen Zauberwürfel wird zuerst die untere Hälfte nach rechts gedreht. Danach wird die rechte Hälfte nach unten gedreht.

c) Zeichne die dabei entstandene Vorderansicht in den rechten Würfel ein.

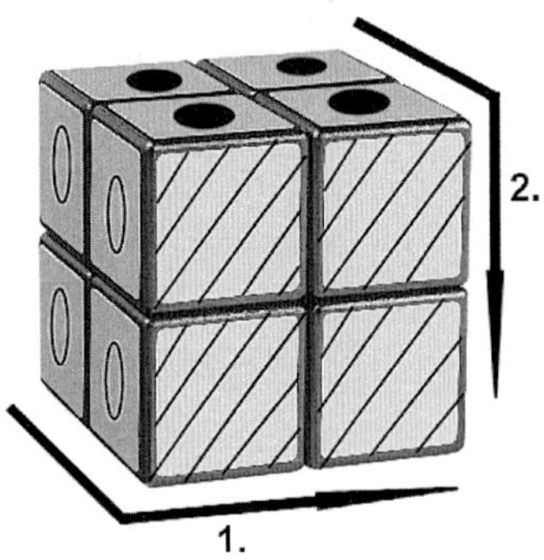

3 Punkte

7. Auf Miriams Handy wird die Uhrzeit digital angezeigt.
Ihr Schulunterricht beginnt um 08:10 und endet um 13:15.

a) Bestimme die Dauer der Schulzeit.

Antwort: ______________________________

Um 15.20 Uhr beginnt ihr Volleyballtraining. Es dauert 90 Minuten.

b) Gib an, welche Uhrzeit das Handy am Ende des Trainings anzeigt.

Die Uhrzeit 20:09 besteht aus den vier Ziffern 2, 0, 0, 9.

c) Gib zwei weitere Uhrzeiten an, die aus diesen vier Ziffern gebildet werden können.

2 Punkte

8. Figuren können achsensymmetrisch sein.

a) Kreuze an, welche Ziffern achsensymmetrische Figuren sind.

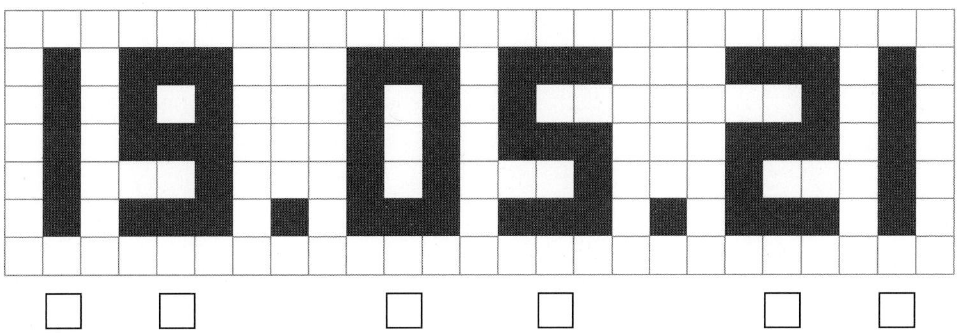

b) Zeichne alle Symmetrieachsen der Ziffer 8 ein.

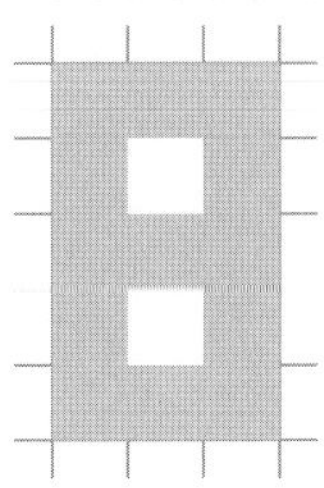

4 Punkte

9. Peter zeichnet ein Dreieck. Er beginnt mit der Seite c und trägt den Winkel β in Punkt B ab.

   a) Trage im Punkt A den Winkel $\alpha = 28°$ ab und ergänze Peters Zeichnung zu einem Dreieck.

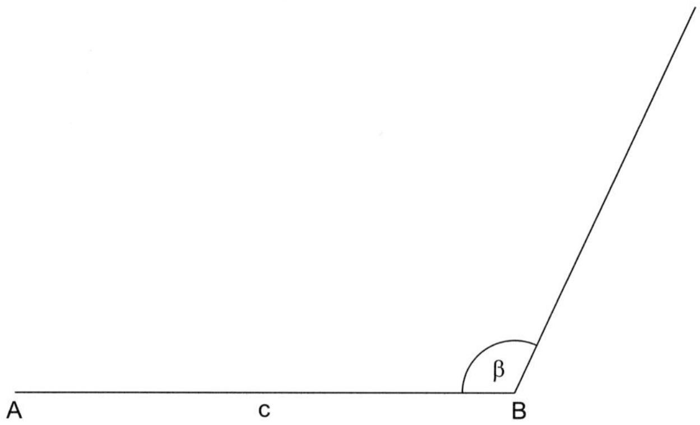

   b) Miss die Größe des Winkels β und die Länge der Seite c.

   $\beta =$ ________

   $c =$ ________

   c) Berechne die Größe des Winkels γ.
   (Falls du Aufgabenteil b nicht lösen konntest, rechne mit $\beta = 125°$.)

E-Kurs Hauptteil 2

Wichtige Hinweise:
Runde Endergebnisse auf 2 Nachkommastellen, sofern nichts anderes angegeben ist.
Schreibe deine Lösungswege ausführlich auf.

1. Saft wird in einer quaderförmigen Verpackung zum Verkauf angeboten.

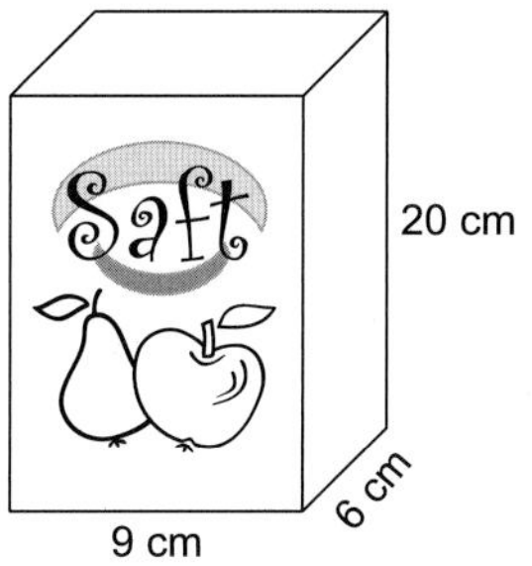

(Skizzen nicht maßstäblich)

2 Punkte a) Berechne das Volumen der Verpackung.

2 Punkte b) Berechne, wie viel cm^2 Pappe für die Herstellung der Verpackung mindestens benötigt wird.

Für den Transport werden drei Verpackungen mit einem Band umwickelt.

2 Punkte c) Entscheide und begründe, bei welcher Variante weniger Band benötigt wird.

☐ Variante 1

☐ Variante 2

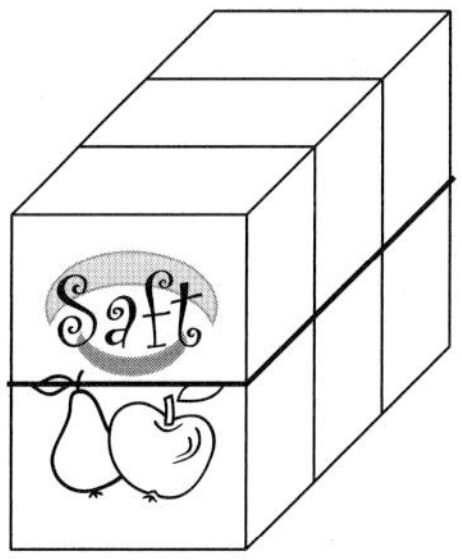

Begründung:

___

___

2. Eine Kiste Futter reicht für 8 Kaninchen 10 Tage. 3 Kaninchen werden verkauft.

2 Punkte a) Entscheide und begründe, ob es sich um eine proportionale oder antiproportionale Zuordnung handelt.

☐ proportionale Zuordnung

☐ antiproportionale Zuordnung

Begründung:

___

___

2 Punkte b) Berechne, wie lange die Kiste Futter für 5 Kaninchen reicht.

Ein rechteckiges Stück Wiese soll mit einem 24 m langen Zaun abgetrennt werden.

(Skizze nicht maßstäblich)

2 Punkte c) Gib zwei Möglichkeiten für die Maße des Geheges an.

Möglichkeit 1: a = ________ m, b = ________ m

Möglichkeit 2: a = ________ m, b = ________ m

1 Punkt d) Gib den größtmöglichen Flächeninhalt bei einem Umfang von 24 m an.

2 Punkte 3. a) Ordne jedem Zahlenrätsel die passende Gleichung zu. Verbinde.

Das Fünffache einer Zahl ist so groß wie das Doppelte der Zahl vermindert um 3.	Das Fünffache einer Zahl vermindert um 3 entspricht dem Doppelten der Zahl vermehrt um 9.

$5x = 2x - 3$	$5x - 2 = 3x + 9$	$5x - 3 = 2x + 9$	$5(x + 3) = 2x$

2 Punkte b) Löse die folgende Gleichung.
$12x - 4 = 16 + 2x$

4. Klara hat einen quadratischen Spiegel mit einer Diagonalen von d = 84,9 cm. Sie möchte die Seitenlänge a des Spiegels berechnen.

2 Punkte a) Erstelle eine passende Skizze und beschrifte sie.

3 Punkte b) Berechne die Seitenlänge a des Spiegels.

5. Die Tabelle zeigt die Ergebnisse einer Mathematikarbeit.

Note	**1**	**2**	**3**	**4**	**5**	**6**
Anzahl	2	9	8	5	4	2

3 Punkte a) Vervollständige die folgenden Sätze:

Von den insgesamt ______ Schülerinnen und Schülern haben ______ Schülerinnen und Schüler die Note 4 oder besser in der Mathematikarbeit geschrieben.

Das entspricht einem Anteil von ______.

Eine Mathematikarbeit muss dem Schulleiter vorgelegt werden, wenn mehr als 30 % der Arbeiten mit „5“ oder „6“ bewertet wurden.

3 Punkte b) Berechne und kreuze die richtige Aussage an.

☐ Die Arbeit muss dem Schulleiter vorgelegt werden.

☐ Die Arbeit muss dem Schulleiter nicht vorgelegt werden.

2 Punkte c) Berechne das arithmetische Mittel (den Durchschnitt) der Noten.

6. Die Gefäße werden mit Wasser gefüllt. Das Wasser läuft gleichmäßig in die Gefäße.

2 Punkte

a) Ordne jedem Gefäß den passenden Graphen zu.
Skizziere das fehlende Gefäß zum verbleibenden Graphen.

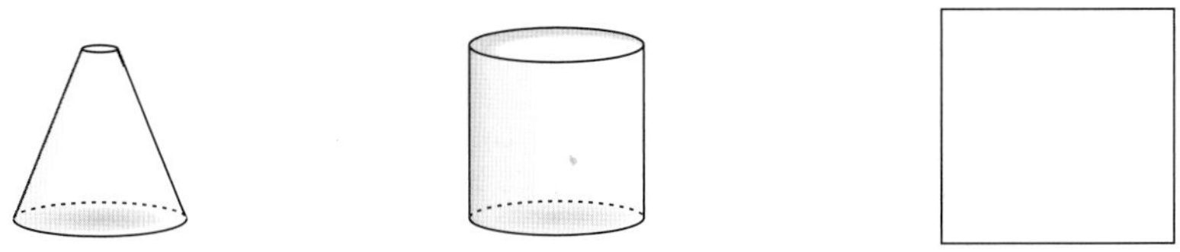

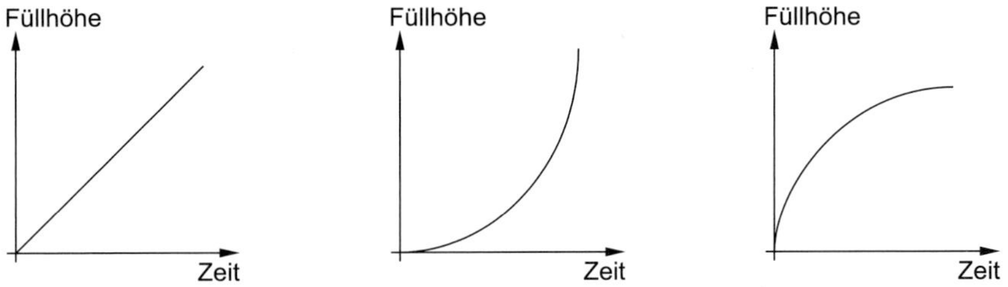

In einem 5 m tiefen Schwimmbecken steht das Wasser bereits 0,6 m hoch. Es wird gleichmäßig mit Wasser gefüllt.

2 Punkte

b) Ergänze die fehlenden Werte.

Zeit in h	0	1	2	5	
Höhe in m	0,6	1,0		2,6	4,6

1 Punkt

c) Kreuze an, welche Funktionsgleichung den Füllvorgang beschreibt.

☐ $y = 0{,}4x + 0{,}6$

☐ $y = 0{,}6x + 0{,}4$

☐ $y = 0{,}4x$

Das Schwimmbecken wird vollständig gefüllt.

1 Punkt

d) Bestimme, wie lange es dauert, bis das Schwimmbecken gefüllt ist.

E-Kurs

Wahlteil

Wahlaufgabe 1

Die Schülerfirma „Good food“ möchte für das Schulfest eine Suppe kochen. Das Rezept ist für 4 Personen.

2 Punkte

a) Berechne die Zutaten für 240 Personen.

Für 4 Personen	Für 240 Personen
10 g Knoblauch	
2 Zwiebeln	
90 $m\ell$ Olivenöl	
0,7 kg passierte Tomaten	
100 g Schlagsahne	6 000 g Schlagsahne

Die Suppe wird in einem großen Topf gekocht.

3 Punkte

b) Berechne das Volumen des abgebildeten Topfes in Litern (ℓ).

Hinweis: 1 Liter (ℓ) = 1 000 cm³

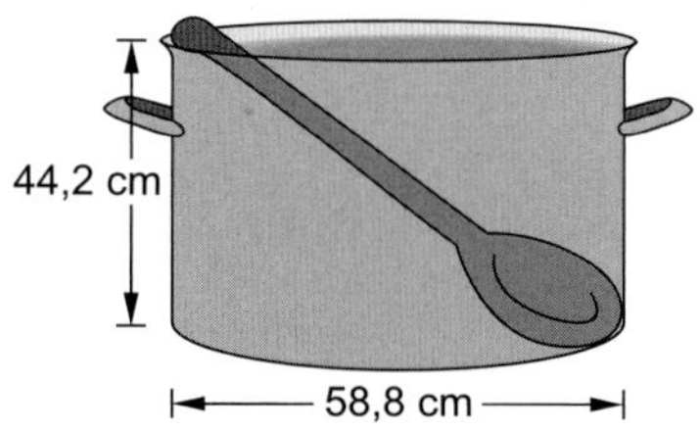

(Skizze nicht maßstäblich)

Michel benötigt einen Kochlöffel für den Topf.

2 Punkte

c) Berechne, wie lang der Kochlöffel mindestens sein muss, damit er immer bis oben an den Rand reicht.

Nach dem Essen bleiben 10 Liter (10 000 cm³) Suppe übrig.

2 Punkte

d) Berechne die Füllhöhe (h_K) der Suppe im Topf.

Das Volumen und der Radius eines Zylinders sind gegeben.

1 Punkt

e) Gib eine allgemeine Formel zur Berechnung der Körperhöhe h_K an.

Wahlaufgabe 2

Ben fährt mit dem Fahrrad zur Schule. Sein Schulweg wird durch den folgenden Graphen dargestellt.

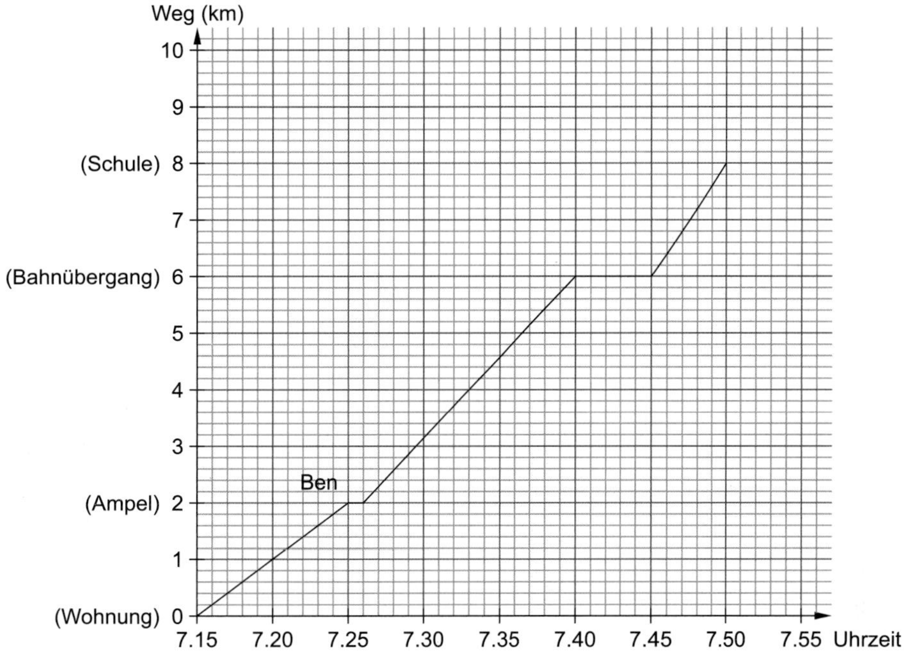

2 Punkte a) Ergänze den Lückentext.

Ben fährt um ________ Uhr mit dem Fahrrad von zu Hause aus los.

Die Strecke von der Ampel bis zum Bahnübergang ist ________ km lang.

Am Bahnübergang muss Ben ________ Minuten warten.

Insgesamt benötigt Ben für seinen Schulweg ________ Minuten.

Ben fährt vom Bahnübergang bis zur Schule sehr schnell.

2 Punkte b) Berechne, wie viele Meter er in der Minute zurücklegt.

Florian fährt mit dem Fahrrad mit gleichbleibender Geschwindigkeit die gleiche Strecke zur Schule.
Er fährt um 7.30 Uhr von der Wohnung aus los.
Um 7.50 Uhr erreicht er die Schule.

1 Punkt c) Zeichne Florians Schulweg in das Koordinatensystem ein.

1 Punkt d) Gib an, um wie viel Uhr Florian und Ben sich treffen.

Ben möchte mit dem E-Bike seines Vaters zur Schule fahren. Er fährt mit einer gleichbleibenden Geschwindigkeit von 24 km pro Stunde.

Ben behauptet: „Wenn ich an der Ampel und am Bahnübergang nicht warten muss, benötige ich für den 8 km langen Schulweg nur 15 Minuten."

2 Punkte e) Hat Ben recht? Kreuze an und begründe.

☐ Ja, er hat recht.

☐ Nein, er hat nicht recht.

Begründung:

____

____

Ben hat im Schuljahr 200 Schultage. Die Strecke zur Schule und zurück ist insgesamt 16 km lang. Die Stromkosten betragen 0,18 Cent pro km.

2 Punkte f) Berechne, wie hoch die Stromkosten des E-Bikes pro Schuljahr in Euro sind.

Wahlaufgabe 3

Eine Tischlerei plant die Abdeckung eines Brunnens. Der kreisförmige Brunnen hat außen einen Durchmesser von 1,80 m. Er soll mit einer Holzplatte abgedeckt werden, die genau mit dem Brunnenrand abschließt. Sie wird aus einer quadratischen Holzplatte ausgesägt.

3 Punkte a) Ergänze die fehlenden Maße in der Skizze und berechne den Flächeninhalt des kreisrunden Brunnendeckels.

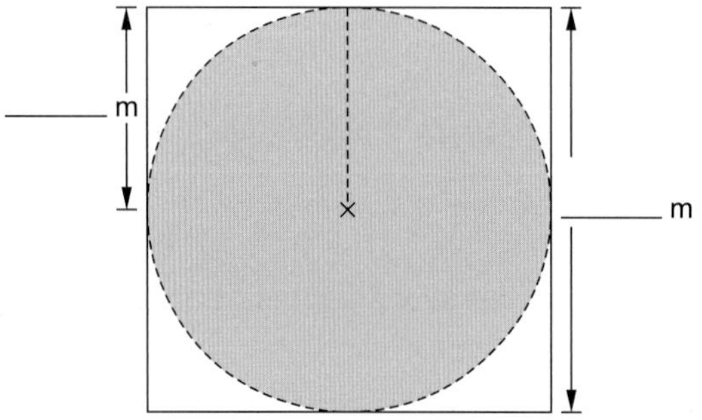

3 Punkte b) Berechne, wie viel m^2 Holz von der quadratischen Platte übrigbleiben.
(Solltest du Teilaufgabe a nicht gelöst haben, rechne mit $A = 2{,}45\ m^2$ weiter.)

Ein Kunde behauptet:
„Wenn der Durchmesser des Brunnens doppelt so groß ist, muss ein Deckel mit doppelt so großem Flächeninhalt angefertigt werden.“

2 Punkte c) Ist die Aussage wahr oder falsch? Kreuze an und begründe.

☐ Ja, er hat recht.

☐ Nein, er hat nicht recht.

Begründung:

____

____

Der Kunde erhält eine Rechnung über 198 €. Bei Überweisung innerhalb einer Woche können 2 % Skonto abgezogen werden.

2 Punkte d) Berechne den Überweisungsbetrag bei Zahlung innerhalb einer Woche.

Wahlaufgabe 4

Nina hat eine Schachtel mit schwarzen, weißen und gestreiften Schokolinsen.

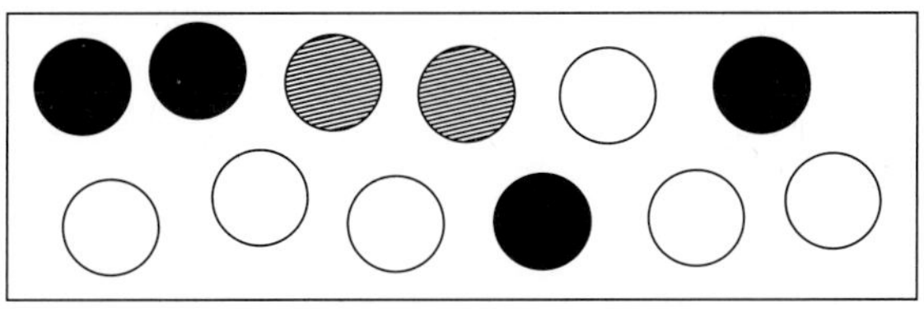

3 Punkte a) Ergänze die fehlenden Anteile und Farben in der Tabelle.

Farbe der Schokolinse	Wahrscheinlichkeit
weiß	
	$\frac{4}{12}$
schwarz oder gestreift	

Nina nimmt sich aus ihrer Schachtel zwei Schokolinsen.

2 Punkte b) Ergänze das Baumdiagramm.

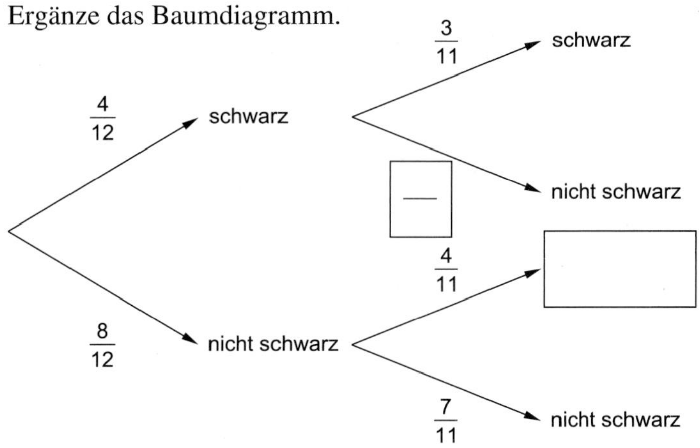

Nina isst gerne schwarze Schokolinsen.

2 Punkte c) Berechne die Wahrscheinlichkeit, dass nacheinander zwei schwarze Schokolinsen gezogen werden.

Kevin hat eine Schachtel mit schwarzen und weißen Schokolinsen.

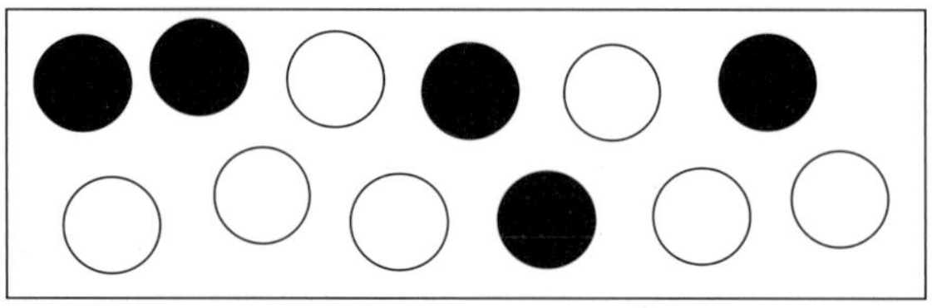

2 Punkte d) Kreuze an, bei wem die Wahrscheinlichkeit größer ist, eine weiße Schokolinse zu ziehen.

☐ Nina

☐ Kevin

Begründung:

____

____

In einer anderen Schachtel befinden sich 12 Schokolinsen mit folgender Verteilung:

weiß $\frac{1}{3}$ schwarz $\frac{1}{2}$ gestreift $\frac{1}{6}$

1 Punkt e) Male die Schokolinsen passend zu der Verteilung an.

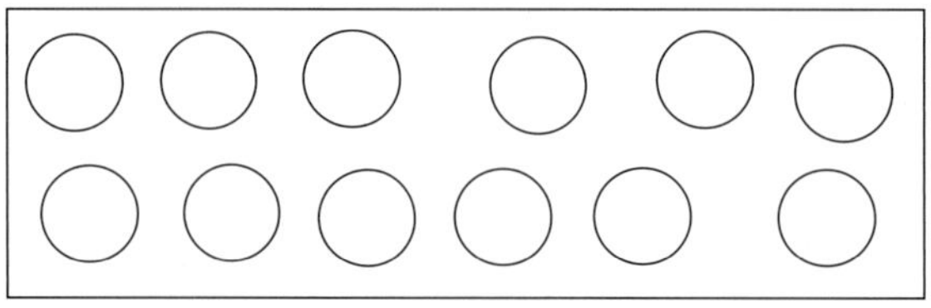

G-Kurs

Hauptteil 2

Wichtige Hinweise:
Runde Endergebnisse auf 2 Nachkommastellen, sofern nichts anderes angegeben ist.
Schreibe deine Lösungswege ausführlich auf.

1. Saft wird in einer quaderförmigen Verpackung zum Verkauf angeboten.

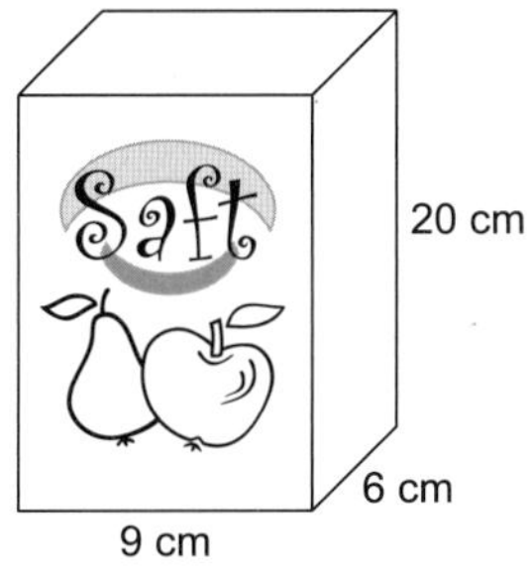

(Skizzen nicht maßstäblich)

2 Punkte a) Berechne das Volumen der Verpackung.

Für die Herstellung der Verpackung wird 708 cm^2 Pappe benötigt.
Dazu kommen 8 % Pappe für die Klebeflächen.

3 Punkte b) Berechne, wie viel cm^2 Pappe insgesamt benötigt wird.

Für den Transport werden drei Verpackungen mit einem Band umwickelt.

3 Punkte c) Berechne die Länge des Bandes.

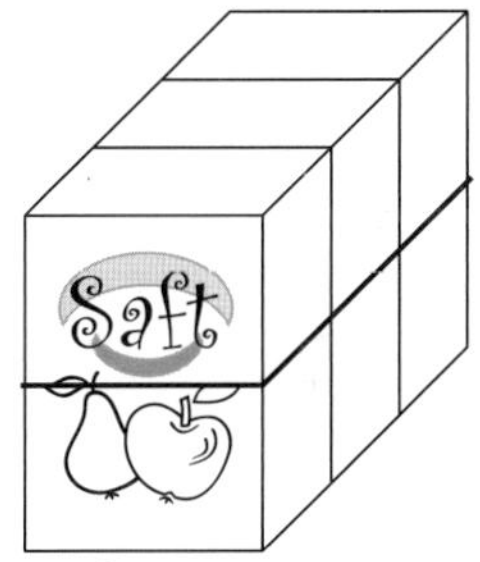

2. Die Tabelle zeigt die Ergebnisse einer Mathematikarbeit.

Note	**1**	**2**	**3**	**4**	**5**	**6**
Anzahl	2	4	8	4	2	0

3 Punkte a) Ergänze die folgenden Sätze:

Von den insgesamt _______ Schülerinnen und Schülern haben _______ Schülerinnen und Schüler die Note 4 oder besser in der Mathematikarbeit geschrieben.

Das entspricht einem Anteil von _______ der Schülerinnen und Schüler.

2 Punkte b) Berechne, wie viel Prozent der Schülerinnen und Schüler die Note 2 geschrieben haben.

Hakan hat in den Mathematikarbeiten des Schuljahres folgende Noten geschrieben:
5; 3; 4; 3; 2

2 Punkte c) Berechne seine Durchschnittsnote.

3. Ina hat 7 Kaninchen. Für die Kaninchen benötigt sie pro Tag 2,1 kg Futter.
Sie bekommt 3 Kaninchen dazu.

2 Punkte a) Berechne, wie viel Futter sie täglich für 10 Kaninchen benötigt.

1 Punkt b) Entscheide, ob die Zuordnung proportional oder antiproportional ist.
Kreuze an.

	proportional	antiproportional
7 Kaninchen benötigen 2,1 kg Futter. 14 Kaninchen benötigen 4,2 kg Futter.	☐	☐
Die Kiste Futter reicht für 8 Kaninchen 10 Tage. Die Kiste Futter reicht für 4 Kaninchen 20 Tage.	☐	☐

Um ein rechteckiges Stück Wiese soll ein Zaun gebaut werden.

2 Punkte c) Berechne die Länge des Zauns.

2 Punkte d) Berechne den Flächeninhalt der Wiese.

2 Punkte 4. a) Ordne jedem Zahlenrätsel die passende Gleichung zu. Verbinde.

Zu einer Zahl wird 15 addiert.
Das Ergebnis ist 20.

Das 15-Fache einer Zahl
ist genauso groß wie die um 20
verminderte Zahl.

$x + 15 = 20$

$15x = x - 20$

$20 + x = 15$

2 Punkte b) Löse die folgende Gleichung durch Umformung.
$2x + 13 = 27$

5. 100 elektronische Bauteile werden geliefert. Davon funktionieren 95.
Herr Krause testet ein Bauteil.

1 Punkt a) Bestimme die Wahrscheinlichkeit, dass das Bauteil funktioniert.

1 Punkt b) Bestimme die Wahrscheinlichkeit, dass das Bauteil nicht funktioniert.

2 Punkte c) Herr Krause ärgert sich: „Da funktioniert ja jedes 5. Bauteil nicht!"
Stimmt das? Kreuze an und begründe.

☐ Es stimmt.

☐ Es stimmt nicht.

Begründung:

____

____

Bei einer neuen Lieferung funktionieren 10 % der Bauteile nicht. Das sind 20 Bauteile.

1 Punkt d) Berechne, wie viele Bauteile geliefert werden.

6. Die Gefäße werden gleichmäßig mit Wasser befüllt.

1 Punkt a) Ordne jedem Gefäß den passenden Graphen zu.

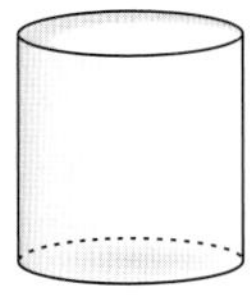

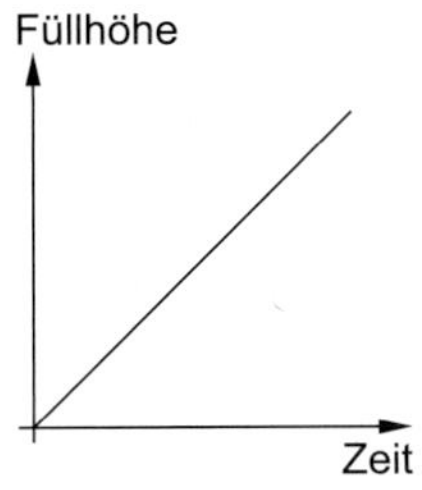

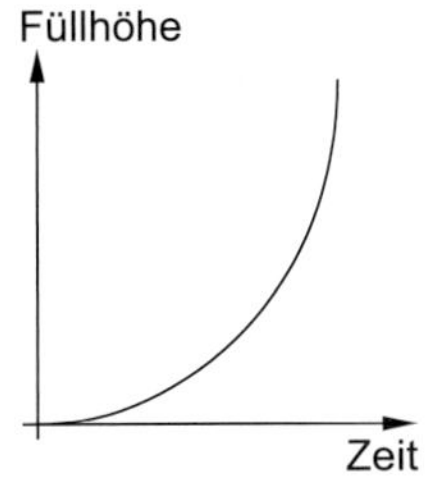

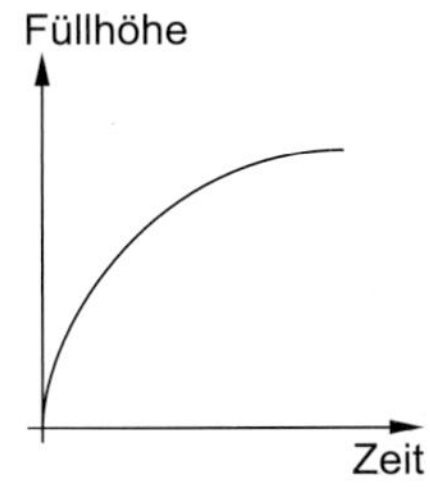

Ein 5 m tiefes Schwimmbecken wird gleichmäßig mit Wasser gefüllt.

2 Punkte b) Ergänze die fehlenden Werte.

Zeit in h	0	1	2	5	
Höhe in m	0	0,5		2,5	4,5

1 Punkt c) Zeichne einen Graphen passend zur Wertetabelle.

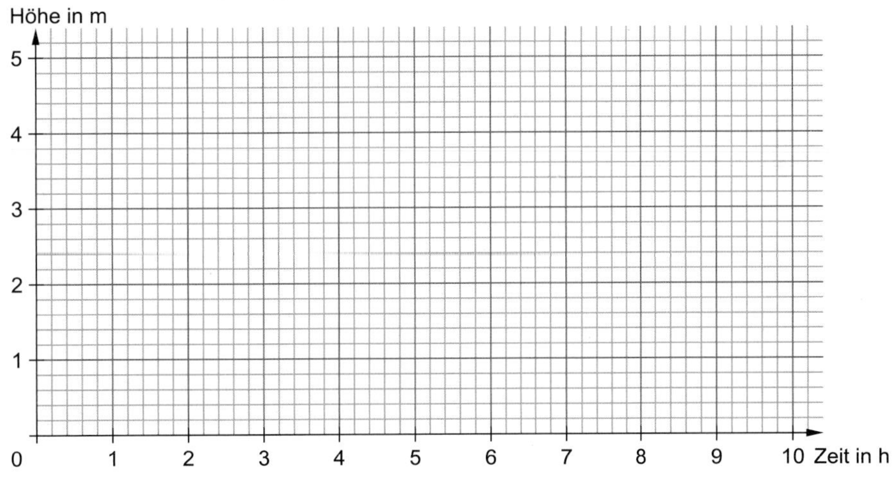

1 Punkt d) Ergänze.

Bei einer Höhe von 5 m ist das Schwimmbecken vollgelaufen.

Das dauert _______ Stunden.

G-Kurs Wahlteil

Wahlaufgabe 1

Die Schülerfirma „Good Food“ möchte für das Schulfest eine Suppe kochen.

2 Punkte a) Berechne die Zutaten für 80 Personen.

Rezept für Tomatensuppe	
4 Personen	**80 Personen**
10 g Knoblauch	
2 Zwiebeln	
90 *mℓ* Olivenöl	
0,5 kg passierte Tomaten	
100 g Schlagsahne	2 000 g Schlagsahne

Die Suppe wird in einem großen Topf gekocht.

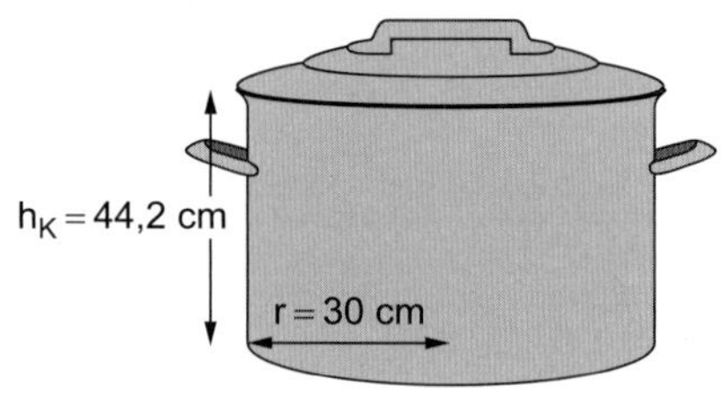

3 Punkte b) Berechne das Volumen des Topfes in Litern (ℓ).
Hinweis: 1 Liter (ℓ) = 1 000 cm^3

Die Schülerfirma verkauft 430 Teller Suppe zum Preis von jeweils 2,50 €.
Die Kosten für die Zutaten betragen 116 €.

2 Punkte c) Berechne die Höhe des Gewinns.

Nach dem Essen bleiben 3 Liter (3 000 cm^3) Suppe übrig. Michel möchte die Suppe in eine quaderförmige Box einfüllen.

3 Punkte d) Berechne das Volumen der abgebildeten Box und entscheide, ob Michel die restliche Suppe vollständig einfüllen kann.

Wahlaufgabe 2

Ben fährt mit dem Fahrrad zur Schule. Sein Schulweg wird durch den folgenden Graphen dargestellt.

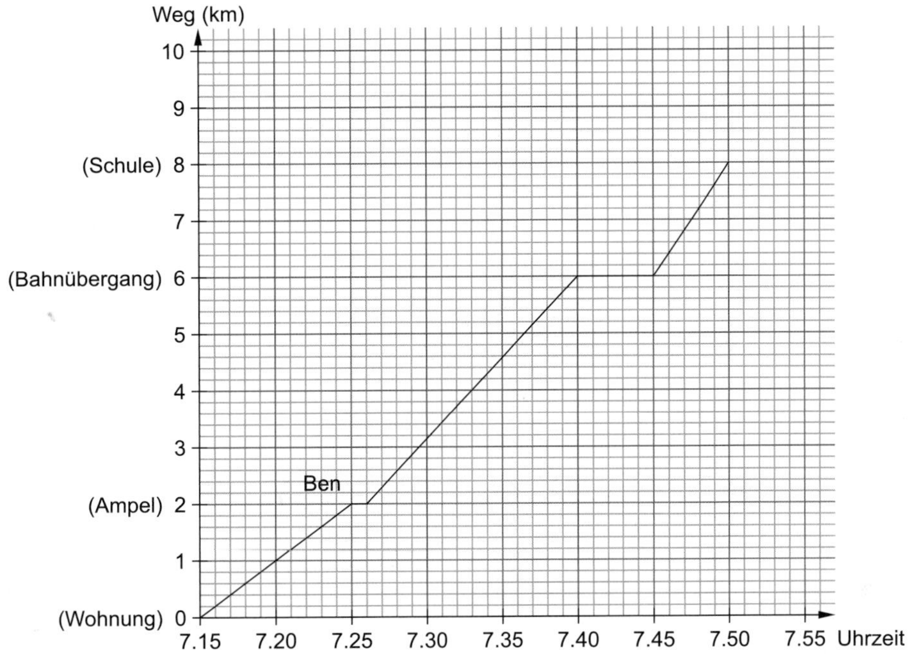

2 Punkte a) Ergänze den Lückentext.

Ben fährt um ________ Uhr mit dem Fahrrad von der Wohnung aus los.

Die Strecke von der Ampel bis zum Bahnübergang ist ________ km lang.

Am Bahnübergang muss Ben ________ Minuten warten.

Ben benötigt für seinen 8 km langen Schulweg ________ Minuten.

Ben fährt mit unterschiedlichen Geschwindigkeiten.

2 Punkte b) Verbinde, auf welchem Streckenabschnitt er am schnellsten und auf welchem Streckenabschnitt er am langsamsten fährt.

Wohnung – Ampel	Ampel – Bahnübergang	Bahnübergang – Schule

am schnellsten	am langsamsten

Florian fährt mit dem Fahrrad mit gleichbleibender Geschwindigkeit die gleiche Strecke zur Schule.
Er fährt um 7.30 Uhr von der Wohnung aus los.
Um 7.50 Uhr erreicht er die Schule.

1 Punkt c) Zeichne Florians Schulweg in das Koordinatensystem ein.

1 Punkt d) Gib an, um wie viel Uhr Florian und Ben sich treffen.

Ben behauptet: „Wenn ich mit einer gleichbleibenden Geschwindigkeit von 16 km pro Stunde fahre, benötige ich für eine 8 km lange Strecke genau 30 Minuten.“

2 Punkte e) Hat Ben recht? Kreuze an und begründe.

☐ Ja, er hat recht.

☐ Nein, er hat nicht recht.

Begründung:

____

____

Bens Vater fährt pro Jahr ca. 3 800 km mit seinem E-Bike. Die Stromkosten betragen 0,18 Cent pro km.

2 Punkte f) Berechne, wie hoch die anfallenden Stromkosten des E-Bikes pro Jahr in Euro sind.

Wahlaufgabe 3

Der Auszubildende einer Tischlerei soll die Abdeckung eines Brunnens planen.
Der Brunnen soll mit einer Holzplatte abgedeckt werden, die genau mit dem Brunnenrand abschließt.
Sie wird aus einer quadratischen Holzplatte ausgesägt.

1 Punkt a) Ergänze das fehlende Maß in der Skizze.

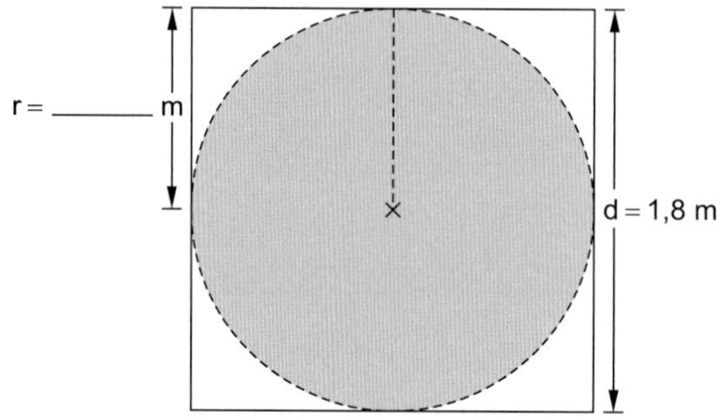

2 Punkte b) Berechne den Flächeninhalt der quadratischen Holzplatte.

2 Punkte c) Berechne den Flächeninhalt des kreisrunden Brunnendeckels.

1 Punkt d) Berechne, wie viel m^2 Holz von der quadratischen Platte übrigbleiben.
(Solltest du Teilaufgabe b und c nicht gelöst haben, rechne mit $A = 3{,}8\ m^2$ für den Flächeninhalt der Holzplatte und $A = 2{,}45\ m^2$ für den Flächeninhalt des Brunnendeckels weiter.)

Für die Herstellung des Brunnendeckels benötigt der Auszubildende 3,5 Arbeitsstunden. Pro Arbeitsstunde werden dem Kunden 44 € in Rechnung gestellt. Die Materialkosten betragen 242,00 €.

2 Punkte e) Berechne die Gesamtkosten für die Arbeitszeit und das Material.

Die Tischlerei stellt dem Kunden eine Rechnung aus. Zu den Kosten von Material und Arbeitszeit kommt die Mehrwertsteuer von 19 % hinzu.

2 Punkte f) Berechne die Höhe der Mehrwertsteuer.
(Solltest du Teilaufgabe e nicht gelöst haben, rechne mit einem Nettobetrag von 412,00 € weiter.)

Wahlaufgabe 4

Nina hat eine Schachtel mit schwarzen und weißen Schokolinsen.

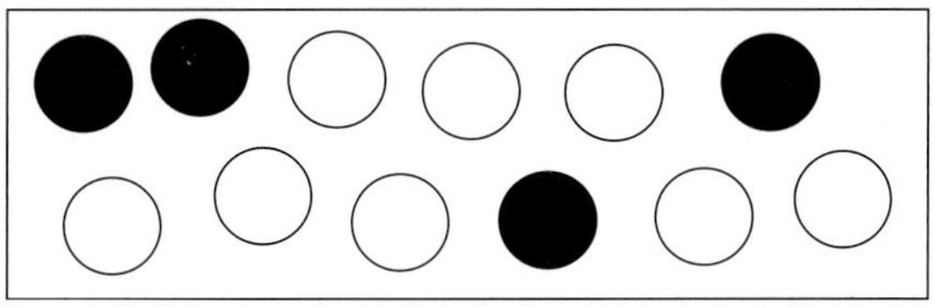

1 Punkt a) Bestimme die Wahrscheinlichkeit, eine schwarze Schokolinse zu ziehen.

Nina nimmt 5 Schokolinsen aus ihrer Schachtel.

2 Punkte b) Entscheide, ob das Ereignis sicher, möglich oder unmöglich ist.

Ereignis	sicher	möglich	unmöglich
Zwei Schokolinsen sind weiß.	☐	☐	☐
Sechs Schokolinsen sind schwarz.	☐	☐	☐

Nina nimmt sich aus ihrer vollen Schachtel zwei Schokolinsen.

2 Punkte c) Ergänze das Baumdiagramm.

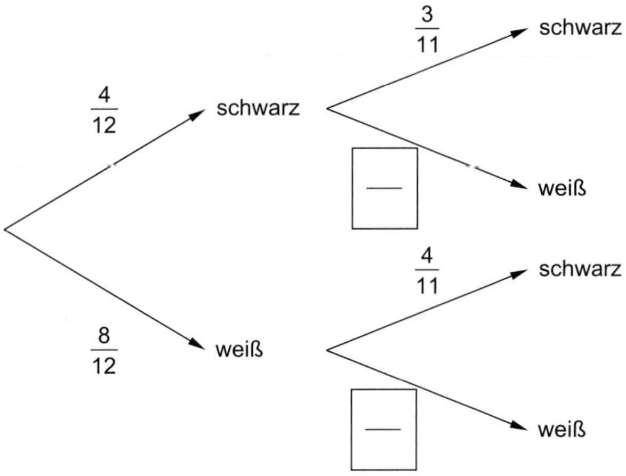

Kevin hat eine Schachtel mit schwarzen, weißen und gestreiften Schokolinsen.

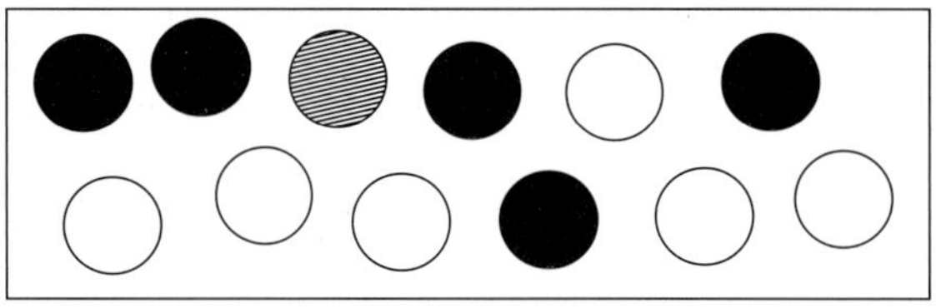

Kevin nimmt eine Schokolinse aus seiner Schachtel.

2 Punkte d) Bestimme die Wahrscheinlichkeiten.

Ereignis	Wahrscheinlichkeit
Die Schokolinse ist schwarz.	
Die Schokolinse ist gestreift oder schwarz.	

Kevin behauptet: „Bei mir ist die Wahrscheinlichkeit, eine weiße Schokolinse zu ziehen, größer als bei Nina.“

2 Punkte e) Kreuze an und begründe.

☐ Kevin hat recht.

☐ Kevin hat nicht recht.

Begründung:

____

____

In einer anderen Schachtel befinden sich 12 Schokolinsen mit folgender Verteilung:

weiß $\frac{1}{3}$ schwarz $\frac{2}{3}$

1 Punkt f) Male die Schokolinsen passend zu der Verteilung an.

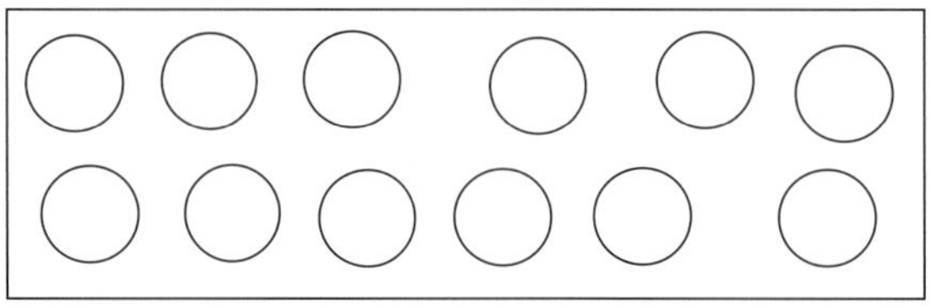

Abschlussprüfung an Hauptschulen in Niedersachsen
Mathematik 2022

Um dir die Prüfung 2022 schnellstmöglich zur Verfügung stellen zu können, bringen wir sie in digitaler Form heraus.

Sobald die Original-Prüfungsaufgaben 2022 freigegeben sind, können sie als PDF auf der Plattform **MyStark** heruntergeladen werden (Zugangscode vgl. Farbseiten vorne im Buch).

Prüfung 2022

www.stark-verlag.de/mystark

PRÜFUNGS-ANGST

STOPP DIE PANIK

Mit der Fußsohlen-Methode

Prüfungen können Angst- und Fluchtsituationen sein. Dein Körper schüttet Adrenalin aus und dämpft das Gefühl in den Füßen. Z. B. beim Weglaufen ist es gut, wenn man die Füße nicht spürt. Eine Prüfung ist aber **keine Gefahrensituation**. Signalisiere deinem Körper, dass du nicht weglaufen musst, und bring das Gefühl in deine Füße zurück:

Setze oder stelle dich hin.
Die Füße müssen den **Boden** berühren.

Schließe jetzt deine Augen und **denke** dich in deine Füße hinein.

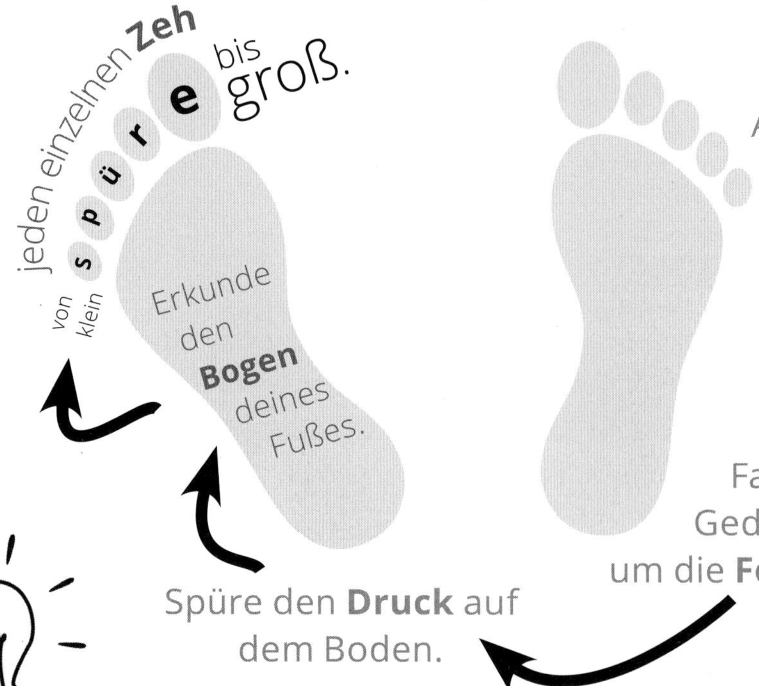

Fahre in Gedanken um die **Fersen**.

Spüre den **Druck** auf dem Boden.

Dein Körper **fühlt** die Füße wieder und denkt, er sei in keiner Panik-Situation, sondern in **Sicherheit**.